茶風系列

FORMOSA TEA

品味台灣老茶

林志煌◎著

自序

台灣有「福爾摩莎」的美稱，由北到南自然是風光明媚，而分布全台灣之各茶區的自然景觀，蔚為秀麗且終年氣候宜人，最適合茶樹生長，茶樹在此環境生長所採摘茶菁品質良好，經台灣製茶師傅匠心獨具研製與精心烘焙，再經過茶農茶商二十~三十年存放，陳年後發酵，茶葉自然醇化轉換，造就出臻品台灣陳年老茶。

綜觀現今市面上所充斥著各式各樣的老茶，讓消費者莫衷一是，並無一定脈絡可循與判斷，我們看普洱茶有一定的規則可循，所以要判斷普洱茶的年份有依據。約在一九九〇年代初期，紫羅蘭茶館主人與普洱茶大師鄧時海等人開始收集整理這些古董茶的內飛內票，並且搜尋雲南的歷史文獻資料，找尋私人茶莊時期的蛛絲馬跡；以及一九五〇年代之後國營茶廠普洱茶的生產資料。從這些資料中去建立起辨識普洱茶的生產年代的知識與技巧。也從這裡開始建構「法國葡萄酒的故事」。一九九三年四月普洱茶大師鄧時海在參加雲南所舉辦的國際普洱茶節暨學術研討會所提交的論文中，提出「生茶乾倉」品味標準的完整論述，並且進一步區分出「乾倉」與「濕倉」、「生茶」與「熟茶」；鄧時海主張普洱茶的品飲標準為「越陳越

香」，而要達到「越陳越香」，必須要符合「曬菁」、「生茶」和「乾倉」三個標準。鄧時海認為：「普洱茶是屬於後發酵茶，在後發酵過程中有兩種現象，一是麴菌後發酵；一是無菌後發酵。……要形成麴菌後發酵，必須要充足的水分或濕度。把普洱茶儲存在濕氣很重的地方，都會引起麴菌生長，促成麴菌後發酵。如果在乾燥程序中將茶中水分乾透，同時儲存在濕度低就不引起麴菌生長，是茶葉本身自己在繼續發酵，稱之為無菌後發酵。麴菌後發酵的普洱茶，俗稱『濕倉普洱茶』；無菌後發酵的普洱茶是經過了『黴變』，對普洱茶新鮮品味有了極大影響。……有好的乾倉，才能儲存出最新鮮的陳年普洱茶。」

從「越陳越香」這一品味標準，則衍生出了普洱茶的「儲存年份」這一評判標準。台灣社會早期接受來自香港飲用經過儲存陳放的老普洱茶品味，對香港而言將普洱茶入倉陳放是做為處理普洱茶的一環，並不是為了「年份」，所以也沒有「年份」的概念與相關資料。台灣社會直到一九八〇年代，對於普洱茶也只有產品生產先後「次序」，而沒有明確地將「年份」做為評判普洱茶的標準。為了要強化普洱茶「越陳越香」這項品味標準的正當性，鄧時海還模仿法國酒商、酒廠逐年陳放新葡萄酒賣陳年葡萄酒的經營模式，虛構了「傳統上普洱茶的專業是爺做，孫子賣」的故事。（鄧時海，1993：149）但這一故事卻弄假成真，使得普洱茶從「越陳越香」品味標準衍生出了「儲存年份」的評判標準，而且「法國葡萄酒的故事」更是為日後台灣的普洱茶經營者所實踐。

「生茶乾倉」的品味標準主張，在一九九五年鄧時海所著的「兩岸第一本普洱茶專書」《普洱書》一書出版後，迅速地在一九九〇年代後期成為消費市場上的主流品味標準。而普洱茶的「年份」也成為市場上最重要的評判標準。

一九九五年年底，鄧時海所著《普洱茶》一書出版，這是海峽兩岸三地第一本普洱茶專書，也是第一本普洱茶茶譜，更重要的是在書中首度明確地標訂了茶譜上每一種茶的「年份」。此書一出，立刻造成風潮，普洱茶的愛好者及經營者人手一冊，也帶動了普洱茶的熱潮。

「年份」做為評判普洱茶好壞的標準形成後，普洱茶的茶譜依循著「年份」標準被建構起來。茶譜建立起各種普洱茶茶品之間的次序關係。「年份」的多寡一方面成為市場價格的指標，另一方面也是提供消費者消費的符號。

二〇〇五年八月，鄧時海、耿建興著《普洱茶・續》由雲南科技出版社出版發行，其內容以如何挑選生茶、熟茶、老茶，如何挑選七子級普洱茶、七子級茶品錄，如何選購喬木級普洱茶、喬木級茶品錄……等，讓消費者在選購生茶、熟茶、老茶時更瞭解其中訣竅。

二、三十年來，國內風行陳年普洱老茶與古董級普洱老茶的藏飲，因此，只要一提到老茶，大家都立刻會往普洱方面思索，台灣老茶與雲南普洱茶有著不同的製作工藝，其實真正最好的陳年老茶不比陳年普洱老茶差，大部分的老茶是保存在被遺忘的角落……

誠如《茶與藝術》發行人季野指出，老茶的來源有三：

（一）茶友的存茶，在台灣茶鼎盛時期，到台灣各地特別收購，部分保留下來的。

（二）業者故意留下來，預期久存後風味更特殊的茶種，符合高經濟效益。

（三）業者賣不出去剩下的，一九四五年二次大戰結束、一九八六年以後外銷轉內銷許多專做外銷的茶商，成袋成批都堆在倉庫或閣樓，一放數十年。

在台灣老茶的年份辨識上的研究少之又少，根本沒有一套像普洱茶論述的書籍出現，所以坊間銷售上經常是茶行茶商老闆說了算。

其實台灣老茶品質之佳絲毫不遜普洱茶等其他茶品，因為處於世界最佳茶產區，北回歸線之上，氣候溫和雨量充足極適合茶葉生長，並且高山林立整個土地有七成面積屬於丘陵與高山，讓溫帶的台灣也有寒帶的氣候，在一山一谷間皆是水氣與雲霧聚會之處，日照被晨昏時的雲霧柔化了光線更為台茶加分，成就出香甜柔順質厚甘醇的台茶風格。

在二〇〇七年以前，只有少數人特別是有收藏嗜好者對此還寄予期待並少量收藏觀察轉化，更少數的茶人則視存老茶為保留時光與記憶的滋味。這類如詩人騷客的茶人在喝老茶時總會懷著對歲月的感念與尊重，藉由入口的老韻牽引出品飲一段過往風月，特別是得遇一款轉化趨純的上等老茶……那開啟許多人心中這份心門的鑰匙或許就會由這一杯老茶牽動起。

我們要問：「難道台灣老茶無法整理出一定章法嗎？」實際上台灣老茶是有一定脈絡可依循的，經筆者整理後，可從台灣茶引進的歷史、栽種的品種、外銷的種類與製造方式來建立一套鑑定老茶的標準與規則，再請中興大學曾志正教授與陳同學檢測了二十個不同時期的茶樣的沒食子酸與茶飢素（飢餓素）……等的含量，希望從中找出台灣茶葉在時間的催化下有一定的脈絡變化可尋，期藉由筆者的拋磚引玉能帶動更多人來研究台灣老茶。

台灣老茶的另外一個不用解釋的就是台灣比賽茶，因台灣自六十四年開始就有比賽茶，比賽茶上的年度與封籤是最好的佐證，為了杜絕日後仿冒問題，特別建立圖鑑以利日後比對。因迫於時間收集不全，此次僅能說是拋磚引玉，期能帶動更多人來提供出台灣比賽茶包裝，讓後人更能藉由圖鑑來辨識真偽，有所依據。

感謝陳澄清、陳月卿、貓茶坊、謝槃安、黃明道、松泰茶行、蘇惟德、蘇楠雄、元融堂、川風堂、黃明道、丰隱藏茶、林義祥、FB網友、葉廷豪、耕百壺國際農產、鹿谷觀光農園、龍映茗茶、台灣梅山製茶有限公司、上仁茶葉有限公司、台灣製茶廠（股）、各縣市鄉鎮區農會、不願曝光人士、台北市茶商業同業公會與各方茶友提供老照片、老茶及相關資料及引用資料卻忘了出處的書籍或網站，最要感謝的是中興大學曾志正教授與其研究團隊全力支持，讓這本書能順利完成，再次感謝與感恩。

目錄

序……002

第一章 茶的屬性……012

飲茶注意事項……020

第二章 認識台灣老茶

台灣老茶的定義……045

茶葉儲藏時的化學變化……050

如何判定老茶好壞？……074

台灣老茶的來源……077

導致茶葉劣變的因子……081

第三章 台灣老茶的功效

藥茶與茶療……091

台灣老茶在台灣的研究……095

茶葉的烘焙（火）對老茶的影響……106

茶葉儲存環境對茶的影響……116
老茶的沖泡與疑問……121

第四章 如何判斷老茶年份
用台灣不同年代品種、製法、形狀來判斷老茶年份……126
老茶評鑑……195
台灣近五十年茶園栽培面積……202

第五章 台灣老茶地圖……208

第六章 台灣比賽茶圖鑑……236

附件
參考資料……435
南投縣凍頂茶葉生產合作社歷年烏龍種組展售會樣數……436
鹿谷鄉農會歷年凍頂烏龍茶展售會樣數與特等獎得主……440
何謂茶飢素（飢餓素）……444
茶商收購台灣農會老比賽茶價格表（僅供參考）……445
南投縣茶商業同業公會歷年各組特等獎名單……446

第一章

茶的屬性

飲「茶」在中國已有幾千年的歷史，每個時期的飲茶方式、目的都不同，筆者經過整理把茶分為五類：必需品、嗜好品、奢侈品、藝術品、養生品，以下進行敘述。

必需品

價格在兩仟元以下之茶品，一般大眾都消費得起。

追溯中國飲茶的起源，有的認為起源於上古，有的認為起源於周，起源於秦漢、三國、南北朝、唐代的說法也都有，造成眾說紛紜的主要原因是因唐代以前無「茶」字，而只有「荼」字的記載，直到《茶經》的作者陸羽，方將荼字減一畫而寫成「茶」，因此有茶起源於唐朝的說法。其他則尚有起源於神農、起源於秦漢等說法。

陸羽推論茶葉之被利用始於神農氏（西元前二七〇〇多年）（陸羽《茶經》問世，記載：「茶之為飲，發乎神農氏，聞於魯周公。齊有晏嬰、漢有揚雄、司馬相如，吳有韋曜，晉有劉琨、張載、遠祖納、謝安、

左思之徒，皆飲焉……」），照此計算中國利用茶葉將近五千年的歷史。根據史料的記述，茶葉在早期（神農時代至春秋前期）被視為尊貴之物而用於祭祀，用來祭拜祖先及天地之神。至春秋後期，利用其生葉煮食，而到西漢初期更被視為藥用植物，直到西漢後期至三國時代才被當作高貴飲料，而為官廷貴族的待客之物。到西晉（西元二六五年）茶葉已逐漸被視為普通飲料，至唐、宋遂成為「一日不可無」的飲料，更讓茶與柴、米、油、鹽、醬、醋同列民生必需品之一。

所謂「茶、米、油、鹽、醬、醋、柴」乃開門七件事，是所有人每天必須要吃到、喝到、用到的。茶在少數民族中更有「散收、無採造法，以椒薑桂合烹而飲之」。

不論是泡沫紅茶或飲料茶，只要是不添加人工色素、香精等非自然物質與農藥殘留超標的茶都是好茶都可飲用，但酸、餿、黴、油垢……等異雜味茶類不可飲用。

嗜好品

價格不超過萬元之茶品，所謂「嗜好」指特別深的愛好。從廣泛的各種茶類找到自己最喜愛喝的茶品，只要自己喜歡的茶品，購買的價格可以拉到

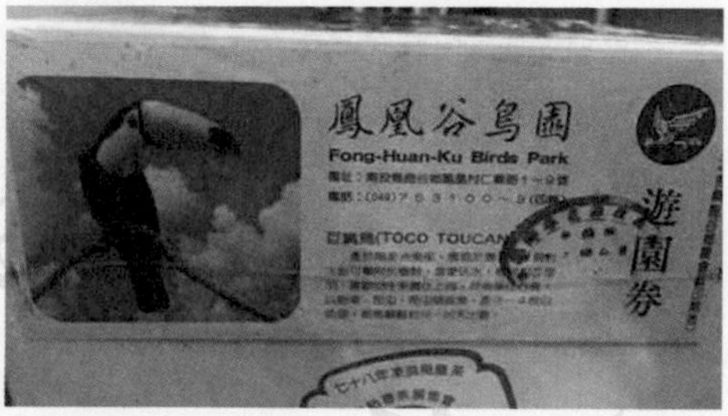

近萬元都可以接受。只要是自己喜愛的就可以，不過建議單一茶類不要長期飲用，最好各種茶類交替飲用。

奢侈品

超過萬元以上之茶品。一些得到頭等獎、特等獎、冠軍、金牌獎的茶品，一般是別人饋贈的，所謂喝的不買、買的不喝的茶品。

藝術品

無價或數十萬以上，不可用金錢衡量之茶品，可以藝術之眼光、嗅覺、味覺慢慢鑑賞之茶品。如三、四十年以上的老茶、普洱茶，這些茶品有時已成為非賣品，喝一斤世界上就少一斤。這類仿古老茶也很多，飲用要小心。這種茶容易輪為洗錢或賄賂工具，要小心。

據筆者所知台灣老茶與普洱老茶成交價如下：（圖1～5）

二〇一三年左右成交的72年鹿谷鄉農會特等獎價格約46萬元／斤，賣給大陸買家一百萬元／斤，大陸買家再賣給大陸收藏家人民幣一百萬元／斤。

二〇一五年二～三月份成交的78年梅山鄉農會特等獎價格約32～35萬元／斤。

圖 1

圖 3

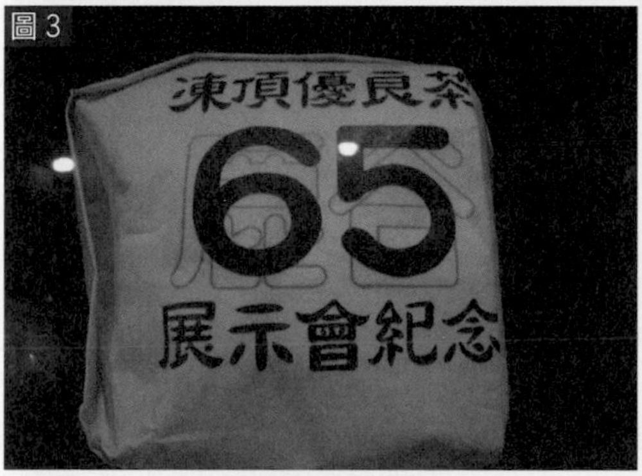

圖 2

圖 4

圖 5

二〇一五年六月十九日中時電子報報導指出：魏家兄弟稱，七仟多萬主要是員工公務飛機費用、犒賞、應酬交際，其中有兩仟萬元是委請友人購買一盒（筒）7片的「龍馬同慶號」清朝普洱茶。一餅相當兩百八十五萬元，真是天價。

養生品

喝了有養生延年益壽之功的茶品。價格不見得要高，但要針對自己的體質與自己的作習及時間來喝茶。

◎綠茶性涼，比較適合陽盛體熱和陰虛有火之人飲用，虛寒之人不宜多飲。

◎紅茶性溫，具有溫胃健脾、升溫降濁，助消化之功效，特別適合脾胃虛寒之人飲用。

◎烏龍茶（重發酵的）性和不寒，性溫而不助火，其去膩降脂功效顯著，非常適合油膩的菜餚和脂肪、高蛋白食品餐後飲用。青茶中的中發酵烏龍茶、大紅袍屬於中性茶。台灣高山烏龍茶和鐵觀音由於發酵程度較低，屬於涼性茶（圖1）

◎白茶性偏涼，具有防暑、解毒等作用。（圖2）

◎黑茶具有消滯、開胃、去膩、塑身等作用，降脂、降膽固醇作用明顯。普洱茶屬於溫性茶。（圖3）

◎黃茶對脾胃最有好處，消化不良、食欲不振都可飲而去之。（圖4）

◎台灣老茶：中興大學生物科技學研究所教授曾志正研究發表於97年8月號《農業與食品化學》國際期刊上：烏龍老茶含有許多酚類化合物「沒食子酸」，因紅酒的沒食子酸含量極多，是醫界認為適度飲用紅酒可保護心血管的關鍵，間接肯定烏龍老茶益處。（圖5）

書田診所家醫科主任何一成說，紅酒含大量沒食子酸，被認為是喝紅酒可降低心血管病變風

圖1

圖2

圖3

圖4

圖5

險的重要原因，台灣烏龍老茶的沒食子酸含量也高，「建議可再進行動物或人體實驗，以肯定其保健效果。」

雖然不同茶類有不同功效，建議同一種茶類不要長期飲用，過猶不及都不好；最好是交替飲用，如有飲用到不好茶品時，不好內含物人體還可以有時間代謝掉，不致於沉積在人體器官中。

有抽菸喝酒習慣、容易上火及體形較胖的人，即燥熱體質者，應喝涼性茶。腸胃虛寒或體質較虛弱者，即虛寒體質者，應喝中性茶或溫性茶。此外，苦丁茶涼性偏重，其清熱解毒、軟化血管、降血脂的功效要比其他茶葉更好，最適合體質燥熱者，而虛寒體質的人則不宜飲用。

由於熬夜、壓力、抽菸、喝酒等多方面原因，很多人體質也表現為多樣化，因此不能簡單的以燥熱、虛寒來劃分。有的人容易上火，卻又脾胃虛寒；有的人體形偏瘦脾胃虛弱，卻又火氣較旺。因此，喝茶時應結合每個人身體特徵所表現出來的主要症狀為依據來進行選擇，或參考身體對茶的適應性，如飲後感覺胃腸不適或頭暈、乏力，則說明身體不適應這種茶；如嘗試某種茶後感覺精神更好，胃口更佳，則可繼續飲用。如果實在無從選擇，可先嘗試喝品性相對平和的紅茶則較為保險。

大多數職場人的身體都處於亞健康狀態，平時應多喝大紅袍、紅茶及普洱、凍頂烏龍茶及熟香型木柵鐵觀音等中性、溫性茶。如果身體吸收功能較差，可以喝熟普洱茶、東方美人茶與熟香型木柵鐵觀音（發酵程度較高）；如果有口乾口苦、口舌生瘡、喉嚨疼痛、大便結燥、大便黏液、排便不暢等症狀，可適當喝喝綠茶以利於緩解。

一年四季氣候節令不同，喝茶種類宜做相應調整。

春季保養以柔肝、護肝、疏肝、養血為主。陽春三月，宜喝氣味芬芳的花茶，以振奮精神，散發一冬淤積於體內的寒邪，促進人體陽氣生發，解除春困。

夏季宜喝綠茶高山烏龍茶，綠茶性味苦寒，能清熱、消暑、解毒、增強腸胃功能、促進消化、防止腹瀉、皮膚瘡癤感染等。

秋季宜喝青茶（中發酵或重發酵有焙火過的），青茶不寒不熱，能徹底消除體內的餘熱，恢復味甘性溫，使人神清氣爽。

冬季宜喝紅茶、東方美人茶等，紅茶味甘性溫，含豐富的蛋白質，有一定滋補功能。

職場人工作壓力大，面對電腦時間過長，不同時間宜喝不同的茶。

上午宜喝綠茶，綠茶中含強效的抗氧化劑以及維生素C，能分泌出對抗緊張壓力的激素，少量的咖啡因可以刺激中樞神經，振奮精神。

下午宜喝菊花茶，菊花有明目清肝的作用，用菊花加枸杞一起泡來喝，或在菊花茶中加入蜂蜜，對緩解抑鬱有很好的幫助。疲勞時宜喝枸杞茶，枸杞具有補肝、益腎、明目的作用，對解決電腦族眼睛乾澀、消除疲勞都有功效。

飲茶注意事項

為什麼腎功能不佳及尿失禁者禁飲濃茶？

過濃的茶水會增加腎臟負擔並加速血液流通，長期飲用對身體有害。

服中、西藥時為何禁飲茶？

茶湯內含的物質與藥物混合後，可能會引起化學作用，使人體難以吸收及溶解藥物，而降低服藥的效果。人們在服藥時，尤其是含有鐵劑的藥物，應避免以茶水吞服。因為茶中的兒茶素類會與部分藥物結合，而使其失去藥效，即使要喝茶也須服藥一・五～二小時後才可飲用，這一點是有喝茶習慣者必須留意的。

為何孕婦和兒童應避免飲茶過量？

茶中含有咖啡因，因此孕婦飲茶會使心跳加速，對胎兒帶來過分的刺激，對胎兒與母親均不利。

為何脾胃虛寒者，或患有胃及十二指腸潰瘍者不宜喝濃茶？

不宜喝濃茶，以免刺激過強，造成胃部不舒服。這類患者可在飯後飲用淡茶。因為兒茶素易跟蛋白質結合，讓蛋白質不易消化吸收。

為何空腹不宜喝濃茶？

尤其是不常喝茶者，空腹喝濃茶後會抑制胃液，喝多了會引起心悸、頭眩、胃部不適、低血糖等「茶醉」現象。如果有這種情況，只要吃些糖果或喝些糖水即可舒緩。

為何腸胃功能不佳不宜喝濃茶？

空腹喝茶會刺激胃酸的大量分泌，對腸胃不佳者具傷害性。

為何神經衰弱慎飲茶？

茶葉中的咖啡鹼有興奮神經中樞的作用，神經衰弱飲濃茶，尤其是下午和晚上，就會引起失眠，加重病情，可以在白天的上午及午後各飲一次茶，在上午不妨飲花茶，午後飲綠茶，晚上不飲茶。這樣，患者會白天精神振奮，夜間靜氣舒心，可以早點入睡。

為何營養不良忌飲茶？

茶葉有分解脂肪的功能，營養不良的人，再飲茶分解脂肪，會使營養更加不良。

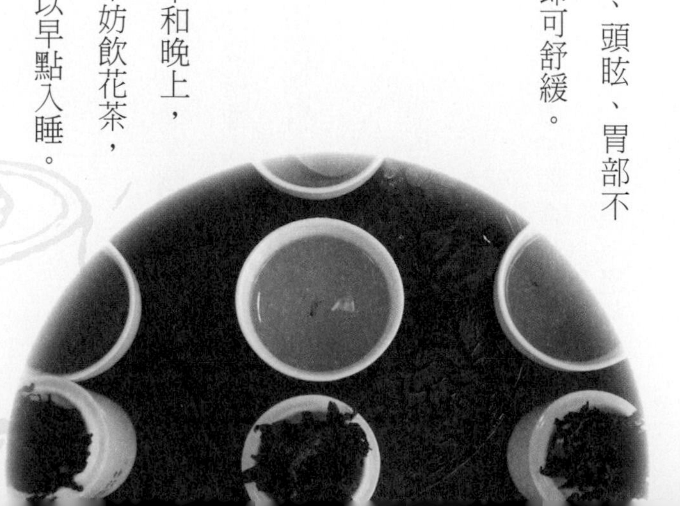

為何尿結石患者忌飲茶？

尿路結石通常是草酸鈣結石，由於茶含有草酸，會隨尿液排洩的鈣質而形成結石，若尿結石患者再大量飲茶，會加重病情。

為何冠狀心病患者謹慎喝茶？

對於心率過快、早搏或心房纖顫的冠狀心病者，因茶中的咖啡鹼、茶鹼都是興奮劑，能增強心臟的機能，大量喝濃茶會使心跳加快，往往會導致其發病或加重病情，因此這類人只能喝一些淡茶；與此相反，心率一般在60次／分鐘以下的患者，應該多喝一些茶，不僅無害，反而能提高心率，有配合藥物治療的作用。

為何老年人不宜飲生茶？

所謂生茶是指殺青後不經揉捻而直接烘乾的烘青綠茶。這種茶的外形自然綠翠，內含成分與鮮葉所含的化合物基本相同，低沸點的醛醇化合物轉化與揮發不多，香味帶嚴重的生青氣。老年人飲了這種綠茶，對胃黏膜的刺激性很強，飲後易產生胃痛；年輕人飲後也會覺得胃部不適，即通常所說的「刮胃」。誤購買了這種生茶，最好不要直接泡飲，可放在無油膩的鐵鍋中，用文火慢慢地炒，烤去生青氣，待產生輕度栗香後即可飲用。

喝茶會增加人體對鋁的吸收嗎？

酸性土壤中有多量的鋁，鋁常是植物生長的限制因子，但是茶樹能發展出免除鋁毒害的系統，將鋁堆積於葉的表皮細胞壁中，隨著葉片的成長，堆積的鋁愈多，在老葉中含鋁量可高達乾物重的1.7%（17,000ppm，ppm，百萬分之一），而一心二葉或幼葉的鋁含量，大多在1,000ppm以下。茶葉及茶湯含有高量的鋁，製備茶湯大約有1／3的鋁被浸出，茶湯中鋁的濃度範圍為1～6ppm，一杯茶湯中約含有0.2～1mg的鋁，而一般人由飲食中一天可吸收3～10mg的鋁。

近年來學界對鋁和人體的生物效應已引起廣大的注意。鋁的有毒型態是自由態鋁離子，鋁離子能取代重要酵素及調控部位上的鎂離子，造成細胞骨架缺陷、對中樞神經系統的損害、干擾磷的代謝及導致骨軟化症。鋁在老年性癡呆症（alzheimer`sdisease）的病因所扮演的角色，有研究指出，老年性癡呆症可能與鋁有關，主要發現該病的病人腦組織中含有高濃度的鋁，造成神經原纖維纏結。

茶葉含鋁，在八〇年代曾引起部分人士對喝茶是否會得老人癡呆症或其他鋁中毒的恐懼。茶湯及在飲用到人體胃部，有毒的鋁離子不存在，鋁成為一些無毒性的有機酸鋁複合物及氟鋁複合物，以模式計算進茶湯中的鋁進入小腸後，有85％以上的鋁成為固體狀的沉澱物，經由大腸、直腸排出體外，因此茶湯中的鋁對人體的影響並不大。

喝茶會影響人體對鈣質的吸收嗎？

茶具有高量的咖啡因，咖啡因會挾離身體中的鈣，骨鈣會從尿裡流失。鈣質的攝取不足，是往後年老時罹患骨質疏鬆症的隱憂。要如何避免咖啡因對人體的鈣質影響？

根據調查結果顯示，台灣地區成年人的每日鈣質攝取量只有達到衛生署所建議的80％。以年齡層比較，在20～24歲的男性，每日鈣值的攝取量僅達建議的57％；在13～15與20～24歲的女性，每日鈣值的攝取量分別為建議的55及50％。因此在24歲以下男性與女性，其每日鈣值的攝取量均嚴重偏低，而24歲以上每日鈣質攝取量較佳，為建議的76～93％。按調查結果得知，台灣地區人民，每日對鈣值攝取量不足，因此咖啡因在人體對鈣的影響問題必然浮現。

食物中鈣質的來源包括牛奶、乳酪、豆干、連骨吃的小魚乾及部分深綠色葉菜類等。衛生署建議的每日飲食指南中已將牛奶列為六大類基本食物之一，建議每日飲用一～二杯牛奶。飲用兩盒鮮奶，內含有五百二十毫克的鈣，可補充衛生署建議每日攝取鈣量的65～87％。

咖啡因對鈣質的影響，在於鈣質的攝取不足是重要的原因，因此要避免咖啡因對鈣質的流失的影響，必須在鈣質的補充上多加注意，以達到衛生署建議量以上為準。

喝茶會貧血嗎？

喝茶會影響人體對鐵的吸收？

茶中的單寧對鐵的結合力甚強，許多實驗皆證明茶中的單寧會引起動物或人的缺鐵現象。要如何解決茶對人體鐵吸收力的影響？液體進入人體大約半小時後即可由胃進入小腸，而蛋白質或脂肪則須經過二到三小時後方能漸入小腸。因此食物與茶同時在胃部時，單寧和鐵的結合，造成人體無法吸收鐵質。若善用時間差，於喝茶後一或兩小時再進食，如此在胃中的食物沒有機會和茶中的單寧結合，即可避免缺鐵的問題發生。

食物中鐵的來源，依照化學結構可分為血原素鐵（動物性肉類食品為主）及非血原素鐵（以植物性食品為主）。人體對血原素鐵的吸收率高，可高達15～40％，且不受喝茶的影響，因此鐵質的攝取來源以血原素為主時，較不受飲茶的影響。但國人攝取的鐵質，以非血原素鐵為大宗，血原素鐵僅約佔總鐵攝取量的20％，非血原素鐵的吸收率偏低，通常小於10％，而飲茶容易抑制人體對非血原素鐵的吸收。因此若是食物中的鐵來源是以血原素鐵為主時，因喝茶引起缺鐵的疑慮當會減少。

為什麼隔夜茶不能喝？

老祖母告訴我們，隔夜茶不能喝，這有兩個原因：

一、茶葉浸久了，濃度不對我們胃口，而且不需要的成分浸出大多，破壞美味。

二、茶湯放久了會腐敗，敗壞的食物當然吃不得。

為了省得說一大套道理，乾脆說隔夜茶不能喝。

隔夜茶的妙用：

1. **澆花**：天然的肥料。
2. **飯**：用殘茶水（最好不隔夜）煮飯，米飯不僅色、香、味俱全，而且可消炎化食。
3. **抗癌、抗氧化**：茶水放置時間長了會變為紅褐色，這是由於茶多酚氧化成了紅褐色的茶色素。研究顯示，茶多酚和茶色素均有很強的抗癌、抗氧化作用，雖然說隔夜茶中維生素C的含量大大減少，但依然具有抗病作用。
4. **止血**：隔夜茶中含有豐富的酸素，可阻止毛細血管出血。如患口腔炎、舌癰、濕疹、牙齦出血等，均可用隔夜茶漱口治療。瘡口膿瘍、皮膚出血也可用其洗浴。
5. **明目**：隔夜茶中的茶多酚有抗菌消炎作用，如果眼睛出現紅絲，可以每天用隔夜茶洗幾次。
6. **止癢**：用溫熱的隔夜茶洗頭或擦身，茶中的氟能迅速止癢，還能防治濕疹。
7. **生髮**：用隔夜茶洗頭，還有生髮和消除頭皮屑的功效。如嫌眉毛稀落，每天可用刷子蘸隔夜茶刷眉，日子久了，眉毛自然變得濃密光亮。

8. **固齒潔齒**：茶水中的氟與牙齒的琺瑯質鈣化以後，會增強對酸性物質的抵抗力，減少蛀牙的發生；氟還能消滅牙菌斑，最好飯後兩三分鐘用茶水漱口。
9. **除口臭**：茶中含有精油類成分，氣味芳香，清晨刷牙前後或飯後，含漱幾口隔夜茶，可使口氣清新，經常用茶漱口可消除口臭。
10. **去除油膩**：隔夜茶還有超強的去腥味和去油膩的功效，吃蝦蟹後用來洗手備感清爽。

茶中的咖啡因會增加流產和不孕的機會？

茶中的咖啡因對中樞神經有明顯的振奮作用，喝茶可以強化思維，提高對外界的敏銳度。咖啡因還具有減緩偏頭痛及利尿的功效，但是咖啡因對某些人會引起心跳過速與胃腸道異常等副作用。

以市售的茶葉及咖啡產品來分析，咖啡因在茶葉中的含量為2.3～3.7％，而在咖啡的含量達1.2～4.0％。茶飲料、咖啡飲料及可樂的咖啡因分別為0.04～0.26、0.20～0.50及0.10g／mL不等。因此一杯兩百毫升的茶、咖啡及可樂約佔有52.100及二十毫克的咖啡因。如何攝取咖啡因才不會過量？一般的建議是每天不要超過三百毫克咖啡因的量，若以兩百毫升為一杯舉例，

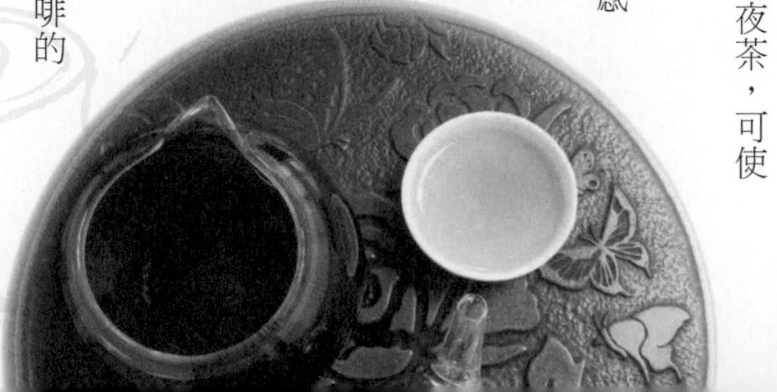

茶、咖啡及可樂分別以6、3及15杯為限。

咖啡因會使胃液增加、酸度增強，避免空腹喝茶，以免胃痛。喝茶偶爾會使血壓降低引發茶醉，出現暈眩無力的副作用，是因為咖啡因和兒茶素會使血管壁鬆弛、血壓下降。避免茶醉的方法是勿飲用過量，以及適時地食用一些茶食。

大量的咖啡因會增加流產和不孕的機會，故考慮懷孕的女性更應少喝含咖啡因（咖啡、茶、可樂）的飲料，且為了胎兒與幼兒的健康，孕婦與哺乳婦女有必要對含咖啡因飲料的攝取加以限制。

茶湯中的氟能防齲作用？

一般植物葉片的含氟量在2～20ppm（ppm，百萬分之一），茶科是喜氟植物，茶樹的一心二葉（嫩葉），含氟量達97ppm，成熟葉含氟量可達277ppm，隨著葉片的成熟，氟的含量增加。茶湯中的氟，因地區性及葉片的成熟度，使含氟量有所差異，以目前在台灣所得的資料，茶湯含氟量在1.1～2.3ppm不等，茶約可浸出68％的氟。

茶湯中的氟主要是氟離子，及少量的氟鋁複合物。氟離子是各類氟化合物中最具生物有效性

（bioavailability），因此茶葉中的氟對於人類所需的氟是非常有用的。茶中的氟，與牙齒中磷灰石結合成氟磷灰石，具有抗酸防齲能力，並且能減弱神經纖維的傳導，對牙質過敏有脫敏作用。茶葉中的多酚類化合物則可殺死或抑制在齒縫中的齲齒細菌，達到防齲的作用。

但在一九八〇～一九九〇年代，中國大陸西藏等地區做了一系列的流行病學調查，發現藏族的小孩有高比例的氟斑牙（dentalfluorosis，牙齒呈灰色且易碎），而漢族無此現象。經調查發現漢族與藏族在飲食方面有所差異，藏族好飲用奶茶，漢族則偏好飲用綠茶。綠茶係以嫩葉製茶，藏族的奶茶的茶葉是由雲、貴等地運來，大都是由老葉、老莖所組成，含有高量的氟及鋁，因此藏族飲用高量的奶茶，同時飲用了過多的氟，以致造成了氟斑牙的問題。目前在台灣每日飲茶的量不若藏族高，且飲用的茶若為嫩葉所製成，應該不會有氟斑牙的問題產生。

茶中的多酚類能抗氧化？

茶是人類歷史悠久的飲品，能消除自由基，具有很強的抗氧化作用。自由基之過氧化反應會造成許多傷害，包括細胞膜的受損、蛋白質的變性等等。許多研究指出，中風、心臟病、關節炎、糖尿病、免疫能力降低、老化、疲勞、癌症等都與體內過多自由基有關。

茶葉中的抗氧化的成分主要是茶多酚（teapolyphenols），茶的酚類化合物（茶單寧或茶鞣質），大約佔乾物重的30%，佔可溶性成分60%。酚類化合物中則以兒茶素類（catechin）含量最多。這些酚類化合物具有清除自由基與抗氧化作用。以不同發酵程度的茶葉（綠茶、包種茶、烏龍茶及紅茶）比較，在抗氧化性、還原力、清除活性氧化自由基及抗致突變作用方面，依序為部分發酵茶（包種茶、烏龍茶）、不發酵茶（綠茶）、全發酵茶（紅茶），尤其是烏龍茶的效果最為顯著。以烏龍茶的不同季節、價位及沖泡次數的抗致突變性探討，以冬茶之抗致突變性效果優於其他季節之茶葉，茶葉價格對抗致突變性則無影響，沖泡則以第一次沖泡者的效果較佳。

茶是人類歷史悠久的飲品，綠茶在抗致突變性和抗癌已有相當的研究，但飲用半發酵的烏龍茶在抗氧化性、還原力、清除活性氧化自由基及抗致突變性作用上不輸於綠茶，甚至超過綠茶。雖然目前尚未完全證實喝茶可以預防或治療人類的癌症，但由於茶多酚具有很強的抗氧化作用，可以有效地消除氧自由基和脂類自由基，預防脂質過氧化，飲茶在健康益處及保健上具有相當的作用。

為何會茶醉？

由於喝茶會有血壓降低、血糖降低及鉀離子增加等三種作用，血壓下降，產生乏力感，血液中鉀離子偏高，造成鈉鉀的不平衡也會發生暈眩無力的副作用。如此引起茶醉。好茶者避免茶醉的方法是，勿過量或邊喝茶時要邊吃茶食。

飲茶時會有苦味、澀味的原因？

◎苦味

在半發酵茶中苦味是無可避免存在的，只是程度與性質的不同。形成的原因為：

1.殺菁不足，內含物質無法轉化。

2.季節因素，溫度高、日照強的季節裡所採的茶菁較苦。

3.品種特性，通常大葉種較小葉種為苦。

4.菁葉成熟度，通常嫩葉較苦。

5.另有土壤、施肥、樹齡、茶園管理等皆會有影響。

一般茶業從事者，較常將苦味分成兩類，意即可轉苦為甘的「活苦」與久苦不退的「死苦」。

◎澀味

它是茶葉裡最討人厭的味覺。但它對茶的品質與療效，卻有一定程度的貢獻。澀為在半發酵茶的範圍裡與菁、苦一樣，不可避免的存在，只是程度與性質上的差異而已。其形成的原因亦大

致相似。從業者有把他分成「可化退的澀」，與久澀不退的「咬舌澀」。

第一泡要不要倒掉？

經常聽人說泡茶時第一泡倒掉不要喝，追問原因，說是把茶洗一下，因為製茶時茶葉沒洗，放在地上曬，用手用腳揉踩，還有噴農藥的問題……聽來似乎頗有道理，但這樣沖一下倒掉就可以解決問題嗎？

首先我們要說，茶葉如果真的那麼髒，不喝也罷。事實上，茶葉都栽種在落塵量及空氣污染較少的郊區及山坡地，而且必須年雨量平均，排水良好，葉面經常被雨水沖洗得乾乾淨淨。你到茶山看看，幾時曾看到茶葉面上積滿灰塵的現象？

農藥的問題也一樣，如果茶園管理良好，新葉成長短短的期間非噴不可的情形不多，如果有也都採用短效期的農藥，否則茶農會是第一個受害者，因為製造時他們不但會吸到殺青、乾燥時的蒸氣，而且還得不斷地試飲。

至於製造的過程，現已採用機器或自動化的生產，用手的機會不多，用腳踩揉的情形已完全沒有。日光萎凋時，標準要求是將茶背攤放於大竹盤上，否則也要舖上一層帆布等，不能直接攤在地上，茶葉製造過程中如果掉落地上，老師傅會敲你腦袋的。

但是第一泡沖後倒掉的做法也還有道理，只是不要稱之為「洗茶」。茶葉沖泡過程中，開始時我們將茶壺用熱水溫熱，稱為「溫壺」，倒茶前將茶杯燙熱，稱為「燙杯」，如果將茶葉也溫潤一下，使其吸收熱度與濕度而成為含苞待放的狀況，我們稱為「溫潤泡」。置茶後很快地沖水倒掉，這時茶葉吸收了溫度與濕度，香氣滋味呼之欲出，打開壺蓋，客人聞一下已先醉三分，隨後第一泡一沖，香氣滋味必然不同凡響。有些人怕損失部分香氣與成分，「溫潤泡」也不是非要不可的過程。

溫潤泡或第一泡沖水滿到壺口時，會有泡沫浮在上面，有人很在意地要把它刮掉，結果給人不潔的感覺，那些泡沫是附著茶葉上茶汁結晶的粉末，對衛生、茶味並無不良影響。氨基酸是泡泡的主要貢獻者。由於茶葉含有皂素，雖然溶解度不高，但會隨發酵與揉捻程度而增加溶出量，形成泡泡，這些都是很棒的物質。

轉載陳右人教授（前茶業改良場場長）的文章來解惑：

諸位好友：

昨天聽到兩則新聞，下一點評論給大家參考。

1.TVBS訪問長庚醫院顏宗海主任，談茶葉農藥殘留。顏主任表示：「台灣茶葉可使用四百

種農藥，絕大部分為水溶性。所以，為保障飲用安全，泡茶時第一泡應倒掉。」事實上，台灣茶樹目前法定病蟲害用藥有一百一十一種（包含殺蟲劑61種，殺菌劑27種，殺蜘蛛類劑23種），絕大部分為脂溶性，且非系統性農藥，為了病蟲害防治方便起見，會添加展著劑與界面活性劑，使其溶於水，但噴灑後，展著劑與界面活性劑會先失效，使農藥沾附於植物表面，不會因降雨而流失。這些合法使用去之農藥，政府會配合國人平日攝取食物之種類與量，訂定農藥殘留檢驗限量，而未允許使用之農藥，即以儀器檢驗限量做為檢驗限量；不過為符合WTO精神，只要茶葉輸出國提出具有公信力之研究報告，衛福部也會訂出高於儀器檢驗限量之農藥殘留檢驗限量。由於絕大部分茶樹使用之農藥極難溶於水（最近最紅的芬普尼的飽合溶解度在25℃下，為2mg／L，就是最高2ppm，但茶湯沖泡時茶葉中芬普尼茶與水之分配率logKow值為6，溶出比例接近0.1％），泡茶時，也很難隨水萃出。目前仍有四種農藥會微溶於水，但如以一般罐裝或即沖式飲料茶的茶與水之比例，及1：100而言，極難在茶湯中測得農藥，所以第一泡茶不需倒掉。

2.蘋果日報報導在一個座談會中，長庚醫院腎臟科江醫師說，手搖杯的泡泡，在自然狀況下10秒之內應會消退，超過即有添加其他成分之疑慮。事實上，只要讓茶湯起泡，就很難消退，尤其是品質達到一定程度，或濃度夠。昨天下午五時，我用印尼進口D級阿薩姆紅茶，以1：100沖泡後，無論加不加糖，再以雞尾酒搖晃杯搖晃1分鐘後，兩者的泡泡都可維持至少一個小時。到我十點離開實驗室時，泡泡還有一半，今早七時十分進實驗室，仍有殘留之泡泡。事實上，茶湯搖晃、沖泡時，乳化與產生泡泡是常態。形成泡泡的原因非常多，茶類之間有點不同。在綠茶，尤其是抹茶，氨基酸是泡泡的主要貢獻者。由於茶葉含有皂素，雖然溶解度不高，但會隨發酵與揉捻程度而增加溶出量，形成泡泡。在紅茶，搖晃後形成的泡泡更多。一般在沖泡台灣部分發酵茶時，也常常會產生由氨基酸、皂素與其他物質共同形成之泡泡。這些泡泡都很難在十秒之內消退。

為避免產生更多誤解，請協助傳給你的朋友。

陳右人　敬上　2015.05.27

千萬不要喝的八種茶？

1. **濃茶**：濃茶中含有大量的咖啡因、茶鹼等，刺激性很強，飲濃茶可導致失眠、頭痛、耳鳴、眼花，對腸胃也不好，有的人飲用後會產生嘔吐感。

2. **隔夜茶**：特別是變了味的茶，即使還嚐不出來變味，也多半滋生、繁殖了大量的細菌等。因為茶葉含有大量的蛋白質，大部分不溶解於熱水，殘留在葉片中，水溫較高時，茶葉上的蛋白質便會腐爛，放置一晚後，又會有一種霉菌生成，同時在茶中殘留大量的丹寧酸會變成具有刺激性的強烈氧化物，對腸胃造成刺激，引發炎症。所以，隔夜茶不宜飲用。

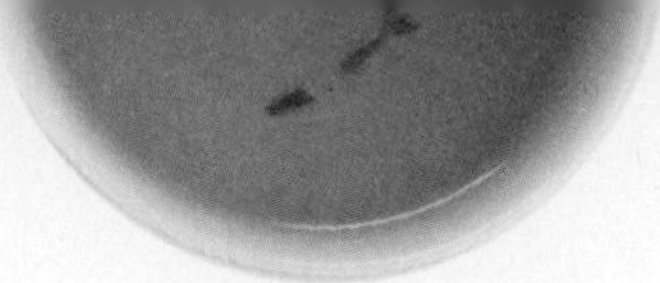

3. **冷茶**：茶宜濕熱而飲，冷茶有滯寒、聚痰之弊。（冷泡茶不在此之列）
4. **燙茶**：茶一般都是用高溫的水沖泡的，但是不能在水溫過熱時飲用。過熱的東西，對人的腸胃是極為不利的。
5. **焦味茶**：炒製過火的茶葉，營養已經喪失，味道也不好了。
6. **久泡茶**：茶葉泡得過久，很多對人體不利的物質會被泡出來。
7. **黴變茶**：會有大量毒素。
8. **異味茶**：有的味道是有毒素，如油漆、樟腦味等。

茶冷泡有什麼優點？

1. 喝來比較甜。茶葉中會產生甘味的氨基酸分子在冷水中比較容易釋出。
2. 泡久不苦澀又健康。茶葉中會造成苦澀和刺激胃酸分泌的單寧酸及咖啡因，在攝氏80度的水溫中最易大量釋放，冷泡茶少了這層顧慮。
3. 懶人的福利。熱泡茶要燒水注意溫度及浸泡時間，冷泡茶省事多了，準備一瓶500~600cc的礦泉水，放入8~10公克的茶葉，浸泡三~四小時，一瓶鮮美甘醇的茶湯就出爐了。如果你整天都想喝杯冰冰涼涼的冷泡茶，只要你在睡覺前先將冷泡茶沖泡好，擺在冰箱冷凍庫內，隔天出門帶著上路，可讓你冰涼一整天。

喝茶為什麼會傷胃？

1.歸究於台灣茶業走向比賽茶的風氣。

仔細推究其原因，可以歸究於台灣茶業走向比賽茶的風氣。由於比賽茶的評審偏愛低成熟度口味，和球狀外觀，導致茶農越來越習慣採摘嫩芽。嫩芽菁內含物質不足，所含酯型兒茶素較高，會產生苦澀，並導致「傷胃」。這傷胃的苦果就是流於綠茶化的烏龍茶最嚴重的毛病。

2.嫩葉的芳香成分尚未形成。

就茶的製造而言：不發酵的綠茶，大都在「清明」、「穀雨」之前採摘嫩芽，嫩葉的芳香成分尚未形成，採收後直接殺菁，不發酵也不轉化，苦澀傷胃的物質都還存在，所以在泡綠茶時，必須少量投葉，低溫沖泡（先讓水沸騰後，再降到90℃左右），喝起來就不會傷胃。

3.半發酵的烏龍茶，泡茶時投葉量大。

半發酵的烏龍茶，採摘嫩芽，多酚類含量較高，若是發酵不完全，就像「後熟」不全的青澀的香菸。在泡茶時如投葉量大，又以高溫沖泡，苦澀元素酯型兒茶素大量滲出，所以會傷胃。

4.條型包種茶，已發現有嫩採現象。

條型包種茶，條型茶的外型，講究條所緊結。就以最大宗產地「坪林」來說，已發現有嫩採現象，為的就是嫩葉較柔軟，易於成型。其次是炒菁不足，茶農唯恐炒得足火，條索較鬆散；如此炒得輕些，條索看起來較烏潤緊結。就是因為如此致使殺菁不足使酵素依然活絡，會繼續變化，使得包種茶不耐存放。

為什麼市售的罐裝茶飲料可以放很久，而自己泡的茶卻不能放隔夜？市售的罐裝茶飲料有放防腐劑嗎？還是其他原因？

國家標準裡對包裝飲料是禁止使用任何防腐劑的，除了不知名的小廠牌外沒有哪一家大廠敢違法添加的。

一般的製程（鋁箔包與寶特瓶）是經由萃取、過濾（去除沉澱）、充填前殺菌、全程無菌包裝——都在密封管線內。鐵鋁罐製程為：萃取、過濾（去除沉澱）、充填、包裝、批次殺菌（整批送進殺菌釜）。因為包裝正常應為密封狀態，所以可以維持一段時間。不過偶爾還是會發現有些會產生品質問題，通常是包裝容器密封不良或是殺菌不完整導致，冷藏茶（新鮮屋或利樂包）因為是低溫殺菌，如果失溫亦會導致發黴或酸敗的問題。

其實因為包裝茶飲料大都很淡，不及我們平時沖泡的濃度，加上我們沖泡時茶湯是活的，裡面有大量的氧化酶在持續作用，所以你泡茶放一陣子再喝絕對跟剛泡出來時氣味不同，而因為包裝茶經過殺菌也把氧化酶都破壞了，所以不再持續氧化。這也是原因之一。研究顯示，最主要的變化是茶多酚的進一步氧化，顏色加深。一杯清澈碧綠的茶水，尤其是在氣溫較高的情況下放置久了，會失去綠色，增加黃色的程度。

這是茶水中的茶多酚氧化形成黃紅、紅褐色的氧化產物，主要是茶黃素、茶紅素、茶褐素等。這些產物是無毒的，不會對人體產生危害。

許多人可能都聽說：隔夜茶不要喝，認為喝隔夜茶會傷胃。其實這句話應該更嚴謹一點，因為就飲用安全性而言，一杯泡好的茶如果沒有加蓋子、沒有冷藏。一直擺在室溫下暴露在空氣中，當然會有落菌生長造成污染，任何食品這樣放入了都會壞，因此喝茶最好「趁熱」飲用，或者是低溫儲藏。此外，就飲用品質來說，經高溫沖泡的茶一旦冷卻，其所溶出的兒茶素和咖啡因，則容易形成複合物而沉澱下來，茶湯中有益人體的成分也就大量的減少了。

而相同的問題也出現在罐裝的茶飲料中。在加工的製程裡，為使罐裝茶得以保存較久，一般在高溫萃取、裝罐、封罐後，即快速冷卻，但所產生的沉澱物問題，卻會降低賣相；為瞭解決這個問題，工廠都會先將沉澱物去除，如此一來，也就等於將具有生理效果的成分給去除了。

第二章

認識台灣老茶

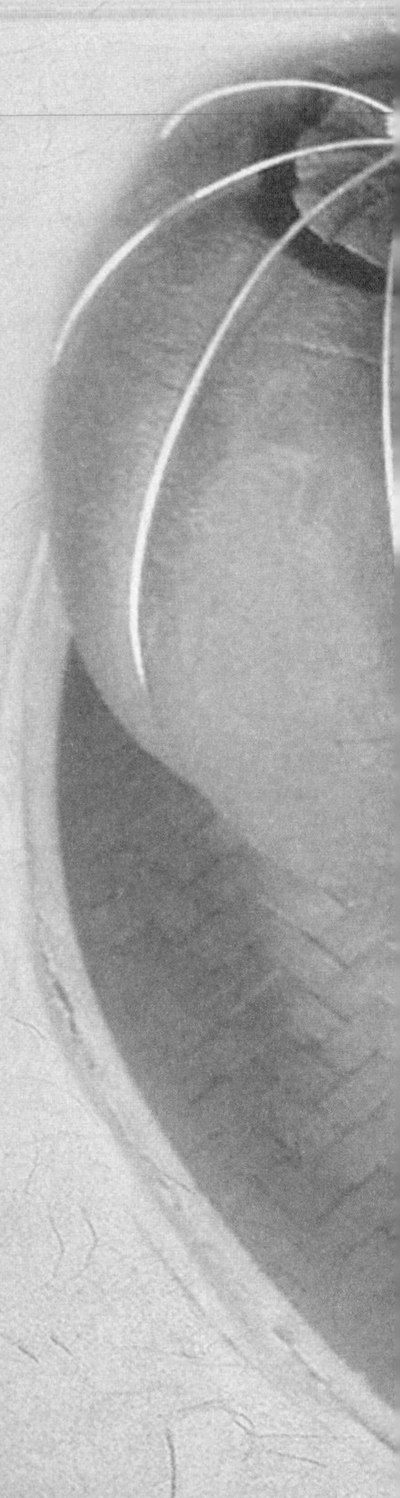

追溯台灣茶飲文化最早見諸文獻的是：在荷蘭據台時期（1624～1662年）荷人所寫，《巴達維亞城日記》一六四五年三月十一日之記事中載有「茶樹在台灣也有發現，唯似乎與土質有關…」雖未載明發現地點，但其所指之茶樹無疑是指野生茶樹，且與清朝文獻所載水沙連之野生茶樹無關，因荷蘭人往南投水沙連發展遲至一六五〇年左右才開始，然而此記載並沒有說明是如何品茶的，是用煮的？還是用泡的？並沒有交代。

而真正談到台灣茶飲文化經筆者仔細搜尋後找到最早的記載是：

一六一二～一六八八年沈光文（1612-1688）在明朝遺臣朱由崧自立為福王時，他與史可法共同抗清，後再隨魯王退守浙江。魯王兵敗後，他隱居普陀山為僧。鄭成功據守廈門、金門時，他本想從金門搭船去泉州，不料船隻因風漂流到宜蘭，後輾轉到台南，當時荷蘭人正佔據台灣。沈光文來自中國浙江省鄞縣，其〈隩草戊戌仲冬和韻〉之六詩云：「將何消旅夜，薄酒勝茶湯」，「薄酒勝茶湯」乃源自蘇軾〈薄薄酒〉詩云：「薄薄酒，勝茶湯」，蘇軾寫作此詩乃欲「不如眼前一醉，是非憂樂兩都忘」、「達人自達酒何功，世間是非憂樂本來空」。而較能代表台灣詠茶詩作，則以〈夕飧不給戲成〉詩，其詩云：「明朝待汲溪頭水，掃葉烹來且吃茶」、〈普陀幻住庵〉詩云：「閒僧煮茗能留客，野鳥吟松獨遠群。此日已將塵世隔，逃禪漫學誦經文。」沈氏創作這兩首詩時應該已經身在台灣，但不知是飲用什麼茶。

清康熙四十二年（1703）出任台灣海防同知的孫元衡，著有《赤崁集》，詩云：「烹茶之法教兒

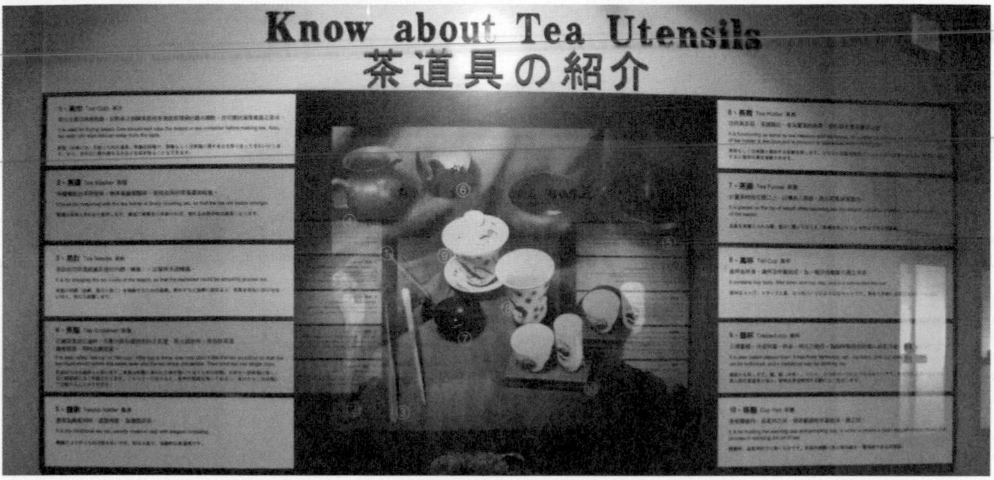

童，蟹眼潛聽火候工，汲取竹林僧舍水，雨芽來自大王峰。」

清康熙～乾隆年間人周澍亦曾留台，著有《台陽百詠》，詩曰：「寒榕垂蔭日初晴，自瀉供春蟹眼生，疑是閉門風雨候，竹梢露重瓦溝鳴。」並自注：「台灣郡人，茗皆自煮。必先手嗅其香，最重供春小壺……」可見當時閩粵功夫茶俗已在台流傳。到了清末徐珂（1869～1928）《清稗類鈔》：「閩中盛行功夫茶，粵東亦有之，蓋閩之汀漳泉、粵之潮，凡四府也。烹治之法，本諸陸羽茶經而器具更精。」民初連橫（1878～1936）《雅堂文集・茗談》：「台人品茶，與漳、泉、潮相同……。茗必武夷，壺必孟臣，杯必若深，三者為品茶之要，非此不足自豪，且不足待客。」

以孟臣壺為主要代表的宜興工夫茶壺，產自江蘇太湖之濱，以壺小色佳在各式茶器中獨領風騷。孟臣壺在彼時已十分昂貴難得，連身處上層社會，講究「非此不足自豪，且不足待客」的連橫都要說：「然今日台灣，欲求孟臣之製，已不易得，何誇大彬。」遑論尋常人家。孟壺茶為當地上流社會的象

眉原山野生山茶

徵。自明末清初起，宜興小壺在閩粵沿海地區，與功夫茶所產生的種種交流，對中國茶文化產生深遠的影響。功夫茶對茶具的要求，可謂歷來各家茶法之最。尤其是「功夫茶四寶」——孟臣壺、若深杯、玉書碨、潮汕烘爐，四者缺一不可。

魏清德的〈飲茶詩〉：「茶是烏龍種，名馳美利堅。摘來常帶露，飲處欲登仙。」

《雅堂文集~茗談》》：「台人品茶，與漳、泉、潮相同……。茗必武夷，壺必孟臣，杯必若深，三者為品茶之要，非此不足自豪，且不足待客。……」《雅堂文集》又記載：文山採茶（台灣通史）——茶商公會：台北產茶，近約百年，以烏龍茶為最美，色濃而味芬，配出海外，歲值數百萬金；而文山堡之茶尤佳。

早期台灣飲茶都以武夷茶為主，只可惜現在無法想像當時武夷茶的香氣滋味。

台灣老茶的定義

唐朝大醫學家陳藏器云：「藥為各病之藥，茶乃萬病之藥。」

明朝李元陽云：「茶，點蒼，樹高二丈，性不減陽羨，藏之愈久，味愈勝也。」

明末清初周亮工先生的閩茶曲：

「雨前雖好但嫌新，火氣未除莫接唇。藏得深紅三倍價，家家賣弄隔年陳。」

雖然這是針對武夷岩茶的描述，但這首詩把茶葉採摘時機及加工的影響、茶葉貯藏過程的轉變與藏茶開封的時間點，描寫得十分傳神。

喜歡老茶的消費者越來越多，老茶的零售價格近一兩年來不斷上漲。但什麼是老茶呢？怎麼分辨老茶呢？筆者綜合各界看法整理後定義如下：

茶的一生

茶葉經過繁殖↓栽種↓施肥、病蟲害防治↓三年後開始採摘↓再經過六大茶類不同製程後成為六大茶類的茶成品，而在台灣以前被製成武夷烏龍茶、薰花

茶、紅茶、綠茶等，近期則被製成鐵觀音茶、文山包種茶、東方美人茶、碧螺春綠茶、紅茶、凍頂烏龍茶、高山烏龍茶等主要茶品，早期絕大多數茶葉外銷了，或被品飲掉了或被倒掉了或當肥料去了，但有些則因種種原因被儲藏起來，經過時間和空間的轉換後，有些因為受潮或儲存不當變成有雜異味劣變的不良品，有些則變成有梅香、樟香、沉香……等不同香味醇厚的陳年老茶茶品。（圖1～8）茶的一生

圖1

圖2

圖3

圖4

圖5

圖6

圖7

圖8

何謂陳年老茶（老茶）？

一般都認為人按歲數劃分，1～3歲為嬰兒，4～10歲為少兒，10～18歲為少年，18～45歲為青年，46～65歲為中年，65歲以上為老年。那麼，何謂陳年老茶（老茶）？

首先，老茶看年份，茶葉通常存放1～5年稱為新茶；5～10年稱為舊茶；10～20年稱為陳茶；20年以上的稱為陳年老茶或簡稱老茶。

其乃經由時間粹煉（20年以上）自然地變化出與新茶完全不同之色、香、味、韻者。特徵為：茶乾因熱脹冷縮使彈性與光澤漸失，微鬆；茶湯因氧化、聚合、解降而呈現紅褐色變；水活性與收斂性降低，並產生適度酸變之茶；良好保存的茶葉並會進一步轉化掉酸味，漸次產生醇厚陳年老茶韻味。

目前找的到最老的台灣老茶——一四六年

一百四十六歲的老台茶：從李仙得到美國自然史博物館

現存最老的台灣茶在哪裡？很可能是藏在美國自然史博物館的兩罐小玻璃瓶中（亦見台灣大學「海外博物館台灣民族學藏品資料」）。

這兩冠茶葉由法裔美國人李仙得或譯李讓禮、李善得（CharlesWilliamLeGendre，1830～1899）採集。李仙得何許人也？他出身於法國里昂西南方約十五公里的小城市Oullins，24歲取美國一律師之女為妻後，旋即赴美國，並歸化美籍。他曾參與美國南北戰爭，任美國駐清國廈門領事（1866～1872），管轄廈門、雞籠、台灣府、淡水與打狗五港口，其後並受聘於日本，協助日本攻打牡丹社原住民（1874）。李仙得在牡丹社事件中為日本擬定外交策略以蒙蔽國際視聽，並幫日本雇用外籍軍人、承租船艦、購買軍火；其目的在於日本佔領台灣後，美國人可獨佔貿易利益，甚至擁有實際的殖民權。

中國方面得知李仙得在此事件中扮演關鍵角色，欲做釜底抽薪之計。李鴻章上總理衙門〈論日本圖攻台灣〉一函中便指出，日本依賴美國人；促美撤回人員、船隻，即能迫使日本罷兵。於是清廷向美國提出抗議。九月十二日，李仙得前往廈門與清廷談判時，遭到美國水兵逮捕。同年十一月，日軍撤離台灣，美方遂以李仙得未帶兵為由予以釋放。

李仙得退休後，一直住在日本。一八七五年，李仙得獲日本政府頒授勳二等旭日重光章。一八七五年末，李仙得辭任外務省顧問。李仙得直到一八九〇年都一直住在日本，曾任大隈重信的私人顧問。

一八九〇年三月，李仙得離開日本，擔任李氏朝鮮高宗的顧問。一八九九年九月一日，李仙得在漢城（今首爾）中風去世。

這兩罐茶葉的取得時間，美國自然史博物館網站登錄的資料顯示為一八六九～一八九〇年間，但比較可能的時間點是其任美國駐廈門領事時取得，如此推斷成立，這「老茶」也有一四六年了。至於地點，應該是淡水。如果我們人站在十九世紀下半葉的台北盆地，將目光投向四周的丘陵地，看到的景觀就是一片片的茶園——至少馬偕仙是這麼說的。

※李仙得生平參考網站：Wiki百科「Charles Le Gendre」

茶葉儲藏時的化學變化

茶葉的品質主要由茶多酚、氨基酸、生物鹼、維生素、葉綠素等物質以及一些香氣成分組成。這些品質成分多為還原性物質，極易受濕度、溫度、光線和氧氣等環境因素的影響，自身或相互進行水解反應、氧化反應、縮合或聚合反應等。從而形成一些分子較大的物質，使茶湯產生沉澱或水浸出物減少並產生一些稱之為「陳」的氣味。這是茶葉陳化變質的主要機理。以下就茶葉陳化變質的原因進行分析：（圖1～5）

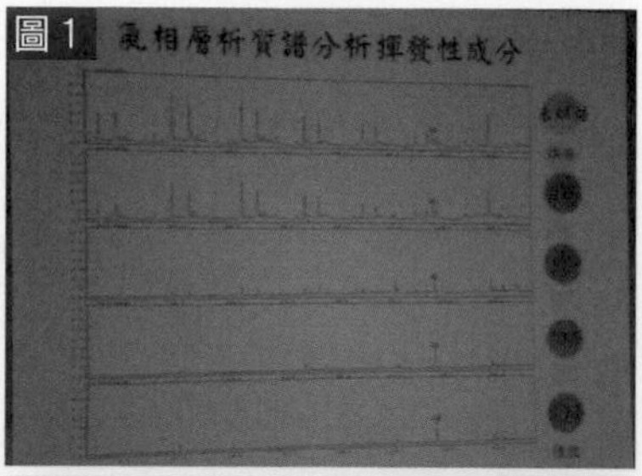
氣相層析質譜分析揮發性成分
圖1

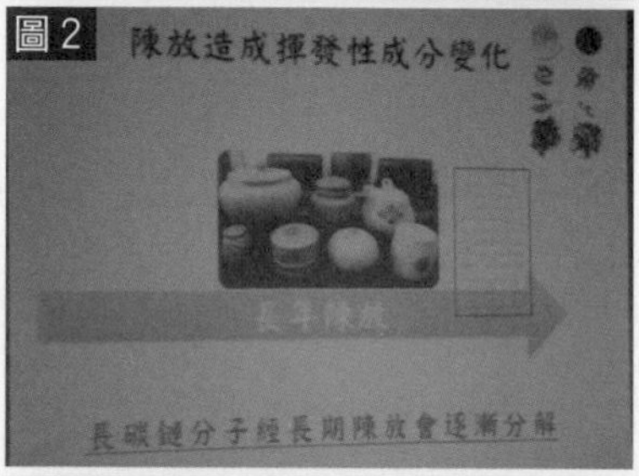
陳放造成揮發性成分變化
長年陳放
長碳鏈分子經長期陳放會逐漸分解
圖2

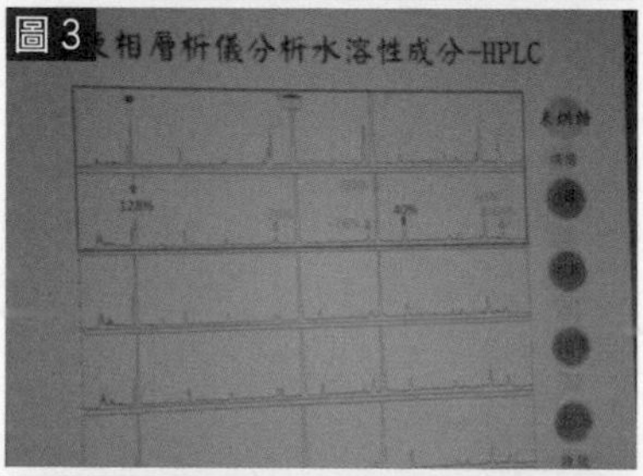
相層析儀分析水溶性成分-HPLC
圖3

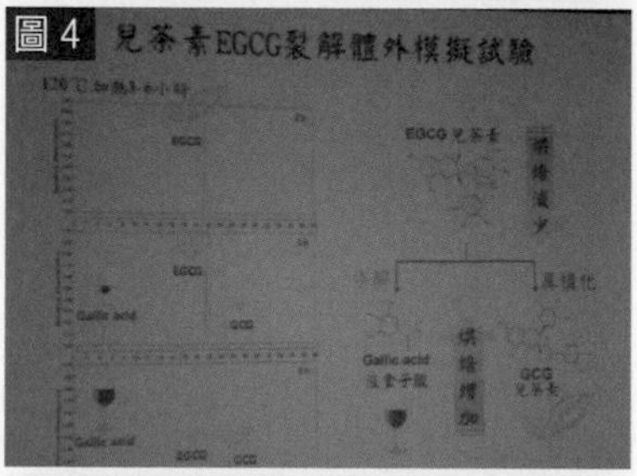
兒茶素EGCG裂解體外模擬試驗
圖4

結論
陳放 對於氣相成分(風味)變化的影響較大
烘焙 對於液相成分(滋味)變化的影響較大
圖5

茶葉儲藏時的化學變化

茶多酚的氧化、聚合

茶多酚是茶葉含有的二十多種酚類物質的總稱，是決定茶葉的湯色和滋味的最主要的成分。

兒茶素類之再氧化

兒茶素類（catechins）為茶葉中含量最多的可溶性成分，在茶湯中除了水以外，兒茶素類幾乎有一大半，兒茶素除了與茶湯滋味苦澀、活性等有關外，亦影響茶湯水色。在製茶過程中，兒茶素類在有氧氣的狀況下，經多元酚氧化酵素之催化，進行氧化聚合作用，此即吾人所稱之『茶葉發酵』。兒茶素為化性最活潑且不安定的成分，在茶葉儲藏過程中可能由於兒茶素「自動氧化」而致品質劣變；或由於茶葉中殘存之多酚氧化酵素或過氧化酵素作用而導致兒茶素類繼續氧化。兒茶素類氧化對品質影響如下：

1. 導致成茶外觀失去光澤；茶湯水色褐變、失去活性、缺乏刺激性與醇厚感，變得平淡無味。
2. 促使茶葉香味成分（如脂類物質）再氧化，導致異味生成，尤其是典型之油耗味、陳味。
3. 兒茶素氧化後結合茶葉中其他成分（如氨基酸類等），進行非酵素性褐變反應，使茶湯變混濁。
4. 在吸濕的茶樣中，兒茶素類氧化速率會因多元酚氧化酵素和活性之遞增而加速，所以吸濕會導致兒茶素加速氧化。

5.因兒茶素怕光，照光或透光之包裝可導致兒茶素進行化學反應。

以普洱茶為例：

按其水分加入量和作用時間長短可分為重度濕倉普洱茶、中度濕倉普洱茶和輕度濕倉普洱茶。這種處理最大的特點就是仿老茶的做法消除苦澀味，老茶儲放的結果是苦澀味明顯降低。這是什麼原因呢？實際上是普洱茶中多酚類物質的氧化、降解或聚合的結果。尤其是酯型兒茶素的減少，苦澀味改變最為明顯。研究顯示，自然儲放十年的普洱茶，茶多酚減少為13.94%，儲放20年的普洱散茶，茶多酚減少更多，僅存8.98%。

茶黃素（質）、茶紅素（質）氧化和縮合（聚合）

茶多酚本身無色，但容易發生變化，經酶促反應、氧化反應、縮合（聚合）反應等，會產生我們稱為的茶黃素，茶黃素進一步氧化和縮合（聚合）產生茶紅素，茶紅素進一步氧化和縮合（聚合）產生茶褐素。製作紅茶，希望能得到較高比例的茶黃素和茶紅素，而盡量少產生茶褐素（茶褐素會使滋味變劣）。

氨基酸和蛋白質的氧化和降解

茶葉中氨基酸的種類較多，主要是茶氨酸，相對含量較高。在茶葉儲藏的過程中，由於蛋白質會與酚類化合物結合，形成不溶性的聚合物，使可溶性茶多酚類化合物減少，所以在一定程度上影響了茶葉的滋味。氨基酸還可以與可溶性糖發生反應，形成不溶性的聚合物，所以茶葉經過一定時間的儲藏後，品質的鮮爽度會下降。另外，由於氨基酸在一定的溫濕度條件下，能自動氧化、降解產生變化，從而影響成茶品質。

以普洱茶為例：

茶葉中的氨基酸會發生降解和轉化，可與多酚類化合物和醣類相互作用生成色澤悅目及具有揮發性的香氣物質，參與茶葉色澤和香氣形成，同時氨基酸也是構成茶湯鮮爽味的重要物質。因此氨基酸是影嚮茶葉色、香、味的重要化學成分，其中佔游離氨基酸40％以上的茶氨酸，在茶湯中沖泡率可達80％，對茶湯滋味品質具有特殊意義，它在儲藏過程中降幅較大。儲藏過程中氨基酸變化呈波浪形曲線，儲藏前後氨基酸總量大體持平，但其組成及比例卻發生了深刻的變化。據尹軍峰、羅龍新的研究顯示，氨基酸總量呈現前五個月減少、後五個月增加的趨勢。

咖啡因之結合和游離

氨基酸和生物鹼是賦予茶湯鮮爽宜人滋味的主要物質。而生物鹼中90％以上是咖啡因。它們都是含氮物質。在茶葉存放過程中，容易與茶多酚類的氧化物質結合，生成暗色聚合物，使茶葉喪失原有的滋味。咖啡因於茶葉製造過程很容易與茶黃素與茶紅素等結合形成大分子，而使茶湯變得更溫醇，苦味減少，但在後期儲藏中咖啡因會從結合的大分子中游離出來，使得茶湯變得更苦。

葉綠素之裂解和脫色

對講究外觀色澤鮮葉的綠茶（煎茶、龍井等）和包種茶而言，葉綠素與成茶外觀色澤具有密切關係，葉綠素頗為不安定，怕光、怕熱與強酸，葉綠素屬非水溶性，在茶湯中含量極少。葉綠素遇光、熱與強酸即迅速脫鎂而使茶葉外觀色澤劣變，通常在微鹼狀況下較為安定。茶葉若吸濕又處於高溫條件下，脫色更為迅速。一般葉綠素脫鎂之變化率在40％左右色澤仍佳，若脫鎂變化率達70％以上時，即顯著劣變。保存成茶色澤最佳的方法為低溫儲藏，配合使用無氧與防濕及阻光的包裝，則色澤可維持相當久。

維生素C的自動氧化

維生素C是綠茶所含的保健成分。維生素C是一種容易被氧化的物質，在光或熱等的作用下被氧化，繼而與其他物質反應，使綠茶品質明顯下降。在茶葉儲藏過程中，初期維生素C氧化對茶葉具有抗氧化劑功效，即可抑制茶葉中其他成分再氧化。但後續之氧化則會與氨基酸反應造成茶湯褐變，並影響香味品質。當茶葉含水量增至6％以上時，維生素C將迅速減少，當維生素C殘存率低於60％時，對綠煎茶而言即顯示品質嚴重劣變。

芳香物質的變化

茶葉的芳香物質成分比較複雜，主要是一些醇、醛、脂類化合物（脂肪酸）與類胡蘿蔔素，還有一些還原態的硫化物。雖然茶葉中的脂類化合物（脂肪酸）與類胡蘿蔔素的量很少，但這兩種脂溶性成分對茶葉香氣扮演很重要角色，這兩者都很容易自動氧化，而產生一些醇、醛、酮類等揮發性成分，而這些成分即是導致茶葉陳味、油耗味、油雜味生成主因。通常越細碎的茶越容易產品脂肪酸氧化。（圖1～3）老茶真假

圖1

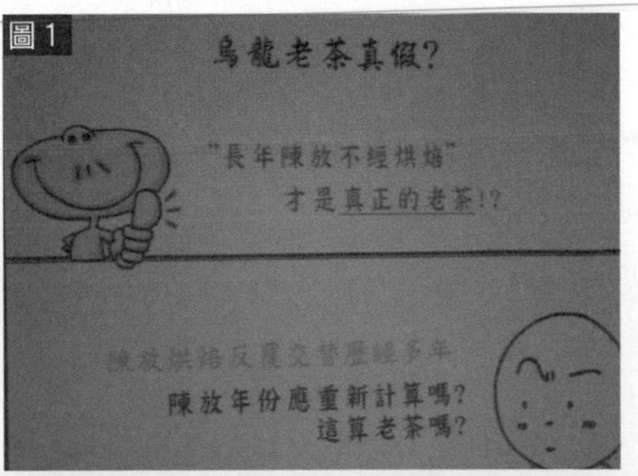

圖2

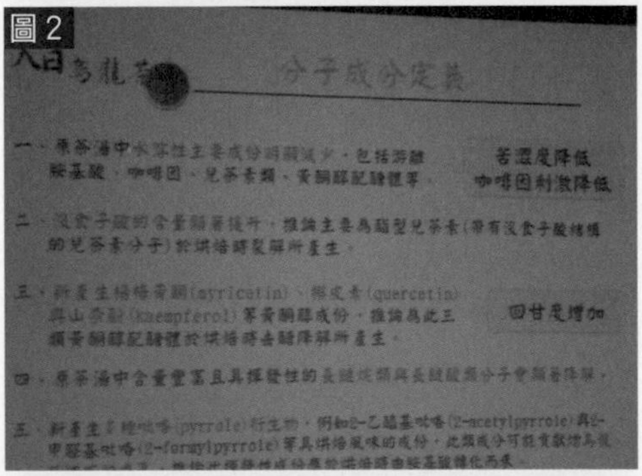

圖3

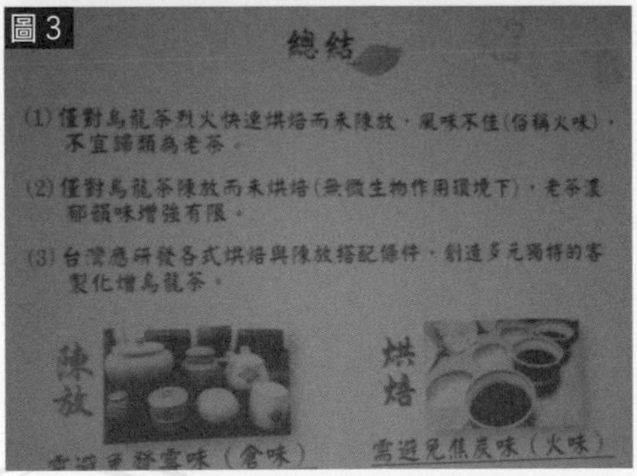

台灣老茶儲存過程的主要內含物變化

（一）**有機酸**：20年之老茶其沒食子酸大量解降生成，為新茶（1％）的數倍，同時使茶乾出現梅子酸，後經聚合解降反應慢慢消退。

（二）**氨基酸**：20年之老茶其蛋白質大量水解成氨基酸，使氨基酸總量由15％上升至28％。谷氨酸轉化為具安神作用的氨基丁酸，量為原來2倍；天冬門氨酸轉化為具有甜味及可提高免疫系統之丙氨酸。

（三）**礦物質**：20年老茶由於酶自解、葉綠素脫鎂等反應使總礦物質含量變為新茶的1.8倍，其中以鉀、銅、鐵、鋅游離含量較高。

（四）**醣類**：纖維素、多醣及苷類水解產生寡醣及單醣。

老茶因為茶鹼和茶多酚在氧化作用下分解成多醣。生物體中維持生命活動的高分子物質主要有三種：即核酸、蛋白質和多醣，其中核酸和蛋白質的化學結構和生物功能都已經研究得很清楚，但多醣體迄今瞭解和重視還很不夠。多醣體「結構最複雜、功能最多樣、功效最神奇」，它是由許多單醣分子連接而成，所組成的多醣的品種，連接方式以及分子構型比核酸或蛋白質更多樣化，在體內它又常與蛋白質或脂類結合，以醣蛋白或醣脂的形式存在，它將是二十一世紀生化的發展方向。

▼老茶內含物

- 蛋白質：是重要的營養補給品
- 鈣、鎂、鐵、錳、鉀……比原茶多一倍
- 體歸靈（茶飢素）：調控身體生長的功能
- 沒食子酸（多酚類化合物）：與紅酒同等級是壞菌的強勁對手
- 楊梅素、槲皮素、山奈酚（黃酮醇化合物）：抗氧化能力是維生素E的50倍、維生素C的20倍
- 茶氨酸：只存於茶葉幫助人放鬆
- 咖啡因量少：身體沒負擔

在非揮發性成分中，烏龍老茶主要含有大量的沒食子酸，並且具有一般烏龍茶中所沒有的楊梅素、槲皮素和山奈酚三種黃酮醇類物質；揮發性的組成部分，烏龍老茶主要的芳香成分為含氮雜環化合物，這些化合物主要是在茶葉的製作過程中經由氨基酸轉換所形成，也使得烏龍老茶其有特殊的芳香氣味。這些化學成分的轉變，也導致烏龍老茶具有獨特的生理活性。烏龍老茶所具有的特殊芳香氣味主要由含氮雜環化合物所組成，例如N-乙基琥珀醯亞胺（N-ethylsuccinimide）、2-乙醯基吡咯（2-acetylpyrrole）、2-甲醛基吡咯（2-formylpyrrole）與3-羥基吡啶醇（3-pyridinol）。

認識槲皮素

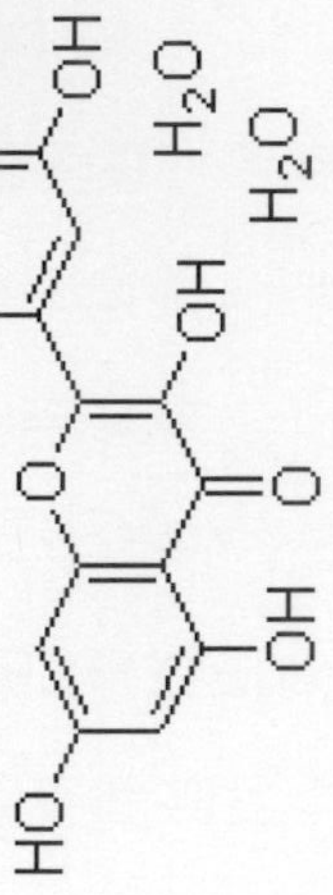

化學名	4H-1-Benzopyran-4-one, 2-（3,4-dihydroxyphenyl）-3,5,7-trihydroxy-
分子式及分子量	C15H10O7：302.23
物理性狀	二水合物為黃色針狀結晶（稀乙醇），在95-97℃成為無水物，熔點314℃（分解）。1g溶於290ml無水乙醇，23ml沸乙醇，溶於冰醋酸，鹼性水溶液呈黃色，幾乎不溶於水，乙醇溶液味很苦。
作用與用途	本品具有較好的祛痰、止咳作用，並有一定的平喘作用。此外還有降低血壓、增強毛細血管抵抗力、減少毛細血管脆性、降血脂、擴張冠狀動脈，增加冠脈血流量等作用。用於治療慢性支氣管炎。對冠心病及高血壓患者也有輔助治療作用。小鼠口服LD50為160mg/kg。

槲皮素研發進展

抗腫瘤作用與抗血小板聚集

槲皮素能顯著抑制促癌劑的作用，抑制離體惡性細胞的生長，抑制艾氏腹水癌細胞DNA、RNA和蛋白質合成。

槲皮素有抑制血小板聚集和5-羥色胺（5-HT）的釋放作用。槲皮素對ADP、凝血酶和血小板活化因子（PAF）誘導的血小板聚集均有明顯抑制作用，其中對PAF的抑制作用最強，槲皮素也能明顯抑制凝血酶誘導的兔血小板3H-5-HT釋放。

槲皮素的衍生物研究

槲皮素不溶於水，故導入親水性基團增加溶解性，便於吸收，從而增強其藥理作用。合成的槲皮素氧乙酸賴氨酸鹽，水溶性增加。經臨床試驗證明，用於治療出血性疾病、循環障礙、動脈粥樣硬化等具有較高療效。

槲皮素治療前列腺癌

前列腺癌到底能否徹底根治？北京朝陽醫院泌尿科主任醫師邢念增博士表示，透過「根治性前列腺切除手術」，對於早期患者可以達到根治目的，並且不會對性功能造成損害。邢念增博士表示，治療前列腺癌，有內分泌「去勢」療法和「前列腺根治性切除」手術兩種方法。

雄性激素是前列腺惡性腫瘤的主要養分，內分泌「去勢」治療就是透過抑制雄性激素的分泌，斷了腫瘤的養分，使其萎縮、消亡。這種療法分為兩種，即「藥物去勢」和「手術去勢」。藥物去勢指透過吃藥打針抑制雄激素的產生，使腫瘤萎縮，相對來說治療費用較高。而手術去勢，則是通過手術的方式去除睪丸，對晚期患者較為適合。但「去勢」並不能從根本上解決問題，依賴雄激素的腫瘤細胞一般可能在一～三年後對雄激素產生抵抗性，轉化為非依賴雄激素的腫瘤細胞，「去勢」也是存在有效期的。

目前國際上首推的治療方法是「根治性前列腺切除手術」或稱為「前列腺癌根治術」，邢念增表示，已經有幾十名患者在北京朝陽醫院泌尿外科接受了手術，並取得良好的效果。

邢念增說，過去有種誤解，認為切除前列腺後，人的性功能也就喪失了，其實這是一種誤解。現在手術的時候，如果能把走行於前列腺兩邊的陰莖勃起神經保存好，就不會影響性功能。切除前列腺後，在進行尿管與膀胱的直接對接時掌握好技巧，也不會造成患者漏尿或尿不出的問題。

邢念增提醒，此項手術風險大，患者一定要選擇具有手術能力的醫院和醫生進行手術治療，以免手術不成功做成「夾生飯」。

此外，邢博士關於〈利用槲皮素阻斷雄激素對激素依賴型的人類前列腺癌細胞的發現〉一文認為，槲皮素可以阻斷雄激素對激素依賴型的人類前列腺癌細胞的作用。雄激素的作用被阻斷後，前列腺癌細胞的生長會延緩或停止。洋蔥、蘋果、紅酒、綠茶中含有大量的槲皮素，前列腺癌患者可以多食用。

根據央視科教頻道採訪邢念增醫生的報導，在美國，槲皮素治療前列腺癌已是非處方藥，可以在藥店買到。但在中國，還沒批准該藥物做為前列腺治療藥物。

認識山奈酚

來源：A+醫學百科

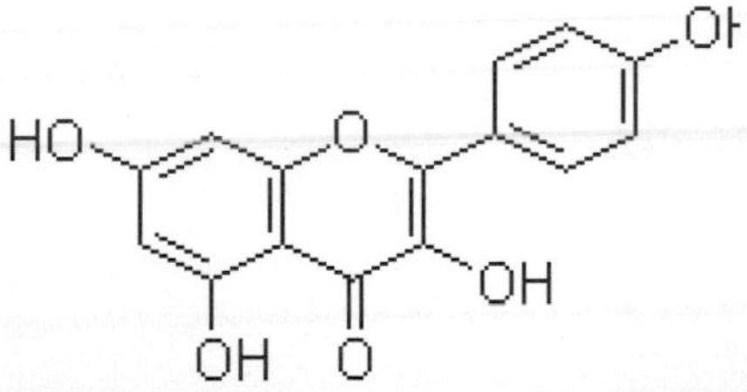

英文名稱	Kaempferol
英文別名	C.I. 75640; Kaempferol; 3,5,7,4-Tetrahydroxyflavone; 3,5,7-trihydroxy-2-（4-hydroxyphenyl）-4H-chromen-4-one; 2-（2,4-dihydroxyphenyl）-5,7-dihydroxy-4H-chromen-4-one CAS 號：520-18-3
分子式及分子量	$C_{15}H_{10}O_6$；286.23
物理性質	山奈酚屬於黃酮醇類，黃色針晶，熔點276℃～278℃，山奈酚微溶於水，溶於熱乙醇、乙醚和鹼。
產品形狀	黃色精細粉末。
藥理作用	抗菌，對黃色葡萄球菌及綠膿桿菌、傷寒桿菌、痢疾桿菌均有抑制作用。止咳，治療支氣管炎。抑酶，抑制眼醛醣還原酶，有利於糖尿病白內障的治療。具有誘變劑活性，當濃度為1×10-4mol/L時，可抑制淋巴細胞增殖。主要用於抗癌、抑制生育、抗癲癇、抗炎、抗氧化劑、解痙、抗潰瘍、利膽利尿劑、止咳。

台灣老茶儲存的香氣滋味的變化

台灣老茶的年份辨識上根據台灣製茶技術的演進，還是有些脈絡可尋，以下就綜合各界資訊來進行初步介紹：

一、自然陳化（乾濕倉）老茶：放在倉庫、閣樓、乾地下室等處，不曾取出烘焙的老茶，茶葉經過歲月的自然陳化，產生緩慢的轉化作用，會轉褐色甚至轉深褐色至黑色，嗆鼻酸香。

10年以內的茶葉：外形呈深褐色，茶湯呈香檳色，開湯後葉片完整，香氣似焦糖香，滋味濃厚、甘潤。

10年以上的老茶：茶葉外形黝黑發亮，茶湯暗紅，開湯後葉片完整，香氣為陳香味，滋味醇潤。至於那些造假的老茶，只是用電烤箱經過一至兩次的高溫焙火，以達到貌似「陳年老茶」的外觀顏色，但茶莖顯白；泡開葉片不完整，略帶綠色；喝到嘴裡沒有陳香味，只有焦糊味。

10～20年：梅香帶酸。

20～30年：熟果香。

超過30年以上的老茶：通常是手工採茶較多，剪刀剪的茶較少，五十年以上的茶都是手採茶，外觀看起來是條狀，因當時做茶沒有揉捻，非如現在的高山茶外觀，茶梗也較多。

老茶經過自然轉化後，茶葉顏色較為深色，但茶葉外觀顏色很自然，聞起來有一股陳年之味，有些會有點像普洱茶味，此為茶葉自然陳化現象，年代較久者沖泡後茶葉展不開，有些夠老的會呈木化現象。

烏龍茶30～40年茶湯呈較琥珀紅色，會有梅乾香味，滋味濃醇入喉甘涼帶熟果酸味；葉底呈紅褐色葉可全展。40年以上茶湯色更深，有些因存放地點的關係，或本來就發酵較重茶湯會變深琥珀紅色，透而明亮並帶油光，表面層有植物芳香脂，其實老茶很難說清楚，因做茶的發酵程度、保存條件等會讓老茶有很大的差異，總之多喝多比較，喝多了就知道真假。

30～35年：仙草香。

35～40年：陳皮老香。

超過30年老茶茶乾

超過30年老茶茶湯

◎40～50年：木香、樟香。（受潮過則會有參香）

◎50～70年：藥香、沉香。

◎70年以上：糯米香或特殊香。

圖1 超過70年茶乾

圖2 超過70年茶乾

圖3 超過70年茶湯

圖4 超過50年有沉香味的茶乾（蘇楠雄提供）

圖5 超過50年茶湯

圖6 超過40年茶乾

圖7 超過40年茶湯

好的老茶葉底都是可以完全展開，少數被焙死的老茶葉底才無法展開。上述香味會隨儲藏環境不同變化會有不同或加速或減緩。

圖1

圖一 不同貯藏年分凍頂烏龍茶湯湯色比較 (水：茶葉=50 ：1)

圖片來源：楊美珠〈台灣陳年老茶樣態簡介〉

圖2

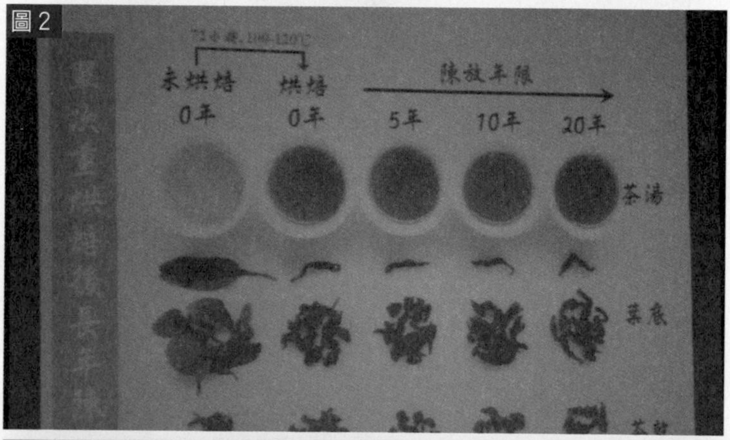

圖3

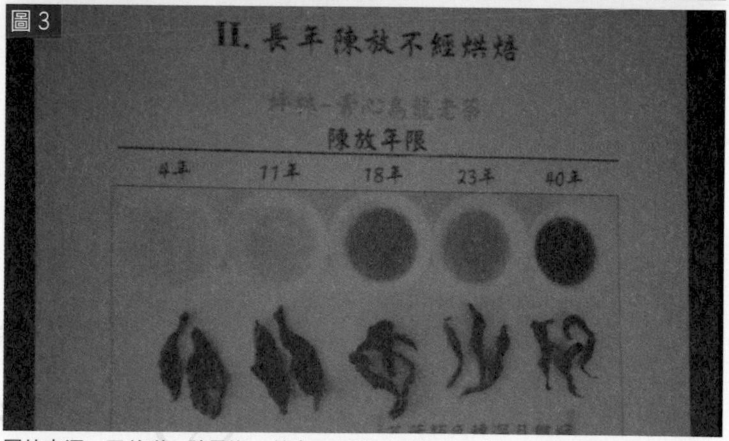

圖片來源：王美琪、陳盈潔、曾志正所著〈燴烏龍茶 — 經反覆烘焙與陳放轉化出的精製烏龍茶〉

條型與半球型陳年（陳放）烏龍老茶茶葉與茶湯之比較。上為陳年（陳放）烏龍老茶的茶湯水色，中為茶葉泡開後的葉底形貌，下為泡茶前的茶乾。

圖片來源：王美琪、陳盈潔、曾志正所著〈熷烏龍茶－經反覆烘焙與陳放轉化出的精製烏龍茶〉

二、**年年複焙的老茶**：用精緻的烏龍茶種製成成品茶以後，每年都需要用焙籠或烘焙機復火，用龍眼木炭細火慢焙幾十個鐘頭，然後再放在竹簍或陶甕裡存放；不需要真空包裝，要與空氣接觸氧化後產生出陳香味；但不能受潮，需要通風和乾燥。透過這樣年復一年的多次焙火和存放，使茶葉的乾茶外形顏色烏黑發亮，茶湯顏色呈深褐或暗紅，通透明亮，氣味陳香，口感厚重，持久耐泡。這種茶的內含物與正常存放的老茶內含物不同，後面茶葉的烘焙（火）對老茶的影響章節有敘述。

三、**人工速成**：市場上出現的仿古茶幾乎都是烤成焦碳黑（墨黑色）聞起來炭味十足，沖泡後看葉底完全沒有活性，無法展開。如果黑黑亮亮的通常是炭烤出來的「新老茶」而非真老茶。高溫烘焙的茶葉顏色變化與茶湯色澤，與經過長年貯放的茶葉相仿，茶葉中兒茶素類、沒食子酸、咖啡因等化學成分變化趨勢亦類似，因此有業者以高溫長時間烘焙方式處理茶葉，使接近陳年老茶風味。唯高溫烘焙易使茶葉炭化，茶葉色澤暗黑，葉底無法順利開展，且茶湯燒焦味濃，與陳年老茶自然陳化之香氣明顯不同。

圖三 高溫烘焙速成老茶 (圖左) 與自然陳化陳年老茶 (圖右) 比較

圖片來源：楊美珠〈台灣陳年老茶樣態簡介〉

四、乾倉存放在茶葉放的真空包裝、錫罐、密閉陶瓷甕等環境下：民國77年以後烏龍茶比賽茶開始使用真空包裝，內部的茶葉因真空包裝無氧氣，所以轉換變慢。這些茶葉因沒有與空氣接觸，開封後與剛存放時差不多，沒多大變化，但拆封後有烘焙過茶葉與沒有烘焙過茶葉經過半年、一年後的表現完全不同。

1. **有烘焙過茶葉**：經過半年、一年後與空氣接觸，加速氧化到它存放的年份的湯色滋味，加速轉化，真的很神奇。

2. **沒有烘焙過茶葉**：與新茶存放一樣的轉換速度。

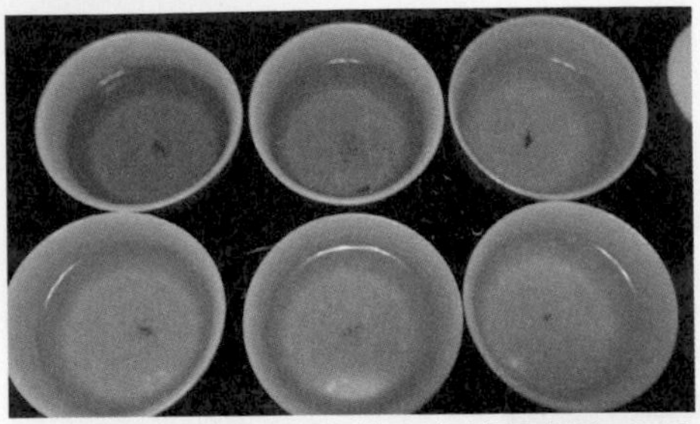

沖泡二〇〇八年放到現在的三峽碧螺春綠茶，三公克五分鐘沖三次湯色，右至左，上排是開封半年以上，下排是今天2014.11.27剛開封。

泡二〇〇八年東方美人茶一個開封半年多（下排），一個前幾天開封的（上排），開封後半年的比剛開封的順口，果香味更明顯（2014.11.27）

同樣是二〇一〇年同一批綠茶（用青心大冇品種夏茶做的）放到現在，顏色深的是打開放半年後轉變後的湯色，淡的是上星期才開封的湯色，茶真的很有趣。打開後的滋味也比較醇厚回甘，順口。（2014.11.26）

2014.11.28沖泡二〇〇六年文山包種茶，開封半年以上湯色與剛開封湯色，湯色沒多大區別，但滋味還是有差

五、乾倉存放在溫差極大的頂樓、鐵皮屋下：尤其在夏天白天與晚上溫差相當大，再加上冬天早晚溫差也很大，在這樣的環境下一年，其變化一年可抵三年。（名間鄉一茶商存放普洱茶案例；或以以前馬幫從雲南駝著普洱茶開始出發為例，延途經過風吹日曬雨淋，路途少則三個月，長則一年才能到達西藏、青海與蒙古等少數民族地區，當時的遮陽遮雨設備並不好，馬幫在原始森林穿梭、在高山高原上爬，森林內潮濕，高山高原上乾燥、紫外線特別強，忽冷忽熱、忽乾燥、忽潮濕，試問，屬乾倉？還是濕倉？還是乾濕倉？這樣的普洱茶會如何轉變呢？在這種環境下如有更好案例歡迎提供）

六、濕倉老茶：受潮過的老茶或儲藏環境濕氣太重的老茶，若產生黴味就不可喝，生菌數太多有礙健康，最怕產生黃曲黴黴素與大腸桿菌。黃麴黴毒素的危害性在於對人及動物肝臟組織有破壞作用，嚴重時，可導致肝癌甚至死亡。為了健康著想有受潮過的老茶還是盡量不要飲用。坊間茶商有一說，濕倉入倉要十年時間（茶含水量約10％），出倉後要八年才能飲用（每年轉換味道都不同，黴味去除不易）。

圖二 帶霉味的陳年老茶茶湯 (霉味輕→重，霉味越重茶湯水色越暗)

圖片來源：楊美珠〈台灣陳年老茶樣態簡介〉

PS：認識黃麴黴毒素

黃麴黴毒素（Aflatoxins），是一組化學結構類似的化合物，目前已分離鑑定出十二種，包括B_1，B_2，G_1，G_2，M_1，M_2，P_1，Q，H_1，GM，B_{2a}和毒醇。黃麴黴毒素的基本結構為二呋喃環和香豆素，B_1是二氫　喃氧雜萘鄰酮的衍生物。即含有一個雙　喃環和一個氧雜萘鄰酮（香豆素）。前者為基本毒性結構，後者與致癌有關。M_1是黃麴黴毒素B_1在體內經過羥化而衍生成的代謝產物，黃麴黴毒素的主要分子型式含B_1，B_2，G_1，G_2，M_1，M_2等。其中M_1和M_2主要存在於牛奶中。B_1為毒性及致癌性最強的物質。加熱至280℃以上才開始分解，所以一般的加熱不易破壞其結構。

分子式：$C_{17}H_{12}O_6$

【主要來源】

黃麴黴毒素是黃麴黴、寄生麴黴等產生的代謝產物。當糧食未能及時晒乾及儲藏不當時，往往容易被黃麴黴或寄生麴黴污染而產生此類毒素。

【分布】

黃麴黴毒素存在於土壤，動植物，各種堅果，特別是花生和核桃中。在大豆、稻穀、玉米、通心粉、調味品、牛奶、奶製品、食用油等製品中也經常發現黃麴黴毒素，一般在熱帶和亞熱帶地區，食品中黃麴黴毒素的檢出率比較高。

一九九三年黃麴黴毒素被世界衛生組織（WHO）的癌症研究機構劃定為一類致癌物，是一種毒性極強的劇毒物質。黃麴黴毒素的危害性在於對人及動物肝臟組織有破壞作用，嚴重時，可導致肝癌甚至死亡。在天然污染的食品中以黃麴黴毒素B_1最為多見，其毒性和致癌性也最強。

分布與排泄：黃麴黴毒素進入機體後，在肝臟中的量較其他組織器官為高，說明肝臟可能受黃麴黴毒素的影響最大。腎臟、脾臟和腎上腺也可檢出，肌肉中一般不能檢出。黃麴黴毒素如不連續攝入，一般不在體內積蓄。一般進入身體後約一週即經呼吸、尿、糞等將大部分排出。

代謝：AFB_1在動物體內經細胞內質網微粒體混合功能氧化酶系代謝，在微粒體混合功能氧化酶系的作用下AFB_1發生脫甲基、羥化及環氧化反應主要代謝產物為AFM_1.AFP_1.AFQ_1和AFB_1～2，3～環氧化物。

黃麴黴毒素對人和動物健康的危害均與黃麴黴毒素抑制蛋白質的合成有關。黃麴黴毒素分子中的雙呋喃環結構，是產生毒性的重要結構，研究顯示，黃麴黴毒素的細胞毒作用，是干擾信息RNA和DNA的合成，進而干擾細胞蛋白質的合成，導致動物全身性損害（Nibbelink，1988）。黃光琪等（1993）研究指出，黃麴黴毒素B_1能與tRNA結合形成加成物，黃麴黴毒素——tRNA加成物能抑制tRNA與某些氨基酸結合的活性，對蛋白質生物合成中的必需氨基酸，如賴氨酸、亮氨酸、精氨酸和甘氨酸與tRNA的結合，均有不同的抑制作用，從而干擾了蛋白質生物合成，影響細胞代謝⋯

◎一九九五年，世界衛生組織制訂的食品黃麴黴毒素最高允許濃度為15ug/kg。

來源：維基百科

認識大腸桿菌

大腸桿菌（學名：Escherichiacoli，簡寫E.coli））是人和動物腸道中最主要和數量最多的一種細菌，主要寄生於大腸內。是一種兩端鈍圓、周身鞭毛，能運動、無芽孢的革蘭氏陰性短桿菌。除了某些菌型能引起腹瀉外，一般不致病，能合成維生素B和維生素K，以及有殺菌作用的大腸桿菌素，對人體有益。

大腸桿菌的某些株菌具有毒性（其中一些類似導致痢疾的毒素），可以導致食物中毒，這通常是因為使用了被污染的肉類（通常是屠宰過程或儲藏販賣過程中的污染所致）。某些血清型菌株的致病性強，引起腹瀉，統稱致病性大腸桿菌。表示大腸桿菌血清型的方式是按O：K：H排列，例如：O_{111}：K_{58}（B_4）：H_2疾病的嚴重程度可以相差很多，尤其對兒童、老人和免疫缺失病人可以是致命的，但通常是溫和的。大腸桿菌的內毒素可能對熱穩定或不穩定。後者的結構和功能與霍亂毒素相當接近，全毒素包含一個A亞基和五個B亞基。B亞基起黏附作用，使毒素進入腸道細胞，而A亞基斷裂出來，使得細胞脫水引起腹瀉。

如何判定老茶好壞？

老茶四字訣——【陳，黴，劣，變】

一、**陳**：老茶有老味，老茶越老越好，稱之陳味或老味。

二、**黴**：忌黴，有些老茶保存不良受潮，若產生黴味就不可喝，生菌數太多有礙健康。

三、**劣**：劣質茶區，或製作手法低劣的茶或茶種即使年代夠老，其味道與品質就是不好。好的陳年老茶還是需要好的茶葉來存放，如此才能轉換成好的陳年老茶。

四、**變**：老茶多變，不同茶區產地、海拔、品種與發酵程度及存放方式會產生不同程度陳化轉變，因此味道、香氣、顏色都會有差異，有些會產生特殊香味，此類茶非常難遇，屬茶中之極品。

圖 1

圖 2

圖 3

如何判定老茶好壞？

老茶看活性，必須是當年把內涵物質非常豐富的茶在適當的空間陳化，轉化，最後熟化，才能成為有活性的老茶，歷經歲月的磨礪，茶死了，就不能把它叫做老茶，那是死茶。死了的茶，再老也沒有意義，沒有品飲價值。

只有有年份、有活性的茶才能稱之為老茶。

因此，陳年老茶是生茶經歷較長的時間歷程，在特定的溫度、濕度情況下自然發酵而成有活性的茶（不是人工發酵的）。老茶的珍貴是因為它有時間性、藝術性、藥理性、風味性。

好的老茶，茶湯色沉明透亮，湯水厚重潤滑，經久耐泡，另外，最突出的香氣是木質香和陳香，湯色澄黃明亮，入口純滑甘甜，馥郁飄香。

一般來說，三十年以內的茶喝的是香氣、湯色、口感、喉韻等感覺，三十年以上的茶，品的是茶氣、時間、內涵等文化。

活性茶	非活性茶
◎香揚水鮮活	◎香氣不顯
◎鮮爽滲透力的口感	◎味雜純度不高
◎輕泡水細味甜	◎木香掛喉有收斂感
◎重泡氣感強苦澀化得快	◎重泡缺點盡現
◎口韻喉韻回韻非常好	◎入口甜味顯無回韻
◎韻底足杯底掛果蜜乾香	◎氣感體感偏弱或無
◎葉底色勻柔軟不硬	◎葉底色不均無活性
◎老熟茶葉底同樣有活性	◎經醒茶無明確變化
	◎水薄味淡缺少層次感

台灣「儲存不良老茶」辨識：

1. **光照**：長期受到光照，茶葉內會生成夫喃酮衍生物之致癌物與稀硫醇類之「日光臭」。
2. **高濕**：使茶乾鬆散、硬化、淪為死性，濕度過高則產生黴變，最怕產生黃麴黴毒素與大腸桿菌。
3. **異味**：不良雜味。

台灣老茶的來源

誠如《茶與藝術》發行人季野指出，老茶的來源有三：

一、茶友的存茶，在台灣茶鼎盛時期，到台灣各地特別收購，部分保留下來的。

二、業者故意留下來，預期久存後風味更特殊的茶種，符合高經濟效益。

三、業者賣不出去剩下的，一九四五年二次大戰結束、一九八六年以後外銷轉內銷許多專做外銷的茶商，成袋成批都堆在倉庫或閣樓，一放數十年。

但經過筆者搜集整理發現台灣老茶的來源比季野先生說的來得多，以下是台灣老茶來源：

一、**敬神茶**：早期的優良茶。

二、**家族茶**：以桃竹苗客家茶區之番庄茶為大宗。採摘一輪生帶長梗，捆綁後置入甕中，做為日後對家族有貢獻之後代之贈品，品質尚佳。

三、**茶農、茶商與茶友故意留下來的茶**：第一次採收的茶留下來當紀念，或專門製作來儲存的。或茶友的存茶，在台灣茶鼎盛時期，到台灣各地特別收購，部分保留下來的，這種量都不會多。或預期久存後風味更特殊的茶種，符合高經濟效益。

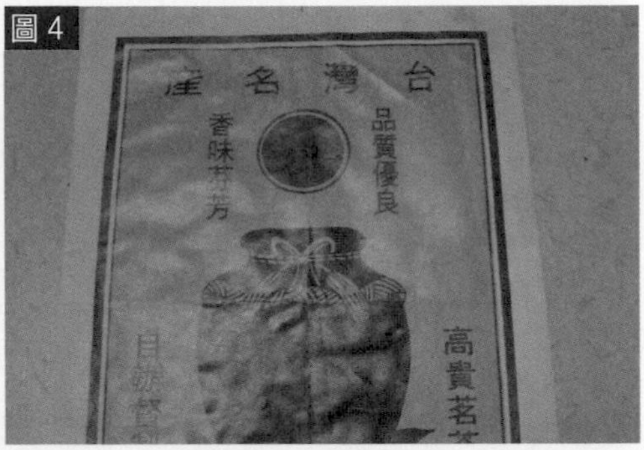

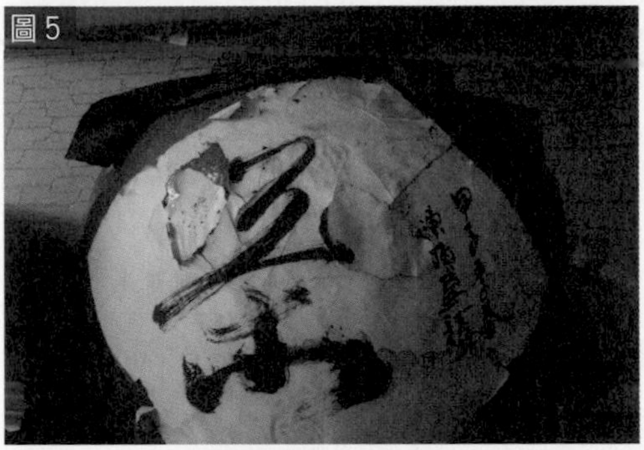

圖1～8　各種老茶的存放方式

四、**外銷受阻留存下來的茶**：外銷茶廠以桃竹苗茶居多，存放方式多為大布袋，數量大，品質普通。外銷茶商以坪林包種茶居多，存放方式為木箱，數量少，品質較優。或許多外銷樣品罐儲存下來的。（圖1）

五、**比賽茶**：得獎者特地儲存下來當紀念，這種即為頂級老茶，其中以鹿谷農會之凍頂烏龍茶最膾炙人口，這種茶有封籤為憑比較可以正確斷定年代，近日也有發現偽造的老比賽茶，最老的是民國64、65年比賽茶。（圖2）（圖3）

六、**被遺忘有包裝的茶**：這種茶多是老茶行、茶商自家產品，上面大多有茶行、店家的印章或行號店名。一般都是茶行、茶商當季茶沒賣掉或存放時忘記放在哪裡，就這樣一放等到第二代或第三代接手時才找到的，這種數量都不會多。可依材質、印刷、電話號碼來判定真偽。（圖4）（圖5）

圖1

圖2

圖3

圖4

圖5

七、**被遺忘沒包裝的茶**：一般都是茶行茶商當季茶沒賣掉或存放時忘記放在那裡，就這樣一放等到第二代或第三代接手時才找到的，這種數量都不會多，但偶有量大者。也有些很好的茶但茶商在前一季買進的量太大，新一季的茶又已上市只好擱於倉庫一旁，等待來日有空再焙製成功夫茶（2～3分熟），有些未立即處理而陳放至今十幾二十年的茶葉便成了少有又珍貴的未復焙陳年高山茶。（圖1）

八、**客家酸柑茶、柚柑茶特地儲藏當藥用**：它是一種屬於治百病的救命茶，在古時候醫藥不發達時代它充分發揮神奇效果。酸柑茶製作過程費時費工，九蒸九曬，至少要花費半年時間，業者過去純粹做來自己喝，未曾對外販售，後來因為許多客人要求購買，於是便接受。（圖2）（圖3）（圖4）

圖1

圖2

圖3
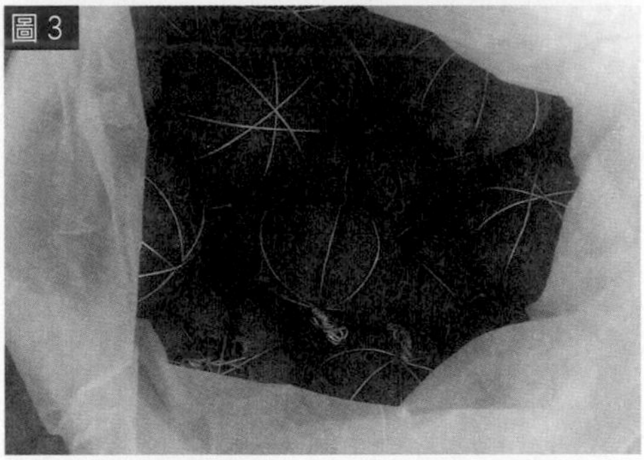

圖4
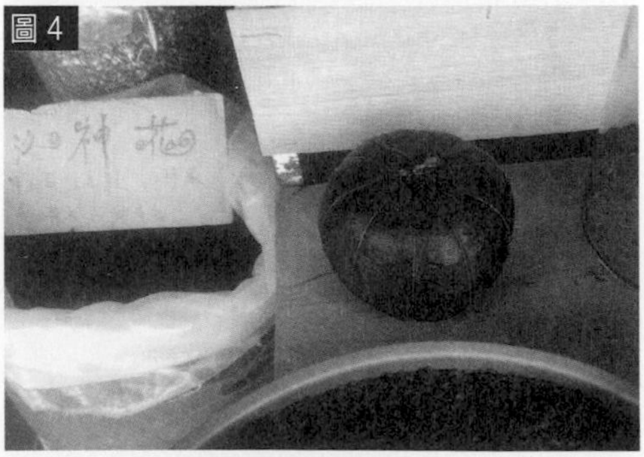

導致茶葉劣變的因子

根據陳國任所著〈陳年老茶的陳化與貯存〉一文中敘述到「導致茶葉劣變的因子」與筆者整理後分析，導致茶葉劣變的因子如下：

一、吸收異味

茶葉本身的微細結構乃由許多疏鬆多孔的物質組成，從茶葉表面到內部可以觀察到許多毛細管，外在的空氣、水氣很容易透過物理現象被吸附。此外，茶葉含許多極性與非極性成分，如多醣類、多元酚類、脂肪酸……等，這些成分對空氣中之極性與非極性有機分子具強烈吸附作用，因此茶葉很容易吸收空氣中之異味物質（蔡與張・1996）。所以一定要注意茶葉貯藏地點是否有異味，否則茶葉就會變成高級的除臭劑了。因此，在茶葉陳化室內不能存放其他有異味的物質，諸如香皂、棒腦、油漆、香菸等；茶葉陳化周圍環境也不能有異味，否則茶葉會吸附異味而變質，還要注意必要的通風換氣。因此；可以在儲藏茶的設備器具中放置備長炭或備長竹炭，一方面可吸收異味，一方面會釋放遠紅外線加速茶葉轉換，讓茶葉風味更佳。

宋・蔡襄著「喜蒻葉而畏香藥」。

明・聞龍著「喜清涼而惡蒸郁。喜清獨而忌香臭」。

明・羅廩《茶解》「茶性淫，易於染著。區論腥穢有氣之物。不得與之近。即名香亦不宜相襟」。

茶葉含水量

茶葉含水量

茶葉的吸濕性很強，當茶葉吸濕至含水量超過7%時，很多不利茶葉品質之化學變化會加速進行；含水量超出12%時則茶葉開始長黴，因此保存茶葉時含水量應控制在5%以下。茶葉含水量是影響品質變化的首要因素，含水量越高，對品質不利的變化速率越大。陳化過程是非酶促氧化過程，水的介質作用仍然十分重要。

空氣濕度

空氣相對濕度亦影響茶葉吸濕速率，當相對濕度低於50%時，其吸濕速率較為緩慢，隨著相對濕度提高，茶葉吸濕速率亦提高。茶葉貯藏在相對濕度100%條件下，不超過15天即發生變質（蔡與張・1996）。所以茶葉的陳化更應注意及時開窗通風，散發水分。良好茶葉品質的形成需年平均濕度控制在75％以下。

光線

光照能使茶葉內部的某些化學成分發生變化。因光線中的紅外線會使茶葉升溫，紫外線會引起光化作用，當茶葉受日光照射後，其色澤、滋味都會發生顯著的變化，失去其原有風味和鮮度。所以，茶葉陳化必須避免光線直接照射，一定要避光。

如兒茶素本身怕光，葉綠素遇光則易再氧化脫色，類胡蘿蔔素及一些與香味成分有關之不飽和脂肪酸遇光易再進行氧化分解，截至目前已知茶葉照光後為導致劣變速率最快之因素，即使輕微之光照（50Lux以上）亦可使茶葉品質劣變。許多食品照光後會產生「日光臭」，茶葉亦同，最典型的生成物化學成分為波伏來（bovolide，為一種酮類），此成分可做為茶葉是否經過光照之判斷依據（蔡與張，1996），因此，隔絕光線是保存茶葉防止劣變的必要措施。

溫度

茶葉的陳化是一個循序漸進的過程，故溫度不可太高或太低，最好保持在25℃～30℃之間，太高的溫度會使茶葉氧化加速，有效物質減少，影響茶葉的品質。

貯藏溫度越高，茶葉劣變速率越快（陳與區，1998），高溫使茶葉品質相關的化學反應快速進行，對綠茶而言，貯藏溫度過高不僅成茶鮮綠色外觀極難保存，茶湯水色亦會褐變。對清香茶而言，高溫加速香氣成分揮發（蔡與張，1996）。因此，陳放老茶應適度通風，避免環境溫度過高或溫差變化太大，以免影響茶葉品質與茶湯活性。

此外，烘焙會使茶葉產生劇烈的化學反應，改變茶葉風味，當烘焙溫度超過100℃，會使茶葉帶有熟味（烘焙味），而120℃以上溫度長時間烘焙，易使茶葉碳化而帶有火焦味，茶葉成黑色捲曲狀，葉底無法開展，因此，老茶應避免高溫烘焙，以免破壞老茶的韻味。若茶葉受潮，以80℃以下溫度乾燥，茶葉化學變化極微（范等，2012；阮等，1989；徐等，2001；陳等，1994），是較佳的處理溫度。

氧氣（空氣）

茶葉所含許多成分，在有氧氣的環境下，進行氧化作用，而改變品質，如葉綠素之氧化與裂解、兒茶素之氧化與聚合、抗壞血酸氧化再與氨基酸作用形成褐色成分，及一些與茶葉香氣有關之不飽和脂肪酸氧化生成醛、醇類等揮發性成分等（蔡與張，1996）。因此，茶葉若要保鮮，則最好隔絕空氣，如真空包裝或放脫氧劑，但若要陳放老茶，則應有適度的空氣，使與茶葉陳化相關的化學反應得以進行。

清潔的空氣有利於茶葉品質的形成和保持，因此陳化茶葉的環境非常重要；流通的空氣中有較多的氧氣，有利於茶葉中一些微生物的繁衍，因而可加速茶葉良好品質的形成。

時間

雖然受到環境條件的影響，使茶葉劣變或陳化速度不一，但基本上，良好保存且自然陳化的茶葉，隨著時間增加，演進歷程相似。在貯藏初期，會產生一些異味，如陳味、油耗味、酸味等，而風味上較酸澀一些，需經過一段時間的陳化，使茶葉酸味、澀味逐漸降低，再轉為醇和，且產生特殊的香氣（蔡等・2011）。

茶葉的年代壽命，到底是六十年，或一百年，或數百年，沒有定論資料，往往只靠品茗者直覺研判其陳化的程度。以普洱茶為例：福元昌、同慶老號普洱圓茶陳化感已到了最高點，必須加以密封儲存，以免繼續快速後發酵，造成茶性逐漸消失，品味衰退敗壞。故宮的金瓜貢茶，陳期已一兩百年，其品味是「湯有色，但茶味陳化、淡薄」。

陳韻反映了歷史的深度，但必須是在清雅、淡然的環境中渡化過來的。品茗陳年老茶是將茶葉的生命，在淡泊寧靜中轉化出來的歷史陳韻，注入到我們的身體血脈中，與人類生命溶為一體。

第三章

台灣老茶的功效

經過歲月自然醇化的陳年老茶，由於有微生物的參與使其具有特殊的中醫藥理功效。中醫書籍中稱老茶具有清熱解毒功效，由熱毒而引起的咽喉腫痛、黃腫瘡、瘡瘺（頸腫大的病）等，用茶解之，無不靈驗。茶本身具有殺菌功能，外敷可直接殺滅病菌，內服則是透過調節身體的內部功能，提高機體的免疫力來抗擊病菌的生長和繁殖，既可治標又可治本。老茶水的做法：將1茶匙老茶葉加500cc的水煮開，轉小火再煮5分鐘，然後稍微燜一下，倒出茶湯再加入老薑泥及少許黑糖，趁熱喝。

大文豪蘇東坡時任杭州知府，寫下了千古名詩：「何須魏帝一丸藥，且盡盧仝七碗茶。」蘇軾愛茶至深，在《次韻曹輔寄壑源試焙新茶》詩裡，將茶比作「佳人」。詩云：

仙山靈草濕行雲，洗遍香肌粉末勻。
明月來投玉川子，清風吹破武林春。
要知冰雪心腸好，不是膏油首面新。
戲作小詩君勿笑，從來佳茗似佳人。

這天他先後品飲了七碗茶，頗覺身輕體爽，病已不治而愈，便作了一首《游諸佛舍，一日飲釅茶七盞，戲書勤師壁》：

示病維摩元不病，在家靈運已忘家。
何須魏帝一丸藥，且盡盧仝七碗茶。

唐玄宗時，東都進一僧，年百三十歲，玄宗問服何藥，對曰：「臣少也賤，素不知藥，唯嗜茶。」因賜名茶五十斤。

蘇軾

【茶的二十三功效】

（1）少睡（2）安神（3）明目（4）清頭目（5）止渴生津（6）清熱（7）消暑（8）解毒（9）消食（10）醒酒（11）去減肥（12）下氣（13）利水（14）通便（15）治痢（16）去痰（17）祛風解表（18）堅齒（19）治心痛（20）療瘡治瘺（21）療飢（22）益氣力（23）延年益壽

林馥泉〈飲茶歌〉：

晨起一杯茶，振精神，開思路。
飯後一杯茶，清口腔，助消化。

忙中一杯茶，止乾渴，去煩躁。
工餘一杯茶，舒筋骨，消疲勞。

張瑞成在《酵素茶的魅力——台灣烏龍茶》書中說道：「茶葉所含主要成分為多元酚類（兒茶素）、咖啡因、氨基酸、碳水化合物、無機元素（礦物質）等，尤其茶葉所含植物成分元素已發現三十三種，較一般植物的二十五種多出八種。人體健康在於各種元素的普遍均衡存在，多了無益，但缺乏某種元素就會影響健康。」

張瑞成

藥茶與茶療

藥茶和氣功、針灸一樣，是中國醫學的重要組成部分，是中華民族的瑰寶。藥茶是我們祖先在長期的生活實踐中，不斷創造和累積起來的豐富經驗的結晶，並屢經驗證，行之有效。千百年來，為中華民族的健康做出了貢獻。

藥茶，既可以做為人們工餘、飯後的飲料，又可以防病治病，緩衰抗老，延年益壽。所以，受到廣泛的歡迎，並歷久不衰。據初步考證，歷代醫籍所記載的藥茶方，至少有兩百多方。有單味的，也有復方；有用於治療疾病的，又有養生保健、延年益壽的。品種繁多，的確稱得上中國醫學一萃。

茶，長期以來，被視為多種功能的中藥。在茶葉利用的五千多年的歷史長河中，就有三千多年主要做為藥用。茶葉做為藥用，在中國很多古書上就有記載。例如：《神農本草》這部中國現存最早的藥學專著，對茶的功用，就有明確的記載：「茶味苦，飲之使人益思，少臥，輕身，明目。」並有「神農嚐百草，一日遇七十二毒，得茶而解之。」相傳：神農在品嚐百種草藥時，當嚐到金綠色滾山珠而中毒，正巧倒在茶樹下，而茶樹葉上的露水流入口中，使之甦醒得救。這雖說是傳說故事，但卻記載了茶葉有解毒功能這一事實。

三國時名醫華佗在《食論》中寫下了「苦茶久食，益思」，指出飲茶具有提神醒腦的作用。

漢朝名醫張仲景在《傷寒雜病論》中記述有「茶治便膿血甚效」的驗證。

梁朝名醫陶弘景云：「久喝茶可以輕身換骨」。這雖有誇張之嫌，但也說明了茶葉有強身保健和延年益壽的作用。

盛唐時期，在朝廷命蘇敬等編寫的《唐本草》中云：「茶味甘苦，微寒無毒、主瘺瘡，利小便，祛痰熱渴，主下氣，消宿食。……下氣消食，做飲，加茱萸、蔥、薑良。」

陳藏器《本草拾遺》中也記有「破熱氣、除瘴氣、利大小腸。」著名醫學家王燾的《外台祕要》第三十一卷中有「代茶新飲方」一節，詳細記述了藥茶的製作、使用和主治疾病，開創了藥茶製作的先河。

藥王孫思邈編著的《千金要方》、《千金翼方》，在食治節中稱茶「令人有力，悅志」並記有茶藥方十餘方。

孟洗《食療本草》中也有用藥茶治「腰痛難轉」、「熱毒下痢」的記載。

藥茶的運用，到了宋朝，已有相當的發展。不少勞動人民和醫家，採用藥茶防病治病，並累積了極為寶貴的藥茶方。在官方編纂的《太平聖惠方》、《聖濟總錄》中做了廣收博採。記有不少藥茶方。如蔥豉茶、薄荷茶、石豪茶、臘茶、合臘茶、硫磺茶等，都在以上兩本書中有配方、用法、主治等方面的記載，並廣泛用於實踐之中。許多藥茶方，不僅在群眾中飲用，在宮廷王室裡也頗受青睞。元朝宮廷飲膳太醫忽思慧，主管宮廷貴族的飲食烹調，根據多年經驗，寫成《飲膳正要》，其中就有不少藥茶方，並指出：「凡諸茶，味甘苦微寒無毒，祛痰熱止渴利小便，消食下氣，清神少睡。」

著名老年學家鄒鉉在宋朝陳直《養老奉親書》基礎上，廣收博采，著述了《壽親養老新書》，其中收載防治老年病的藥茶方，如槐茶方、蒼耳茶方等，並有試茶、香茶、柏湯茶、乾荔枝茶的製作記載。吳端《日用本草》、王好古《湯液本草》中，均有藥茶功效的記載。

漢朝名醫華佗（約西元一四五～二〇八年）《食論》：「苦茶久食，益思」。漢朝《神農本草》：「茶味苦，飲之使人益思、少臥、輕身、明目」。

唐朝茶聖陸羽的《茶經》：「茶之為用，味至寒，為飲最宜精行儉德之人，若熱渴、凝悶、腦痛、目澀、四肢煩、百節不舒，飲四五啜，與醍醐甘露抗衡也。」

宋朝吳淑《茶賦》：「夫其滌煩療渴，換骨輕身，茶蘇之利，其功如神。」

明朝顧元慶《茶譜》：「人飲真茶能止渴、消食、除痰、少睡、利水道、明目、益思、除煩、去膩，人固不可一日無茶。」

清朝，載藥茶方的著作日益增多。張璐的《本經逢原》、陸廷燦的《續茶經》、劉源長的《茶史》二卷、汪昂的《本草備要》、王士雄的《隨息居飲食譜》、黃宮繡的《本草求真》記載主治「食積不化」，「茶稟天地至清之氣，得春露以培，生意充足，纖芥滓穢不受，味甘氣寒，故能入肺清痰利水，入心清熱解毒，是以垢膩能降，炙博能解，凡一切食積不化，頭目不清，痰涎不消，二便不利，消渴不止及一切吐血、便血等服之皆有效。但熱服則宜，冷服聚痰，多服多睡，久服瘦人，空心飲茶能入腎削火，復於脾胃生寒，萬不宜服」等均有藥茶方的記載。

清宮十分重視強身健體、延年益壽的藥茶方，如清宮仙藥茶，由烏龍茶、六安茶、澤瀉等組成。據現代藥理研究，其降脂、化濁、補益肝腎、提高免疫功能等作用，十分明顯。《慈禧光緒醫方選議》一書的清熱茶方中，就有清熱理氣茶、清熱化濕茶、清熱養陰茶、清熱止咳茶等。這些茶方，都是中醫寶貴的文獻資料。

綜觀中國古代，記載藥茶的書十分豐富。其中有《本草綱目》之類的本草類書27種，有醫方類，如《枕中方》、《千金方》等7種，有《採茶錄》、《茶譜》等茶書類四種，有《博物誌》、《述異記》等經史類7種。多達61種古書中記載著茶葉的藥用價值和藥用配方。涉及治療疾病的方劑多達219方，僅治祛痰的便有藥茶19方。

茶與人類健康緊緊相連，目前，日本和歐美等發達國家已把「茶——21世紀的健康飲料」列為90年代的重大研究課題，並由國家投入大量經費和人力進行研究。

台灣老茶在台灣的研究

台灣老茶在台灣進行研究的並不多，比較有系統或發表文章的敘述如下：

中興大學生物科技學研究所教授曾志正研究

根據中興大學生物科技學研究所曾志正教授的研究報告：陳年老茶的兒茶素含量較低，沒食子酸的含量則較高，研究報告刊登於西元二〇〇八年八月號《農業與食品化學》國際期刊。醫學界認為適度攝取沒食子酸能夠保護心臟血管，間接肯定陳年老茶對人體的益處。陳年老茶咖啡因含量較新製的烏龍茶低，茶湯口感滑潤甘甜而不苦澀，因此晚上飲用也不會睡不著。

尚未挖掘的台灣之寶：陳年烏龍老茶

近年來，國內風行老普洱的藏飲。只要一提到老茶，大家

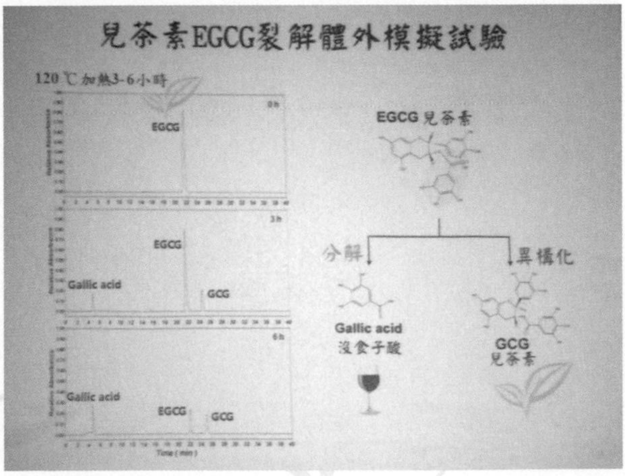

都立刻會往普洱方面思索，其實真正最好的老茶是台灣本土的烏龍茶。大部分的老茶是保存在被遺忘的角落，因為藏茶在國內才開始沒十幾年，至今方成普遍存在的概念，所以現今市場能買到十年以上的老茶已屬不易。收藏者一般只是隨興而為，真正懂得老茶之妙者寥寥無幾，若能喝到真正的台灣老茶真的是福份不淺。

近年來有業者為做出老茶效果，採用炭火焙製，硬是把茶葉的纖維質給烘死，這樣茶葉泡不開（展不開）讓人以為是真的老茶。也有業者用紅外線罐子裝茶讓其快速轉老，更有甚者還加味加料，老茶速成。頂級的老茶有很溫潤的香氣及溫潤的茶味，甘甜不澀，極品更能轉換特殊香氣，至於是什麼香氣只有喝過的人知道，仁者見仁，智者見智。台灣茶若有良好的保存條件，經過歲月的自然催化，產生緩慢的轉化作用，一定會越老越好，令人如癡如醉。

只有保有活性、泡得開的茶才是真正越陳越香的老茶，陳放後的品質與價值會隨著歲月流轉而不斷提升！唐朝大醫學家陳藏器云：「藥為各病之藥，茶乃萬病之藥」，這更符合陳年老茶的品性特徵。經研究發現，陳年烏龍老茶具有降血壓、降血脂、軟化血管、清肝明目、清熱解毒、防癌抗癌、消腫利尿、促進新陳代謝等明顯功效，極具品飲保健和投資收藏價值，口味更不苦不澀不黴，耐泡回甘，茶香悠長，這才是「耐存好喝的古董」！

陳年烏龍老茶的價值正在慢慢被挖掘展現，逐漸被世人所應用推廣。大陸福建安溪、武夷山等地傳統茶農就有長期儲存、品飲陳年老茶的習俗。大陸及台灣坊間早有流傳陳年老茶不僅較一般茶葉味道更好，更可延年益壽的說法。台灣最新研究發現，台灣烏龍老茶含有大量酚類化合物「沒食子酸」。因紅酒的沒食子酸含量極多，是醫界認為適度飲用紅酒可保護心血管的關鍵元素，這間接地肯定了烏龍老茶的諸多益處。此研究由台灣中興大學生物科技學研究所等單位聯合進行，歷時六年。團隊成員、該所教授曾志正說，熱愛茶道者或一般人大多感覺綠茶（或綠茶化的其他茶品，就是越來越綠的茶）口感較澀，少數喝完還會腸胃不適，因此偏好烏龍茶、紅茶等發酵程度高的茶，特別是台灣烏龍茶深受華人喜歡，坊間流傳許多喝烏龍老茶的好處，卻無文獻證實，故耗時六年研究烏龍老茶之價值。曾志正說，每種茶都有老茶，但能否升級為好的老茶，仍受到茶葉本身栽種條件以及茶農、茶葉製造商製程工藝水準等因素的制約。其研究團隊為了取得一定品質的老茶加以研究分析，與出產傳統凍頂烏龍茶的南投縣鹿谷鄉茶農合作，經多次試驗，獲得成分穩定的烏龍老茶，並與一般烏龍茶相比較。研究結果顯示，烏龍老茶所含能抗氧化的兒茶素濃度降低，因製成老茶的過程中，兒茶素會被分解，卻同時分解出了大量「沒食子酸」。且烏龍老茶比一般烏龍茶含有更多其他類型的可抗氧化的多酚物質，也幾乎不含咖啡因，對人體益處多多。這是學界少見的發酵茶研究新發現，已刊登於《農業與食品化學》國際期刊上，引起全球轟動，使人們開始越來越重視台灣烏龍老茶的價值所在。陳年烏龍老茶，台灣之寶也！

書田診所家醫科主任何一成發表文章

書田診所家醫科主任何一成說，紅酒含大量沒食子酸，被認為是喝紅酒可降低心血管病變風險的重要原因，若烏龍老茶的沒食子酸含量也高，「建議可再進行動物或人體實驗，以肯定其保健效果。」

前行政院農委會茶改場分場長張清寬發表文章〈台灣老茶新發現—媲美靈芝功效〉

根據前行政院農委會茶改場分場長張清寬2011.01.13所著〈台灣老茶新發現—媲美靈芝功效〉一文指出：廣受歡迎的台灣陳年老茶，根據醫學研究單位分析，茶葉存放超過二十年以上的老茶，經過時間儲存、產生出來的纖維素變化，具有分解脂肪、燃燒脂肪的作用，能將沉澱在血管中膽固醇排除體外。

謝淑鐘所撰〈沒食子酸透過鈣離子及CalpainI活化路徑誘發肝星狀細胞死亡〉

根據謝淑鐘所撰〈沒食子酸透過鈣離子及CalpainI活化路徑誘發肝星狀細胞死亡〉論文指出：許多富含沒食子酸的藥用植物都有治療肝纖維化的功效。肝星狀細胞的活化增生是造成肝纖維化的關鍵因素。但有關沒食子酸對活化的肝星狀細胞的作用，目前相關的研究報告不多。試驗結果，發現沒食子酸的濃度高於30μg/ml，在四～六小時內，即可造成肝星狀細胞的死亡；而此劑量對於正常的肝細胞，是沒有影響的。

◎何謂沒食子酸？

1. **化學名**：五倍子酸亦稱棓酸或3,4,5
2. **結構**：化學式C_6H_2（OH）3COOH。分子式為$C_7H_6O_5$之有機酸。苯環上以相鄰的方式接上3個OH，屬多酚類。
3. **性質**：兒茶素的骨架之一，為白色針狀晶體，遇熱呈棕褐色，熔點240℃，易溶於熱水，味酸。
4. **發現**：是一種有機酸，可見於五倍子、金縷梅、漆樹、橡樹皮、茶葉中。
5. **「藥理作用」**：
6. 抗菌抗病毒：體內對金黃色葡萄球菌、八疊球菌、α-型鏈球菌、奈瑟氏球菌、綠膿桿菌、弗氏痢疾桿菌、傷寒桿菌Hd、副傷寒桿菌A等有抑制作用其抑菌濃度為5mg/ml。體外，在3%的濃度下對17種真菌有抑菌作用，對流感病毒亦有一定抑制作用。

7. **抗腫瘤**：對嗎啉加亞硝鈉所致的小鼠肺腺瘤有強抑制作用。（抑瘤作用實驗顯示，用沒食子酸預處理老鼠的皮膚，可抑制（二）-7β，8α-二羥基-9α，10α-環氧-7，8，9，10-四氫化苯芘的皮膚瘤的早期活性。沒食子酸可保護並防止皮膚不受瘤感應，其抑制作用隨瘤的潛伏期延長和連續發展情況而變化；並且沒食子酸對化學誘發SENCAR老鼠皮膚瘤有抑瘤作用，能抑制早期和中期皮膚瘤的生長，可做為抑瘤劑，減少化學誘發皮膚癌的危險性）

（3）**防治愛滋病作用**：水解類沒食子酸的單體或低聚體可做活性劑，用來防治獲得性免疫缺乏綜合症（即愛滋病）。

（4）**抗B肝病毒作用**：鄭民實等對沒食子酸抗B型肝炎表面病毒的研究顯示，沒食子酸具有良好的抗HBsAg/HBeAg作用，其藥效好於B肝靈、B肝沖劑、雲芝肝泰。日本學者對沒食子酸的抗肝癌作用的研究也有報導。

（5）**殺錐蟲作用**：英國KoideT等的研究顯示，沒食子酸具有殺錐蟲作用。非洲錐蟲是鞭毛狀原生寄生蟲，可導致人畜睡眠障礙。

（6）**沒食子酸的其他應用**：沒食子酸是一種重要的精細化學品，用途十分廣泛。沒食子酸很容易被氧化，有強還原性，能從銀鹽溶液中把銀沉澱出來，在照相中用作顯影劑。沒食子酸水溶液遇三氯化鐵顯藍黑色，是製墨水的原料。沒食子酸還可用於製造焦性沒食子酸、染料、食品添加劑，也可以做提取劑提取鍺、鉭、鈮等多種稀有金屬。沒食子酸在鹼性條件下，與三氯化銻反應生成的絡合物沒食子酸銻鈉，又稱銻-273，是治療血吸蟲病的有效藥物。鹼性沒食子鉍又叫沒食子酸鉍，有收斂防腐作用，內服為胃腸黏膜的保護劑，外用為防腐收斂劑。

來源：http://big.hi138.com/yiyao/yaoxue/200805/135972.asp

來源：維基百科、A醫百科

柚柑茶是祖傳秘方研發而成的健康養生茶

柚柑茶是祖傳祕方研發而成的健康養生茶，也是流傳千年深具神祕色彩的一種寶貝茶品，在古時候是這一代人做給下一代人吃的，深具傳承、充分照顧下一代最慈愛的代表，柚柑茶的製造，需要很多道程序，製造過程非常辛苦，所以平常你捨不得喝它，因此又叫嘸甘茶（台語發音）。它是一種屬於治百病的救命茶，在古時候醫藥不發達時代它充分發揮神奇效果。就在今日它仍然扮演重要角色，只是太難做了，幾乎到了失傳的地步，今人得以享用更盼望能加以流傳推廣，就當它是一種功德吧！（二〇〇五年德國藥廠為了對抗禽流感而向台灣訂購二十萬顆柚子回去提鍊治劑，當時就感覺到台灣非常先進，早就已經知道使用它，而製成好喝的柚柑茶，今天吾人再加以九蒸九曬，更是突破良藥苦口的境界。）因此；從今天起，為了我們的健康，為了提高

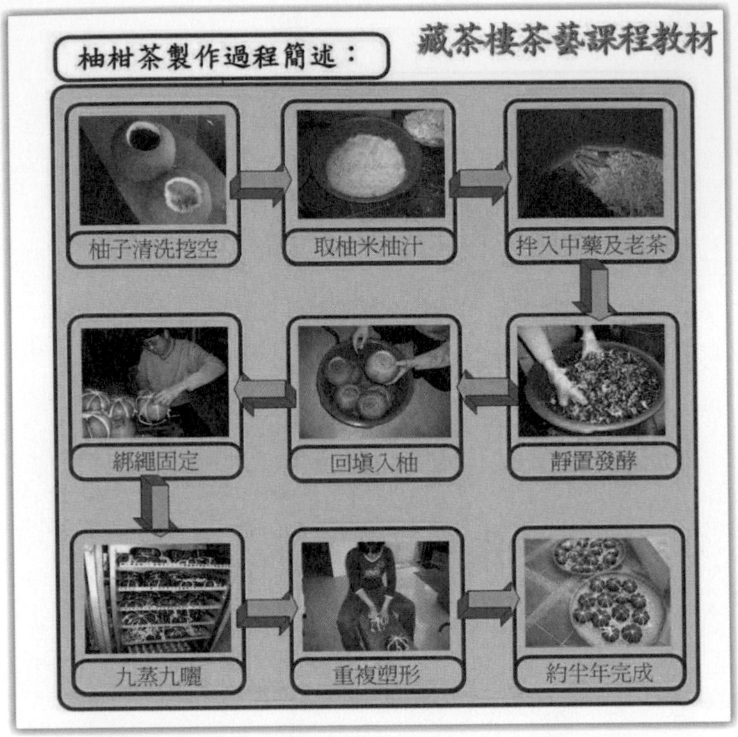
藏茶樓茶藝課程教材
柚柑茶製作過程簡述：
柚子清洗挖空
取柚米柚汁
拌入中藥及老茶
靜置發酵
回填入柚
綁繩固定
九蒸九曬
重複塑形
約半年完成
來源：藏茶樓

我們的免疫能力，我們就可享用良藥爽口的柚柑茶。

柚柑茶是採用晚生柚的柚子皮、柚子米、柚子汁、韓國高麗參、吧參、黃連三種中藥，搗成碎塊，再加入陳年重發酵茶。沖泡劑量是少許茶、少許皮，沖泡的溫度以100℃沖泡飲用或者直接燒煮大壺茶，也可冷藏當冷飲用，其滋味都非常甘醇可口，相當有特色，是不可多得的人間極品，也是時下最優的養生茶品。

柚子皮風乾即為陳皮，含有多樣元素，陳年茶採用重度發酵茶，氨基酸、茶胺酸、微量元素、鋅、硒、氟、錳、黃酮醇類、維生素C、維生素E、胡蘿蔔素、皂素含量高，陳皮與重發酵茶兩者加在一起的有效元素含量比任何食物高。多樣元素可以使支氣管擴張，重發酵茶潤喉可以減輕咳嗽症狀，黃連降肝火，吧參照顧腸胃，韓國人參補元氣，對於咳嗽、氣喘實效良好，說話頻率高的人飲用柚柑茶祛痰、潤喉。同時在癌症及心藏疾病以及減肥和預防感冒都看到非常良好的效果。

這種中藥與茶結合而成的緊壓茶（當時台茶之父吳振鐸博士就非常推崇有加料的茶製品），把喝茶的領域提升至另一種境界，是文明人回歸自然的飲料食療法。

圖1

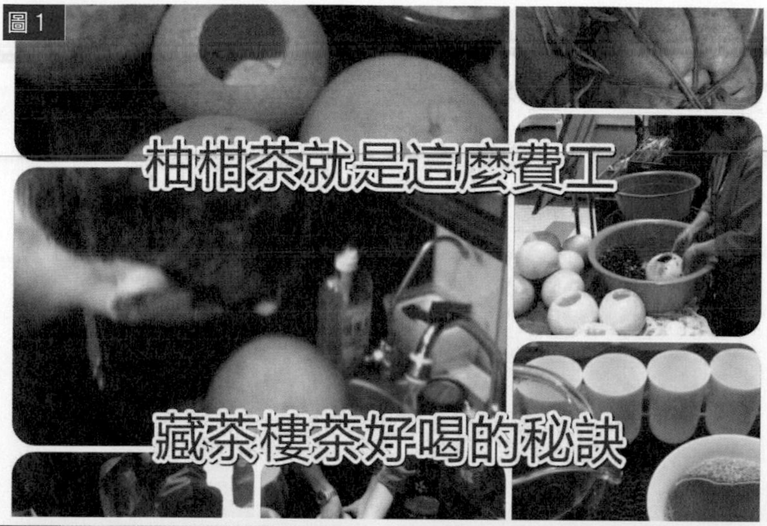

圖2

圖3

圖4

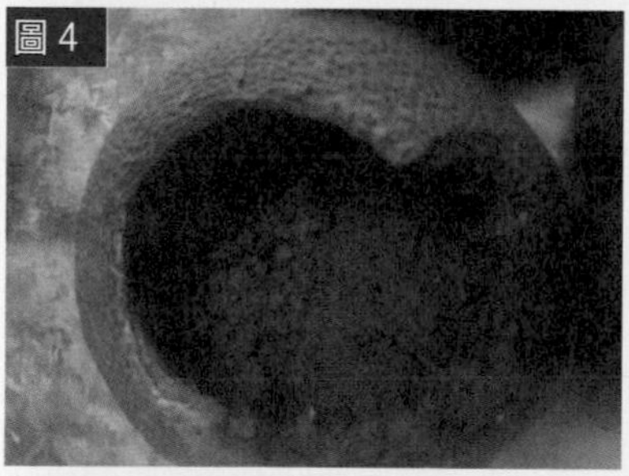

圖5

圖6

圖7

酸柑茶對咳嗽、化痰、解熱都有功效

提到緊壓茶，或許大家想到的是雲南的普洱，但別忘了「酸柑茶」堪稱是台灣特有的「緊壓茶」之一。酸柑茶是早期勤儉的客家人，發揮創意，把茶葉加進柑橘內，經烘焙後，沖泡就成「酸柑茶」，而酸柑茶越陳越有味且飲用起來較為溫和。（圖1～7）

《源起》

虎頭柑外表澄紅紅充滿喜氣的樣子，而且還可以在供桌上持續放一個月以上，所以過年前拿來擺在神桌或是一般家庭買來代表大吉大利。但是虎頭柑和一般食用為主的椪柑並不同，果肉其酸無比，所以過完元宵節就丟掉了。早期老一輩的客家人就把這個要被丟掉的東西利用較粗的茶葉拿來混合在一起做「酸柑茶」，不僅可以放個五年、十年，敲碎後沖泡飲用對咳嗽、化痰、解熱都有功效。

《製作流程》

1. **挖果肉**：以特製的金屬圓筒在柑橘頂端挖出缺口，保留挖下的橘皮做蓋子。
2. **去籽**：仔細濾掉果肉裡的籽，把果肉通通絞碎。

3. **混合**：以紫蘇、薄荷、甘草和絞碎的果肉和茶葉攪拌混合，再回填到虎頭柑裡。

4. 塞得圓圓的虎頭柑還得經歷不斷的蒸、曬、烘、壓，一共九次工序才能完成。

5. **飲用**：置入茶壺以熱水沖泡，可加入冰糖、龍眼乾或菊花，滋味更佳。

《酸柑功效》

虎頭柑烘乾的果肉就是酸柑，烘乾以後的皮就是陳皮，陳皮對咳嗽或是化痰具有效果。所以除了茶葉之外，再加進青草就是提升化痰功效加強的作用。製好的酸柑茶外觀呈黑色，可以保存二十年以上，食用時整顆敲碎，將陳皮（果皮）和填充料充分混合沖泡飲用，有潤喉、爽聲、治咳嗽等效果。

來源：藏茶樓

茶葉的烘焙（火）對老茶的影響

茶菁製造成為初製茶，經過篩分、整形、揀枝、篩除細末等精製程序，即為精製成品。精製茶在包裝裝箱前須經「再乾」，目的在於不改變茶葉原有的香味品質原則下，藉以降低其水分含量，使其含水量介於3～5％，確保貯放期間的品質。

而香氣不足的茶葉則須加以「焙火」以提高其香味品質及賦予宜人的火香，火香是茶葉中還原醣與氨基酸等在高溫下進行反應，以及醣類在高溫下焦糖化所產生的焙火香味：具有花香、清香之高級茶則忌高溫焙火。（圖1～5）

圖1

圖2

圖3

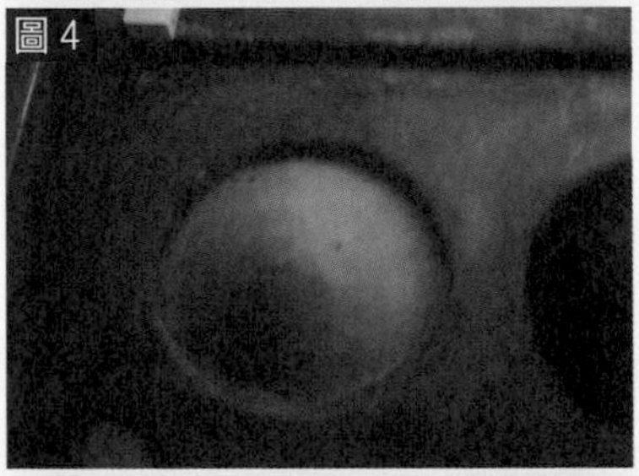
圖4

圖5

烘培的目的：

1. **去除菁臭味**：烘焙仍為目前現行改善或去除包種茶粗製茶普遍帶菁臭味和不良雜味的最為有效且經濟簡易實用之方法，在未有更新更好的方法取代之前，烘焙乃成為半球型包種茶產製的必要加工步驟。
2. **貯存**：除了藉包裝（真空或充氮等無氧包裝）及低溫冷藏延長茶葉貯藏壽命之外，茶葉烘焙乾燥是有效延長茶葉貯藏壽命之重要方法與手段。水分含量高的茶，一則易變紅，二則香氣易散失，而產生黴味，尤以清香茶（生茶）為然。
3. **發揮特色**：因應茶葉消費市場對各種不同口味（焙火程度）之需求，茶葉的香氣經培火後會更加飄揚。即使製作不佳，沒有花香的茶，也可以藉高度培火帶來米香的半青熟茶或帶火香或熟果香的熟茶。具焙烤風味之區域性特色茶，尤其如典型之凍頂烏龍茶為其必要特徵，亦為市場需求，因此後續之烘焙加工步驟乃為必要程序，否則失去該種茶之特色。
4. **去除不良滋味**：茶葉中的咖啡因遇熱會產生昇華現象，溫度愈高，昇華愈多，一般所謂熟茶不具刺激性及苦味較低，即因咖啡因遇熱揮發。
5. 改善或去除成茶貯藏後品質劣變之缺點，尤其如陳味、油垢味及貯藏臭味和其他異味等，再烘焙為一重要方法。

6.降低水分含量、確保存放期間的品質。

7.改善或調整茶的色、香、味、形。茶本身的香氣不足，藉火來提高火香，是化學變化。尤其是茶葉的併配，必須藉火的力量來將品質劃一，是茶商的靈魂。

茶葉化學成分在烘焙過程中的化學變化與品質的關係

一、**氨基酸**：味甘、苦、酸，含量愈多愈好。茶芽嫩梗、高海跋、春冬茶較多。製茶浪菁時產生香氣，焙火時與還原醣產生作用叫梅納反應（焙茶最重要的化學反應）。

二、**咖啡因**：茶會苦的原因，對製茶技術與焙火過程不重要，因為它很穩定不會因製造、焙火溫度達90℃～120℃，咖啡因會被帶出一部分。咖啡因於120℃以上昇華為針狀結晶，氣化（昇華點）178℃。烘焙過的茶苦味會降低。

三、**茶多酚**：茶多酚在製茶和焙茶過程都很重要，茶葉發酵（氧化）時變黃、變紅，並影響脂肪酸使茶產生香氣對茶的味與香氣都有很重要的關係。

四、**單醣與雙醣類**：茶葉中的多醣包括澱粉、纖維素、半纖維素和木質素等物質，含量佔茶葉乾物質總量的20％以上，多醣不溶于水，是衡量茶葉老嫩度的重要成分。茶葉嫩度低，多醣含量高；嫩度高，多醣含量低。茶中含20～50％烘焙時可以說完全靠它，糖本身就有糖的香味，加熱有蜜香再熱有焦糖香，對口感及香氣都好。

五、果膠質：對茶湯的成形很重要，茶湯的黏稠感（飽滿的感覺），烘焙時產生香氣。

六、植物色素：葉綠素與花青素，綠茶和台式烏龍茶要保持，紅茶要破壞。製茶時留好的去除不好的。以葉綠素為例，炒菁後馬上放冷可保持葉綠素使茶葉保持綠身。

茶葉烘焙溫度與外觀變化

（一）色

色澤來源主要來自葉綠素，因烘焙過程因溫度而改變。由翠綠→黃褐→紅褐→黑褐。80℃無差別，好茶只要80℃水分含量無差別，100℃光澤消失，120℃，二~四小時變黃褐，以上葉底還能全開，140℃，二小時變紅褐、葉底半開（等於160℃，一小時）。

※焙茶溫度超過130℃有燃燒的危險。再加長時間變黑褐色，葉底不開。茶黃素（質）氧化後的關係變茶紅（素）質，120℃，二小時以下纖維不會變死，以上會變死，顏色變黑褐色已碳化，味道火味，茶也部分燃燒。135℃只在外銷茶、飲料茶原料烘焙時看過。

（二）香

台灣茶能在世界保持不敗的地位就靠香。茶是活的，在丟棄之前香氣、滋味持續在變，輕發酵茶要清香非菁香，發酵不足、炒菁不足的菁香容易變，焙火時不易入火，殺菁時要捉香，香氣不足的用焙火來提高香氣。香氣的變化：清香→蜜香→焦糖香→炒米香→火味→燒焦味→火碳味。焙茶時茶會變酸是因為兒茶素遇熱的關係，炒米香至火香靠梅納反應（還原醣與氨基酸在高溫時結合）蜜香與焦糖香是焦糖化作用（糖直接熬就有焦糖香）。

（三）味

味要的是活性，但茶愈焙活性愈低。

（四）苦與澀

苦焙不掉，澀可以因焙火而降低，有時茶愈焙愈苦是因為澀味降低而感覺愈苦，再焙下去澀還會提高，感覺又回復。

（五）醇與韻

苦與澀保持平衡點才能感到醇，為什麼？也許不知道，日本醬油可用儀器檢驗，鐵觀音的韻必須邊焙邊揉才有，台式烏龍茶再怎麼焙也沒有鐵觀音的韻。（編者認為，鐵觀音因為品種的關係才會有觀音韻。）

來源：摘錄自藍芳仁所著〈茶葉焙火與品質的關係〉與編者整理

茶葉烘焙器具、熱源與品質的關係

（一）**茶與熱源都動**：甲、乙種乾燥機，香氣易流失、茶容易碎，表面麻掉。

（二）**熱源動茶葉不動**：冰箱型乾燥機，香氣容易流失，可用風口的開與關及風速彌補。

（三）**熱源、茶都不動**：電子焙籠。

（四）**熱源茶都不動，熱源沒直接照射茶**：碳焙。

（五）**滲透性熱源**：遠紅外線輔助可縮短焙茶時間。

烘焙器具、方式依茶品味、利潤決定。有很多神祕的流程，茶農、茶商當作祖傳祕方，只要焙出來的茶品質可以提升就是對的。

四、焙茶原則

（一）**由低溫慢慢提高**：先高溫如將表面焙死，水分、雜味出不來。

（二）焙好茶要好原料，火只是輔助。

（三）茶葉併堆後一定要焙火，品質才能劃一，依筆者經驗併堆後焙火（比賽茶）品質可提高一個級數。

茶葉的烘焙（火）對老茶的影響

陳盈潔在中興大學生物科技學研究所學位論文，二〇一〇年（2010/01/01）〈烏龍老茶中獨特的揮發性成分〉中指出：烏龍老茶具有數種獨特的揮發性成分是明顯有別於新鮮烏龍茶。新鮮烏龍茶中含有大量的長鏈醇類與酸類，經過長時間儲存及定期烘焙後會轉換成短鏈酸類並且產生許多含氮的胺基衍生物，例如吡咯（pyrrole）與吡啶（pyridine）。而烏龍老茶所具有的特殊芳香氣味主要由含氮雜環化合物所組成，例如N-乙基琥珀醯亞胺（N-ethylsuccinimide）、2-乙醯基吡咯（2-acetylpyrrole）、2-甲醛基吡咯（2-formylpyrrole）與3-羥基吡啶醇（3-pyridinol）。

李思妧在中興大學生物科技學研究所學位論文〈烏龍茶與老茶的化學成分分析〉一文中指出：研究烏龍老茶為上等茶，經長期的保存並且伴隨著週期性的烘培達到精緻化所製備而成，經驗上被認為對於人體健康有益。分析三種老茶與一種新製備的烏龍茶的茶湯成分，比較兩者發現，在老茶中其EGCG（epigallocatechin-3-gallate）會顯著降低而「沒食子酸」卻大量增加，並且一些特殊的黃酮類（myricetin、quercetin和kaempferol）會出現，推測可能是原本烏龍茶中的總黃酮類裂解所產生。

王美琪、陳盈潔、曾志正所提論文〈熷烏龍茶——經反覆烘焙與陳放轉化出的精製烏龍〉

「熷烏龍茶」的定義與製作：

本文定義「熷烏龍茶」為台灣現在市面上常見的烏龍茶（最好是體歸靈含量高的青心烏龍茶）再經專業的反覆烘焙及陳放所轉化出風味完全不同的精製茶品。根據教育部異體字字典，「熷」注音：ㄗㄥ，原意是指把魚、生肉放在竹筒中，以餘燼陰火乾烤；而「熷」烏龍茶是取其衍生之義，將烏龍茶置於竹焙籠中施以陰火烘焙，且製茶後於陳放期間透過反覆烘焙（通常是指焙火十次以上，且每次焙火後均需再存放）。

焙火對於茶韻轉化是很重要的，自古以來就有「茶為君，火為臣」的說法，茶葉透過適當的烘焙當然可以轉變其韻味，進而提升茶湯品質，正所謂「烘焙轉醇，日久增香」。「焙火足」除了將茶葉中的臭菁味及其他雜味除去外，更重要的是能降低茶葉中的水分含量，讓茶品在倉儲陳化時較不易變質。此外，焙火的輕重會影響茶乾的外觀色澤（翠綠、墨綠、暗綠帶褐色及紅褐色）、茶湯的水色（蜜綠、金黃、琥珀及鮮紅茶湯）等，而焙茶產生的梅納反應（Maillardreaction）和熱裂解反應（pyrolysis）有機會促進新成分的轉化形成，增加茶葉之濃郁香氣（蜜香、熟香及焙火香）與回甘韻味的程度。然而，若僅是靠連續烘焙的速成工序，有可能導致茶葉的焦炭化，產生風味不佳的「火味」，遂無法成為優質茶。

一、原茶湯中水溶性主要成分，包括游離氨基酸、咖啡因、兒茶素類、黃酮醇配醣體等的含量均明顯減少。

二、沒食子酸的含量顯著提升，推論主要為酯型兒茶素（帶有沒食子酸結構的兒茶素分子）於烘焙時裂解所產生。

三、新產生楊梅黃酮（myricetin）、槲皮素（quercetin）與山柰酚（kaempferol）等黃酮醇成分，推論為此三類黃酮醇配醣體於烘焙時去醣降解所產生。

四、原茶湯中含量豐富且具揮發性的長鏈烷類與長鏈酸類分子會顯著降解。

五、新產生多種吡咯（pyrrole）衍生物，例如2-乙醯基吡咯（2-acetylpyrrole）與2-甲醛基吡咯（2-formylpyrrole）等具烘焙風味的成分，此類成分可能貢獻熷烏龍茶特有的香氣，推論此揮發性成分應於烘焙時由氨基酸轉化而來。

然而，若是以青心烏龍茶做為轉化　烏龍茶的材料，烘焙過程最好能保留大部分的體歸靈含量。此外，我們也針對烘焙與陳放此兩大工序技術對　烏龍茶內含成分轉化的個別影響做分析。結果顯示，烏龍茶茶湯中的酚類化合物含量在烘焙之後會有顯著的變化，然而這些酚類化合物在陳放過程中相對穩定並無明顯變化。茶湯中會引起澀味與苦味的兒茶素衍生物以及黃酮醇配醣體，經過烘焙後含量會降低並且轉換出大量的沒食子酸（gallicacid）與沒食子兒茶素沒食子酸酯（GCG），推測是經由表沒食子兒茶素沒食子酸酯（EGCG）產生裂解與異構化反應而來。茶葉發黴走味。而「熱」在這裡指的是茶葉不當受熱，使得茶色變黃，造成苦澀的滋味。事實上，藏茶一段時間後，適度地以陰火慢焙，有利於茶品的維持，長年存放而無烘焙，縱使倉儲得宜沒有黴味，仍然容易導致茶湯過度的酸化；因此，烏龍茶可說是結合反覆烘焙與陳放兩大工序技術的升級版烏龍茶。

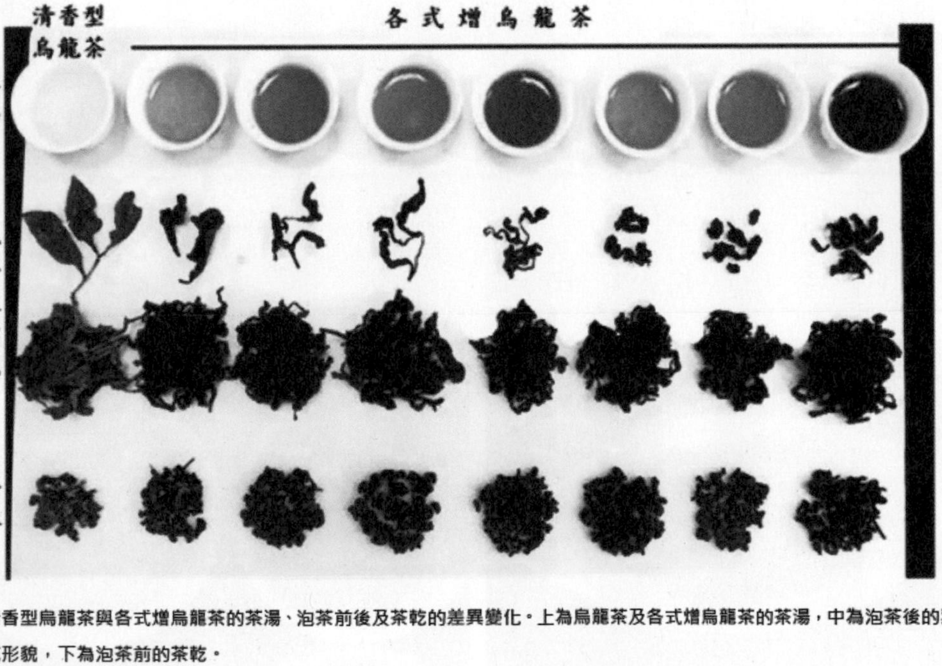

清香型烏龍茶與各式焙烏龍茶的茶湯、泡茶前後及茶乾的差異變化。上為烏龍茶及各式焙烏龍茶的茶湯，中為泡茶後的葉底形貌，下為泡茶前的茶乾。

茶葉儲存環境對茶的影響

一九九三年四月普洱茶大師鄧時海在參加雲南所舉辦的國際普洱茶節暨學術研討會所提交的論文中，提出「生茶乾倉」品味標準的完整論述，並且進一步區分出「乾倉」與「濕倉」、「生茶」與「熟茶」；鄧時海主張普洱茶的品飲標準為「越陳越香」，而要達到「越陳越香」，必須要符合「曬青」、「生茶」和「乾倉」三個標準。鄧時海認為：「普洱茶是屬於後發酵茶，在後發酵過程中有兩種現象，一是麴菌後發酵；一是無菌後發酵。……要形成麴菌後酵，必須要充足的水分或濕度。在普洱茶儲存在濕氣很重的地方，都會引起麴菌生長，促成麴菌後發酵。如果在乾燥程序中將茶中水分乾透，同時儲存在濕度低就不引起麴菌生長，是茶葉本身自己在繼續發酵，稱之為無菌後發酵。麴菌後發酵的普洱茶，俗稱『濕倉普洱茶』；無菌後發酵的普洱茶是經過了『黴變』，對普洱茶新鮮品味有了極大影響。……有好的乾倉，才能儲存出最新鮮的陳年普洱茶。」同樣的台灣老茶也可依循這個論述。

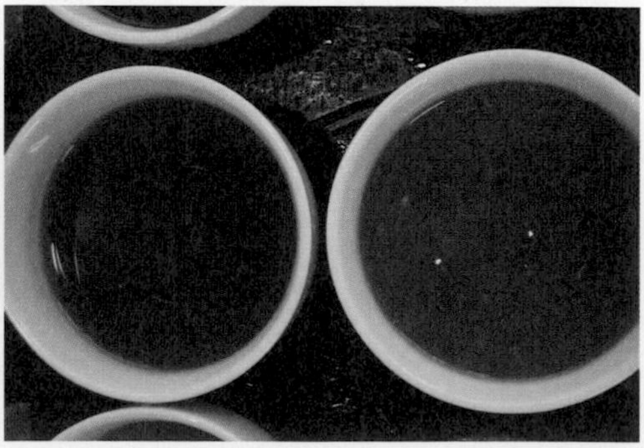

另外，根據陳國任所著〈陳年老茶的陳化與貯存〉一文中敘述：

蔡等（2011）針對貯藏0～39年的不同年份包種茶進行研究，結果顯示，隨貯放年份增加，茶葉從新鮮的茶味及茶香，轉為酸味及陳味、悶味，至貯放10多年後茶葉酸味逐漸降低，至貯藏20多年後酸味轉為醇和，香氣轉為木頭香、熟果香，而湯質更為醇厚甘潤，茶湯顏色也會逐漸轉為暗褐色。

楊等（2014）分析不同年度製作的凍頂烏龍茶，從茶葉外觀可發現隨著時代的演變，凍頂烏龍茶有越做越緊結的趨勢，一九七〇年代的茶葉條索鬆散，一九八〇及一九九〇年代所製的茶葉為較鬆散的半球型，二〇〇〇年以後則為較緊結的球型。在茶葉及茶渣色澤方面，隨著貯放時間增加，茶葉有從綠轉為紅褐色的現象。而茶湯水色亦隨貯放時間增加逐漸轉為暗紅褐色，進一步以光譜儀分析茶湯Lab值，亦證實茶湯色澤有逐漸轉暗（L值下降）、轉紅（a值增加）、轉黃（b值增加）的趨勢。在茶葉風味的部分，鹿谷茶農的樣品，貯藏1年的茶樣，仍帶有新茶的風味，貯藏7年的茶樣，已帶些許酸味，至貯存34年茶樣已帶有濃厚之梅酸味且澀味降低。而凍頂工作站貯藏25年的茶樣帶有梅酸香，但貯放39年的茶樣因含水率高達13%以上，使茶葉發黴，而影響品質，因此，貯存年份並不代表茶葉的好壞，好的茶葉搭配好的貯藏條件，才是造就優質陳年老茶的要素。

貯藏陳年老茶就像是醞釀紅酒，上等的紅酒，講究的是年份，而這「年份」不僅意味著好的原料來源，也包含了陳化的概念。不同的茶菁原料，經過不同的加工製程，再經歷不同時空背景的洗禮，轉化出多樣化的醇厚風味，是台灣地區陳年老茶的特色。

然而，並不是所有茶都會越陳越香，唯有原料好的茶，經過乾淨的陳放，才能向好的方面轉化。

老茶收藏家深知茶葉陳放的目的能夠改善茶葉的風味，但是藏茶會受到時間、光線、溫度、濕度、空氣、環境與容器材質（如錫罐、鐵罐、玻璃罐和紫砂陶甕）等因素的影響，必須透過經驗累積，適材適地加以運用，才能有助於轉換出品質更優的精茶品。

茶葉的貯藏條件，基本上應從兩個方向來談，若要保有茶葉原來的特色，新鮮品飲，則應將茶葉貯存在避光、密封（真空或脫氧）、低溫的環境之下，以減緩茶葉成分與品質之改變，延長最佳賞味期。

若要陳放茶葉使成為優質的陳年老茶，首先應先選擇品質優良的茶葉，並貯放在避光、乾淨無異味的環境之下，並給予適當空氣，使茶葉陳化，此外，應避免高溫烘焙造成茶葉品質改變或碳化。

古人早看到藏茶的厲害之處，明朝人羅廩在寫《茶解》時則提出：「藏茶，宜燥又宜涼，濕則味變而秀失，熱則味苦而色黃。」可見陳茶要避免受潮，假使含水量過高，便會造成茶葉發黴走味。而「熱」在這裡指的是茶葉不當受熱，使得茶色變黃，造成苦澀的滋味。若茶葉受潮，建議以80℃以下溫度乾燥，以免破壞老茶之品質。

老茶在存放的過程中必須接觸新鮮、乾淨的空氣，老茶吸收空氣中的水分、氧氣、好的物質後會產生氧化作用，當茶葉發生活性反應後，會重新組合產生新的元素，在口感上產生不同的滋味與風味。良好的陳放環境也會誘使老茶產生新的元素，如沒食子酸、多酚類化合物……這些物質都是對人體有益的物質。陶甕有毛細孔最適合藏茶，經過烘焙後的茶葉，使用陶甕存放，才能醇化茶中的物質，淨化出茶葉的本質。

研究結果顯示烏龍老茶所含能抗氧化的兒茶素濃度較低，因製成老茶過程，兒茶素會被分解，也分解出「沒食子酸」，且老茶比烏龍茶含更多可抗氧化的多酚物質，也幾乎無咖啡因含量。

隨貯藏時間增加，茶湯水色越來越深，越偏紅褐色，茶葉顏色變深，茶梗顏色轉紅褐色、葉底越來越緊結，但沖泡時仍可自然開展，茶湯風味從新鮮的茶香，逐漸偏酸味，良好保存的茶葉並會進一步轉化掉酸味，漸次產生醇厚陳年老茶韻味。

◎黴味的去除方式

經過筆者尋訪後得知茶葉發黴後的處理方式有以下幾種：

1.以烘焙機或烘焙籠用80度以下低溫來進行烘焙，烘焙4小時以上，每半小時要攪拌一次，這種方式可能會傷到茶葉本質。

2.用酒精清洗後烘乾或曬乾，這種方式可能會傷到老茶本質。

3.將發黴的茶葉用除濕機除濕3天，這種方式最不傷老茶本質。

4.日曬1~2天直至黴味消失，順便藉由遠紅外線、紫外線進行消毒，這種方式會讓老茶的年份與茶質傷害很大。

◎PS：這種方式不保證可將黃麴黴毒素去除哦！

◎PS：茶葉曾受微生物污染，帶有黴味、普洱味或發黴，茶湯水色較偏暗褐色、不透明。

◎PS：有時陳年老茶亦會因貯存期間曾被蟲啃食，因此，除了有被蟲啃食的茶葉碎屑外，有些茶葉中可以發現蟲屍體、蟲糞、及蟲分泌物等，而使此類茶帶有特殊的風味。

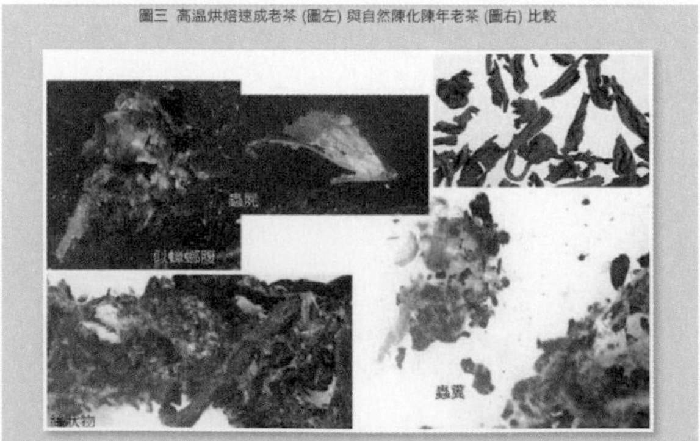
圖四 被蟲啃食的陳年老茶內發現蟲屍體、蟲糞、及蟲分泌物

圖片來源：楊美珠〈台灣陳年老茶樣態簡介〉

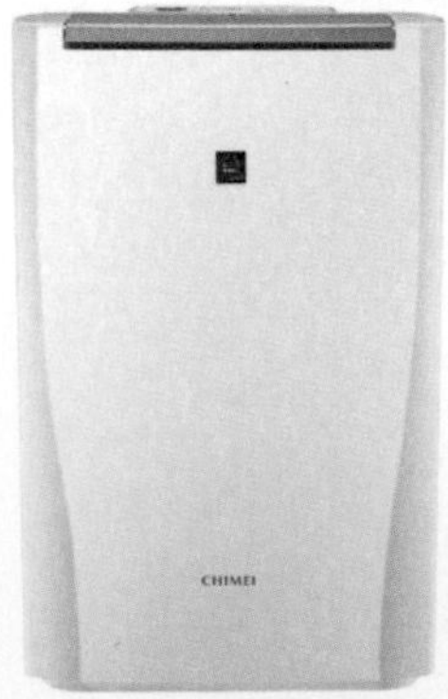

除濕機（圖來源：網路）

老茶的沖泡與疑問

陳年老茶七不泡：風雷陰雨不泡，喧囂浮躁之地不泡，茶具不齊不泡，遇不愛茶者不泡，茶酒飯飽不泡，果食同飲不泡，無緣茶不泡。（圖1～7）

圖1

圖2

圖3

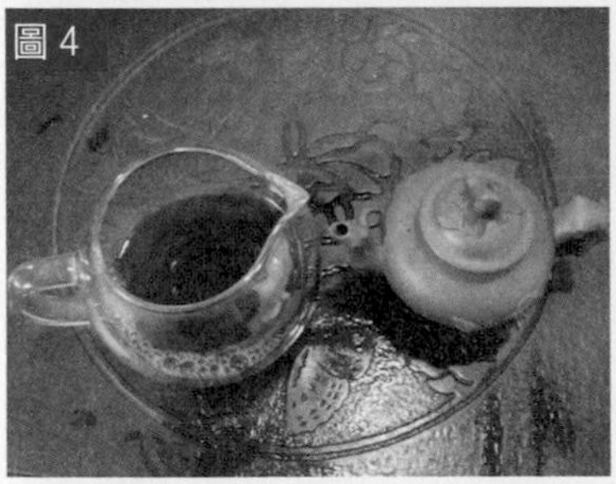
圖4

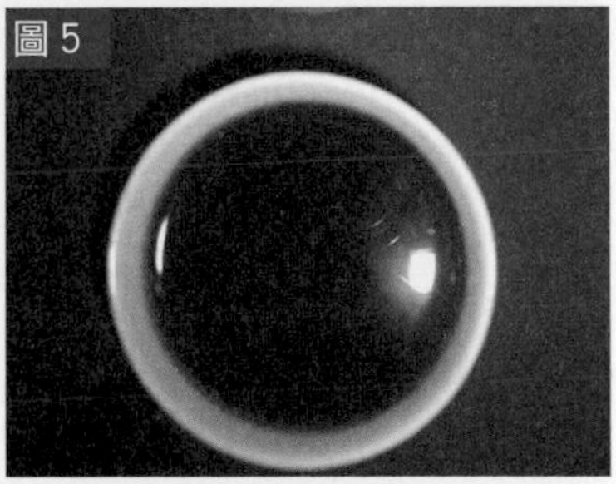
圖5

圖6

圖7

老茶品鑑，愛茶之人備感珍貴，不懂茶者，嗤之以鼻。有些老茶，想買的人多少錢也買不到，想賣的人再便宜也沒人要。品鑒老茶講的就是一個緣份。若似家常便飯見人就泡，請錯人喝，往往自討沒趣，不歡而散。既對不起歷史，也有愧於當年做此茶、藏此茶之前人。畢竟老茶不像新茶一樣直白，老茶有著更深層次的內涵，要因緣和合，靜心品鑑。

◎茶人推薦標準沖泡老茶的方式

紫砂壺或蓋杯200cc，老茶5～7公克，沸水100℃。

第一泡時間：50秒　第二泡時間：30秒

第三泡時間：50秒　第四泡時間：60秒

第五泡時間：70秒　第六泡時間：80秒

第七泡時間：90秒

◎茶人推薦另一種沖泡老茶的方式（會有不同風味！）

紫砂壺200cc，老茶5～7公克，沸水100℃。浸泡時間每次加倍。

第一泡時間：五分鐘　第二泡時間：十分鐘

第三泡時間：二十分鐘　第四泡時間：四十分鐘
第五泡時間：八十分鐘　第六泡時間：一百二十分鐘
第七泡時間：兩百四十分鐘

◎30年前DDT未被禁用於茶葉，老茶內如殘留DDT，DDT農藥殘留沖泡時會溶出在茶湯嗎？

先認識什麼是DDT：滴滴涕學名為雙對氯苯基三氯乙烷（Dichloro Diphenyl Trichloroethane），化學式（ClC_6H_4）$_2CH$（CCl_3）。中文名稱從英文縮寫DDT而來，為白色晶體，不溶於水，溶於煤油，可製成乳劑，是有效的殺蟲劑。DDT不溶於水，溶於煤油，所以沖泡時不用擔心溶出問題。

◎老茶的保存期限是否有違反食品法規規定？

根據衛生署八十七年十月一日解釋函指出：食品之「有效（保存）期限」係由製造廠商依據產品之使用原料、加工過程、殺（滅）菌方法、包裝材質及保存條件等因素，自行設計保存試驗研討而得，故輸入廠商所為中文標示之「有效（保存）期限」自不得逾越原廠所訂期限，否則即涉嫌虛偽標示。（87.10.1.）。

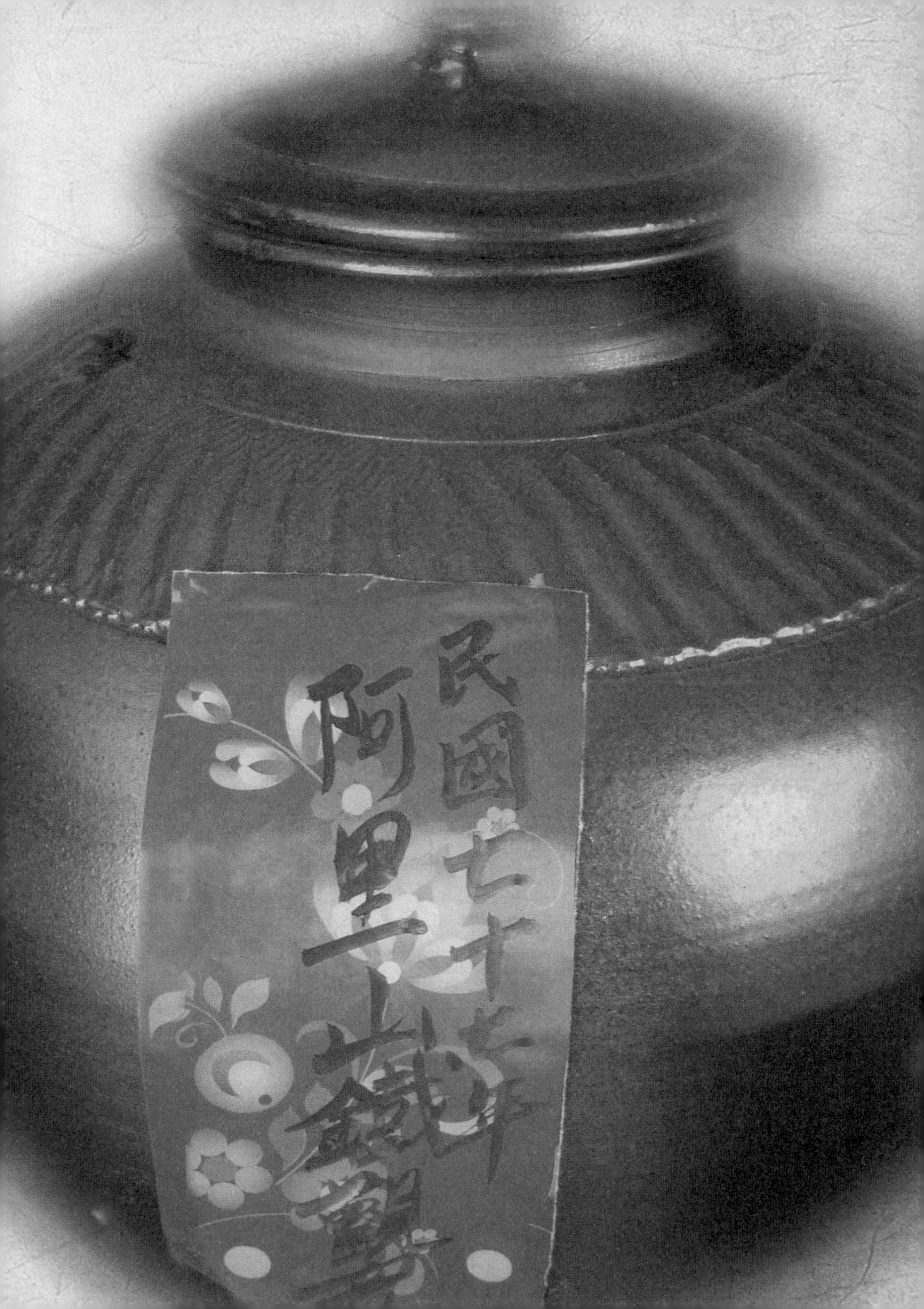
民國七十七年

第四章

如何判斷老茶年份

用台灣不同年代品種、製法、形狀來判斷老茶年份

一般台灣老茶要分三部分來談；

一是比賽茶老茶，有封籤有以比賽年份季節，怕的是仿冒的，所以要建立圖鑑，好有依據。（圖1～5）

二是有包裝、有行號的台灣老茶，這就要考究當時包裝的材料、用印印泥、印章、印刷與電話號碼……等來確認。（左圖1～15）

圖1

圖2

圖3

圖4

圖5

圖1

圖2

圖3

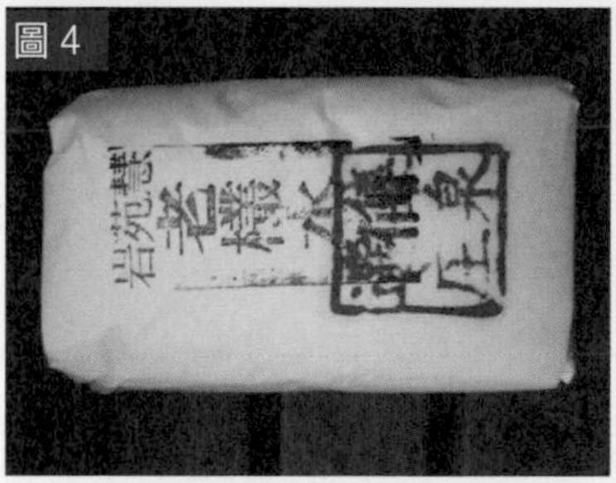
圖4

圖5

圖6

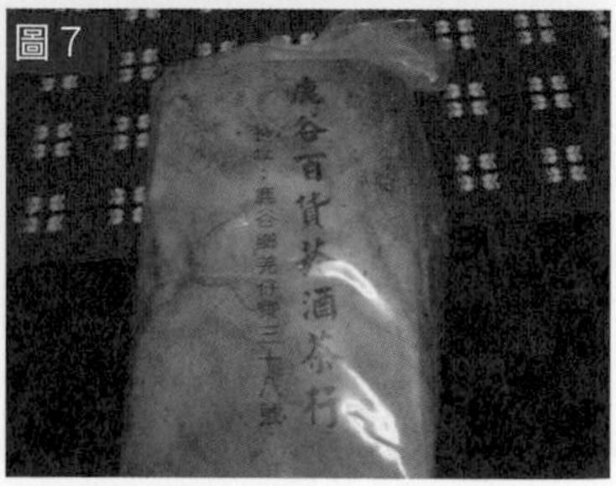
圖7

圖8

圖9

圖10
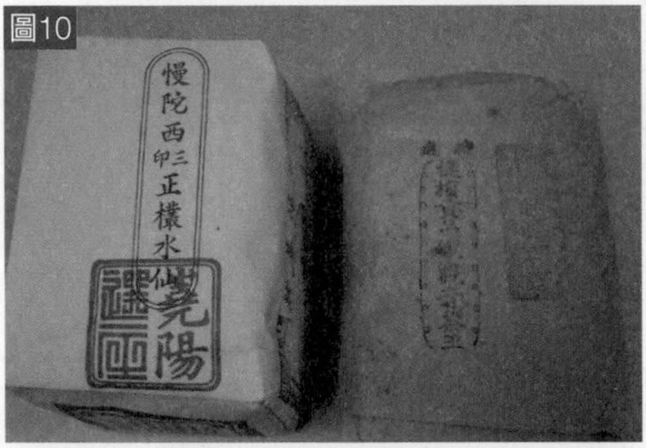

圖11

圖12

圖13

圖14

圖15

三則是散裝、大包裝台灣老茶，相較上面兩個的難度要高很多，這就需要對台灣茶的製造方式與製造機器設備的演進過程要瞭解才能進行判斷，筆者用以下章節來介紹台灣不同時期的茶種、製法、形狀及設備來判斷是哪一時期的台灣老茶。（圖1～4）

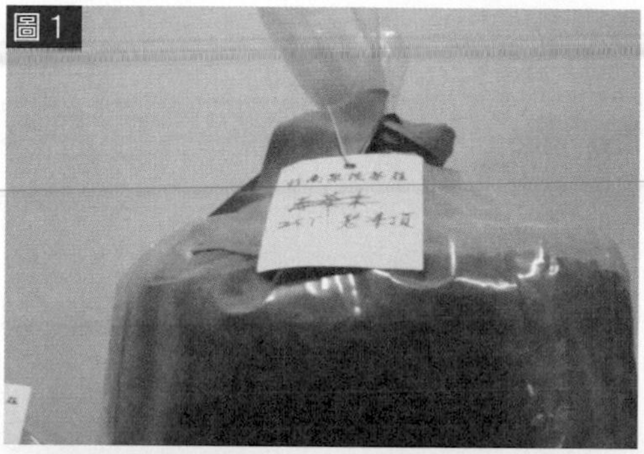
圖1

圖2

圖3

圖4

第一節：用台灣不同年代品種、製法、形狀來判斷老茶年份

為了讓茶人更容易進入狀況，分四個時期來進行介紹：

清朝至日本據台（一七七〇年～一八九五年）

一七九六年～一八二〇年（清嘉慶年間）

一八五二年（咸豐初年）～一八七二年

一八七三年清同治十二年～一八八〇年

一八八一年（光緒七年）～一八九五年

日據時期（一八九五年～一九四五年）

一八九五年～一九〇九年

一九一〇年～一九四五年

戰後國民政府來台（一九四六年～一九七四年）

邁入比賽茶時期（一九七五年～二〇一五年）

清朝至日本據台（一七七〇年～一八九五年）

用台灣不同年代品種、製法、形狀來判斷老茶年份

◎一六一二～一六八八年，沈光文（1612—1688）明朝遺臣朱由崧自立為福王時，他與史可法共同抗清，後再隨魯王退守浙江。魯王兵敗後，他隱居普陀山為僧。鄭成功據守廈門、金門時，他本想從金門搭船去泉州，不料船隻因風漂流到宜蘭，後輾轉到台南，當時荷蘭人正佔據台灣。沈光文來自中國浙江省鄞縣，其〈隩草戊戌仲冬和韻〉之六詩云：「將何消旅夜，薄酒勝茶湯」，「薄酒勝茶湯」乃源自蘇軾〈薄薄酒〉詩云：「薄薄酒，勝茶湯」，蘇軾寫作此詩乃欲「不如眼前一醉，是非憂樂兩都忘」、「達人自達酒何功，世間是非憂樂本來空」。而較能代表台灣詠茶詩作，則以〈夕飧不給戲成〉詩，其詩云：「明朝待汲溪頭水，掃葉烹來且吃茶」、〈普陀幻住庵〉詩云：「閒僧煮茗能留客，野鳥吟松獨遠群。此日已將塵世隔，逃禪漫學誦經文。」沈氏創作這兩首詩時應該已經身在台灣，但不知是飲用什麼茶。

◎一六九七年（康熙36年）（民國前215年）據諸羅縣（今嘉義）縣誌中記載，台灣中南部地方，海拔八百尺至五千尺（兩百四十公尺至一千五百公尺）之山地有野生茶樹生長，附近

住民將其幼芽以簡單方法製成茶做為自家之用。

◎一七〇三年（清康熙42年）出任台灣海防同知的孫元衡，著有《赤崁集》，詩曰：「烹茶之法教兒童，蟹眼潛聽火候工，汲取竹林僧舍水，雨芽來自大王峰。」清康熙～乾隆間人周澍亦曾留台，著有《台陽百詠》，詩曰：「寒榕垂蔭日初晴，自瀉供春蟹眼生，疑是閉門風雨候，竹梢露重瓦溝鳴。」並自注：「台灣郡人，茗皆自煮。必先手嗅其香，最重供春小壺……」可見當時閩粵功夫茶俗已在台流傳。到了清末徐珂（1869～1928）《清稗類鈔》：「閩中盛行功夫茶，粵東亦有之，蓋閩之汀漳泉、粵之潮，凡四府也。烹治之法，本諸陸羽茶經而器具更精。」民初連橫（1878～1936）《雅堂文集・茗談》：「台人品茶，與漳、泉、潮相同……。茗必武夷，壺必孟臣，杯必若深，三者為品茶之要，非此不足自豪，且不足待客。」

◎一七一七年（康熙56年）《諸羅縣誌》記載：「水沙連內山，茶甚夥，……」《赤崁筆談》（一七三六年）載有「水沙連社茶在深山中，……每年通事與各番說明，入山焙製」；而《淡水廳誌》中亦載有貓螺內山產茶，性極寒，番不敢飲。所謂貓螺內山乃今南投、埔里、水里地區的深山；而水沙連乃自埔里的五城往集集、水沙連一直到濁水溪上游番地的總稱。由此觀之台灣先民早已利用野生茶焙製茶葉。

◎康熙年間（1662～1723）舉人吳廷華，於雍正三年（1725）曾經擔任福建海防同治，嘗奉檄查台灣倉庫，協同平定諸羅縣亂。其〈社寮雜詩〉第十首云：「才過穀雨覓貓螺，嫩綠旗槍映翠蘿。獨惜未經嫻茗戰，春風辜負採茶歌。」吳氏之〈社寮雜詩〉共有十首，生動刻劃紀錄當時原住民在台灣之風俗。吳氏紀錄自己到了貓螺，看到嫩綠的茶葉，其一芽一葉如同一旗一槍，茶色品質相當翠綠，可惜沒有經過與不同茶葉比較，當地人並不敢飲用，辜負了採茶人辛勞唱著採茶歌，流汗所採摘的茶。可見當時台灣所居住的原住民並不敢飲用台灣本土所生產野生的茶，直到漢人進入，大量進口、移植墾殖之後，茗飲之風才在台灣興盛起來。

◎乾隆十五年（1750年）舉解元的文士朱景英，曾任台灣海防同知。朱氏著有《海東札記》，內容記述當時台灣的山川、海洋等地理形貌與氣候、物產等。而〈其三月二十日邀同任伯卿施祓堂遊曾氏園林歸飲署齋即事〉之第三首詩云：「造逕須臾頃，支床晻靄間。泉當茶竈瀉，草近藥闌刪。」可以觀察當時以泉水做為烹泡茶之水，如同中藥以草藥做藥。再，〈秋晝苦熱與李槎寄施祓堂坐澹懷軒即事有作〉第二首詩云：「行吟坐嘯三間屋，飯罷眠餘一茶。」詩作中透露作者效法唐朝詩人白居易飯後飲茶，詩人與友人一同閒吟飲茶，又〈清蔭堂觀奕作〉詩云：「綠瀉當庭一榻清，東風無力動簾旌。竹爐初煖茶煙細，靜聽楸枰落子聲。」朱氏在清蔭堂觀看下棋，以竹爐烹煮冉冉上升一縷茶煙，襯托砰然下手的下棋聲。

◎清乾隆時（1753）拔貢生朱仕玠，於乾隆二十八年（1763）由德化教諭調任鳳山縣教諭。其詩歌云：「未堪皇樹鬥聲華，磊落前庭亦復嘉。坐進一盤柑子蜜，何輸七碗玉川茶。」書寫作者任台灣學署，閒暇時則到處遊覽，觀察到當時台灣原住民以形狀如同彈丸的柑子蜜，充當飲茶時的點心，並且認為不輸給盧仝七碗茶之逍遙似神仙的境界。

◎一七七〇年代左右，漢人陸續從中國原鄉福建省安溪縣來到台北市木柵開墾。

年代	品種	製法	形狀
一七九六～一八二〇年（嘉慶年間）	武夷種	烏龍茶	條形

◎一八一〇年台北地區茶樹種植於清朝嘉慶15年末，由福建省泉州安溪縣人氏井連侯傳入茶苗，在今深坑鄉土庫村山坡地種植，而後由該地遂漸傳開於台北附近的丘陵台地。

再據台灣通史中記載：「舊誌稱：嘉慶年時有柯朝者歸自福建，始於武夷茶，植於鰈魚坑（今台北縣瑞芳、平溪、深坑地區）發育甚佳，即以茶子二斗播之，收成亦豐，隨互相傳，蓋台北多雨，一年可收四季，春夏為盛。人工播種之經過記載。」台灣茶樹之人栽培，始於中國大陸早期移民來台，由福建移民所帶來閩茶品種開始種植。產製方法來自福建武夷，開始製造烏龍茶供應島內消費。

◎道光十年（1830）周璽所著《彰化縣誌》〈物產誌〉及清．陳淑均在道光二十年（1840）的《噶瑪蘭誌》都有相同的說法，強調水沙連茶能消暑瘴，都認為除了野生茶以外，武夷諸品都來自內陸。所以有個

鹿谷、蘇家百年茶樹欉。

叫做陳學聖的文人，寫了一首茶詩，來歌詠水沙連茶：「品茶誰譜水沙連。避暑亦供石鼎煎。二十四番社阿堵處。追幽鑿險利無邊。」在崠頂山種植茶樹的記載，目前最早崠頂茶的史料是光緒二十年左右，倪元贊的《雲林采訪志》：「崠頂山：其山自鳳凰山分龍。蜿蜒六七里。路皆平坦。至大水窟頭，束脈聳起。山二三里。高低不一。森然屹峙。明媚幽雅。巖頭時有白雲封護。居民數十家，自成村落。巖限曲徑，多植茶樹。」

◎周渏，字靜瀾。道光年間以翰林任台灣道。其《台陽百詠》之〈台人品茗〉一詩云：「寒榕垂蔭日初晴，自瀉供春蟹眼生，疑是閉門風雨候，竹梢露重瓦溝。」言台人品茶之精，作者自註，以為：「台灣郡人茗皆自煮，必先以手嗅其香，最重供春小壺。供春者，吳頤山婢名，善製宜興茶壺者也；或作龔春，誤。一具用之數十年，則值金一笏。」說明台灣的人民茶葉都自己煮，一定先以手嗅其香，同時十分重視泡茶的茶壺，此茶壺又稱為「供春」，此茶壺一用就是數十年，價值非常昂貴，可見當時台灣人民飲茶十分講究。由「寒榕垂蔭」，推知當時台灣人民習慣在戶外飲茶，同時專心等候，觀看茶壺中滾水產生如蟹眼般的泡沫。周氏以台人品茗為題，書寫台人飲茶茶事，今人觀之，兼可推想當時之景況。

年代	品種	製法	形狀
一八五二年（咸豐初年）～一八七二年	武夷種	烏龍茶的粗製品	條形

◎一八五八年（咸豐8年）英法聯軍攻擊中國，迫令締結天津條約，規定台灣府（今台南市）為國際通商口岸，當時香港英商怡和洋行（Jardine Matheson&co）曾派人到台灣來收購烏龍茶的粗製品。

◎一八五九年（咸豐9年）天津條約增闢淡水港為國際通商口岸。台灣茶葉運往福州從事加工精製，再包裝運銷外國更為方便，從此台灣茶葉運往福州加工的數量逐年增加。英商怡和公司派員來台收購台灣茶葉外銷，開始了台灣茶葉外銷年代。

◎一八六五年（同治4年）淡水海關明記八萬兩千零兩十兩公斤輸出之紀錄，故當年可為台茶輸出之始。

◎一八六六年約翰．杜德自中國福建安溪引入茶樹，在木柵附近種植，並全數收購，激勵農民種茶的信心。

◎一八六八年（同治7年）約翰．杜德至海山地區推廣植茶，茶樹遂正式在三峽普遍栽植；一八六九年約翰．杜德以「福爾摩沙茶」標記將台灣烏龍茶直銷美國。數量兩千一百三十一擔，每擔六十公斤，總毛茶重一萬兩千八百六十公斤。

◎一八七一年（同治10年）《淡水廳誌》〈茶釐〉：「淡北石碇拳山二堡。居民多以植為業。道光年間。各商運茶。往福州售賣。每茶一擔。收入口稅銀二圓。准投行售賣。」可知在道光時，台灣茶的出口，是經由福建的。這要到了台港開商以後，才直接出口，和西方貿易。

年代	品種	製法	形狀
一八七三年同治十二年～一八八〇年	青心大冇、武夷種	烏龍茶、膨風茶、包花茶	條形

圖1

圖2

圖3

圖4

圖5

圖6

圖7

第一代：傳統武夷茶製法（台灣高級烏龍茶）、白毫烏龍茶（俗稱為膨風茶）。

第二代：傳統烏龍素茶再加工（台灣包花茶）。

台灣初期產製的茶葉，原皆為烏龍茶，至一八七三年前後，烏龍茶一度滯銷，外商終止收購，本地茶商不得已將部分茶葉轉運福州改製包種茶，此為台灣製造包種茶的動機。

◎一八七四年（同治13年）淡水海關報告說：「華商出口的茶葉雖已增加，但只佔台茶全部出口量的五分之二。」

台茶發展之初，製茶種類只有台灣獨特之烏龍茶而已，至一八七三年烏龍茶滯銷，茶商將茶葉運往對岸福州改製出售。

◎一八七八年淡水海關報告曾記載：「15年以前，大稻埕四周的山坡上，幾乎看不到一棵茶樹，現在這些山坡上都種滿了茶樹，直至番界。……茶樹的種植也南拓至北緯24度，幾達台灣中部。」

年代	品種	製法	形狀
一八八一年（光緒7年）～一八九五年	武夷種	包花茶、包種茶	條形

◎一八八一年（光緒7年）福建泉州府同安縣茶商吳福源氏（或稱吳福老）因感到福建改製包種茶獲利不多，為圖厚利起見，帶著技術人員（茶師）渡海來台，在台北設立「源隆號」專門製造包種茶，就在這一年台灣包種茶首次輸出海外（外銷）。

◎一八八二年台灣將福州獨有的單瓣茉莉花引入彰化種植，台灣茶正式開始薰花加工及銷往大陸與南洋，大陸稱之「台灣包花茶」，另有一稱即「香片」。至一八九四年的輸出量已增為56倍，最多時雖僅為烏龍茶的八分之一，但已成為台灣茶葉中第二號商品種類。

◎一八八二年台灣包種茶首次輸出一萬八千四百四十六公斤。

◎一八八五年（光緒11年）台灣建省。福建省安溪縣地方，有王水錦、魏靜時二氏相繼來台，在台北七星區南港大坑地方，悉心從事台茶研究，不論栽培或製造方法，加以研討改進，奠定包種茶製造技術。光緒11年台灣建省。台灣茶製技術進入自然清香開始年代。

◎一八八八年巡撫劉銘傳有意開發台灣紅茶，即向印度阿薩姆聘請技師來台試製紅茶，因當時製造數量極少即無商品價值。

◎一八八八年（光緒14年）劉銘傳巡撫指定外僑居留地，建昌街（今貴德街北段）沿街茶行林立，有洋人經營的番莊（製烏龍茶），國人經營的舖家（包花茶及少數包種茶）與千秋街茶行，合約六十餘家，可謂茶莊大市。揀茶女工甚至有來至福建安溪者，仿如今日所稱大陸勞工，當人力不足時或有以竹篙圍追路人加入趕工，建昌街已是鋪有石條的高級馬路。

◎一八九三年（光緒19年）台灣茶葉的聲譽在國際上大受好評，一時之間，台灣茶葉突飛猛進，出口量大大增加，茶園的面積也逐漸擴展。台茶的輸出量達到新的高峰，計達9,836餘公噸的新高峰。台灣茶葉從產地到港口的交通工具，早期均以肩挑為主，挑到台北的茶棧或大稻埕等集中地，再以舟筏或牛車運到港口，新竹到基隆的鐵路完成後，分擔了部分運輸工作。

◎一八九三年左右唐景崧（1841～1903），字維卿，曾任台灣非常大總統。其以〈品茶限先韻〉為題，施士洁、梁維嵩、羅建祥等人一同寫作，唐氏詩云：「消閒何物最留連，井裡清泉竹裡煙。領略餘香當酒後，徘徊佳味在花前。功能破睡參餘潤，悟比談經得妙詮。苦境遍嚐甘境出，茶

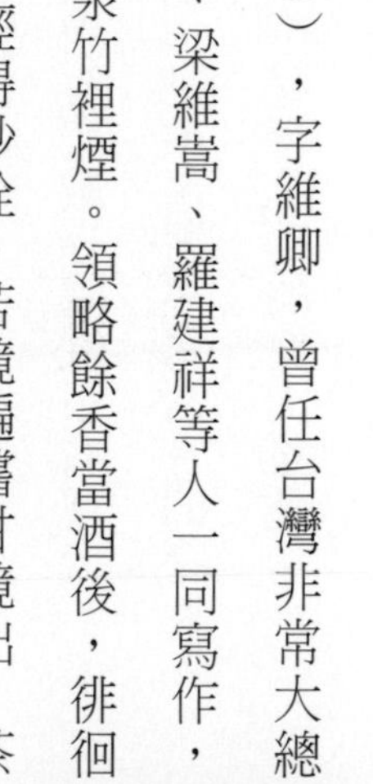

神從此有真傳。」當時安溪人林鶴年辦理茶釐船捐，唐氏創「斐亭吟社」，屢邀文人數十人聚集官署，為詩酒之會，尤以競作詩鐘為能。其詩歌以為品茶得以消閒，茶不僅具有能夠破睡、醒腦、潤喉等功效，更能使文士從苦境中品嚐甘美之境，台人品茶已經超越陸羽《茶經》描寫，而能夠實際體會飲茶的妙處。同時也自比中國自陸羽茶經一出，飲茶之風由南至北，遍及全國，而台灣也承繼陸羽品茶之妙。唐景崧同時還有〈逢舊識妓限先尤咸韻〉一詩：「桂卿門巷雅卿樓。回思酒債慚前日，再話茶香歷幾秋。詩扇尚存名署尾，酒杯歷問事從頭。此生未必重相遇，聊借閒吟一寫愁。」此詩收於唐景崧《詩畸》，又載鄭

鵬雲《師友風義錄附編．擊鉢吟續集》。則描寫文人與酒樓歌妓之情，希望能夠一同再話茶香，經歷幾個春秋，表達思念之情。

◎一八九四年羅佛山茶：距縣城東北三十公里，其地崇山峻嶺；知縣周友機購茶秧，教民種植，並建茅屋三、四間，以為憩息之所；今廢。其茶味甚清，色紅。十餘年來，未能推而廣之；每年所產，不過數十斤。（清，屠繼善，光緒二十年刊本）

清朝台灣詠茶詩歌，品茗風尚已經成為詩人吟詠的主題，吳靜宜透過清朝台灣詠茶詩歌的內容，溯源台灣品茗風尚之源流有四點，

（1）台灣野生茶樹水沙連茶乃因漢人的喜好，逐漸受到重視。

（2）沈光文為台灣文人茶之初祖，詩歌內容記載寺院飲茶的傳統。

（3）台灣第一個飲茶家族為卓夢采家族，記載台灣泉水清甘的特性。

（4）台灣文人茶藝奠基者為章甫，詩作中呈現品茗的文人雅趣。

從清朝台灣詠茶詩的內涵中，敘述文人遊禪寺、歌詠茶事與中土相似，而書寫吟唱採茶民俗采風、竹枝詞之詠茶詩則與閩南地區相似，至於以詩社擊鉢聯吟的方式進行〈品茶限先韻〉之同題競作，中國唐朝詩人雖有相似之文人活動，然以擊鉢聯吟的形式，則為清末當時台灣詩壇的特殊現象。台人品茗風尚之源流，不管在茶葉、茶具、茶壺、泡法等，皆與閩南飲茶文化相似，並都認為飲茶象徵一種身分地位與文人雅事。

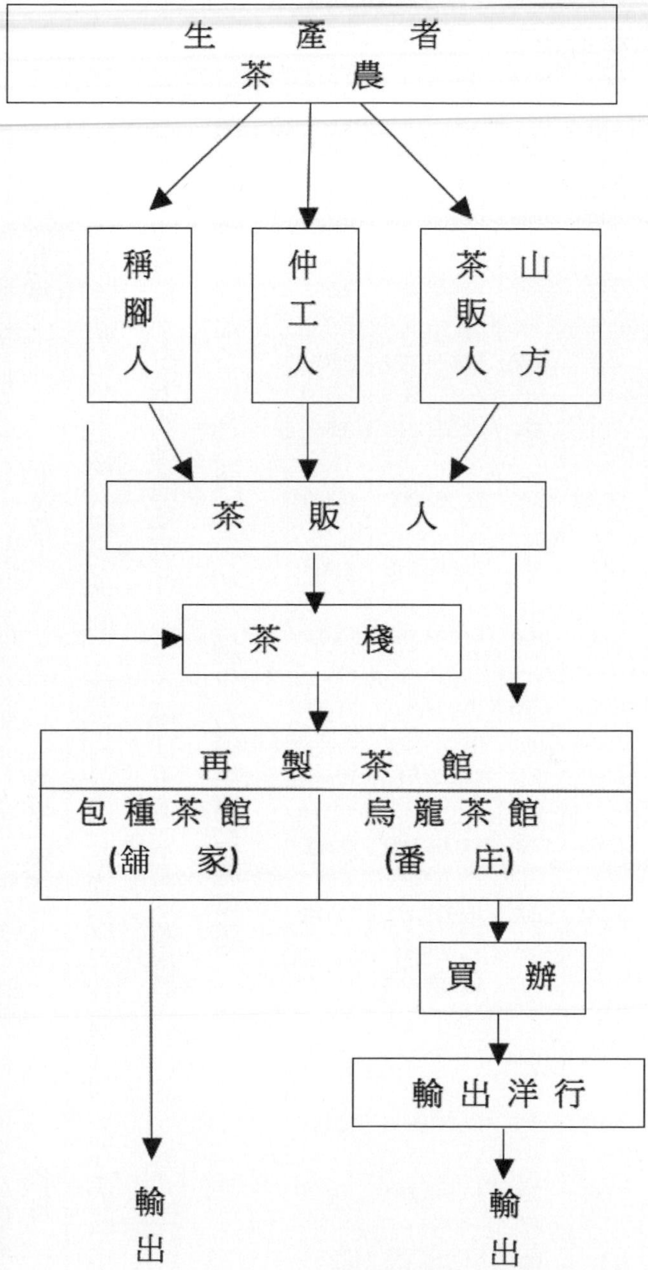

自清領以降之茶葉傳統交易途徑

資料來源:許賢瑤(2003)，附錄圖一。

日據時期

年代	品種	製法	形狀
一八九五年～一九〇九年	武夷種	煎茶（綠茶）	條形

◎一八九七年美國頒布禁止輸入粗劣條例。隔年對進口茶課稅，台灣烏龍茶在美國市場逐漸萎縮。茶商將銷不出去的烏龍茶再加工後，銷往東南亞當地華僑。

◎台灣製造綠茶則始於一九〇四年，初產量少，僅供應台灣需要。

年代	出口量（斤）	指數	年代	出口量（斤）	指數
1865	136,703	100	1884	9,867,400	7,218
1866	135,618	99	1885	12,273,000	8,978
1867	203,093	149	1886	12,138,805	8,880
1868	396,158	290	1887	12,647,487	9,252
1869	334,088	244	1888	13,574,100	9,930
1870	1,054,011	771	1889	13,070,800	9,561
1871	1,486,808	1,088	1890	12,862,900	9,409
1872	1,951,351	1,427	1891	13,580,345	9,934
1873	1,560,993	1,142	1892	13,673,563	10,002
1874	2,461,011	1,800	1893	16,394,857	11,993
1875	4,157,355	3,041	1894	13,682,610	10,009
1876	5,890,520	4,309	1895	13,399,800	9,802
1877	6,923,000	5,064	1896	15,923,475	11,648
1878	8,026,100	5,871	1897	15,228,643	11,140
1879	8,503,283	6,220	1898	15,095,111	11,042
1880	9,047,588	6,618	1899	14,799,825	10,826
1881	9,644,601	7,055	1900	14,598,584	10,679
1882	9,035,893	6,610	1901	14,539,305	10,636
1883	9,905,045	7,246	1902	16,260,719	11,895

◎一九一〇年日本平鎮茶業試驗所（今茶業改良場前身）技手山田秀雄、井上房邦、谷村愛之助及台灣總督府技師田邊一郎及台北洲農會技員張迺妙、陳為楨等協助翻譯下，完成台灣茶葉普查及技術調查工作，公布魏靜時的南港包種製造法是最好製造法。（南港包種茶當時獲利遠比烏龍茶高）

年代	品種	製法	形狀
一九一〇年～一九四五年	阿薩姆種、武夷種、青心烏龍種、大葉烏龍種、青心大冇種、硬枝紅心種、鐵觀音種、黃柑種、在來品種（小葉種）	紅茶、南港包種茶、台灣烏龍茶、球形茶包種茶、綠茶	條形

◎一九一〇年台灣開始製造紅茶，初期產製的紅茶量少質劣，僅能運銷日本，至一九二八年日東拓殖農林公司仿印度與錫蘭的技術製造，之後紅茶的生產大有進步。

◎一九一四年茶種青心烏龍由福建安溪引入壓條繁殖。

◎一九一六年，民國五年（大正5年）台灣製茶方式完成調查，選定魏靜時發明的南港包種茶製造方法及王水錦改良的包種茶為當時茶葉製造最好的方法。名稱訂為「南港式製造法及文山式製造法」，除了廣為擴展外，並鼓勵茶業界前往學習。「南港式製造法」成為今天台灣茶農製茶技術的『母法』。

◎一九一七年望月式揉捻機與傑克遜揉捻機的比較試驗，確立望月式揉捻機在烏龍茶製造上展現優越的性能，不僅可以節省生產費且製茶品質良好，於是茶樹栽培試驗場提倡以望月式揉捻機代替過去的足揉。

◎一九一八年平鎮試驗所完成調查，選定青心烏龍、大葉烏龍、青心大冇、硬枝紅心為四大優良品種，並大量推廣（因戰爭中斷延至民國42年才開始由平鎮茶業試驗所大量繁殖推廣）。（圖1～4）

圖1

圖2

圖3

圖4

◎一九一九年木柵張迺妙兄弟於大正8年（1919）自原鄉安溪引進鐵觀音茶欉種植，然後在昭和12年（一九三七年）引進安溪鐵觀音的製茶技術，成為木柵鐵觀音的濫觴。

◎一九二〇年（民國9年、大正9年）台灣烏龍茶輸出美國突然受到打擊。台灣茶量輸出銳減，產地大稻埕茶倉庫堆積如山，當時日本在台最高督府，為救濟茶農及提高茶葉品質，避免隔年外銷茶混有滯銷品，因此強制以每百斤8圓價錢收購烏龍茶並統一燒毀。

◎一九二〇～三〇年左右張迺妙先生以初製包種茶得名，當然首先教習這種製茶技藝，而留下今日的「文山包種茶」的盛名，做為他當年傳授的歷史回聲。然而對於茶農經濟價值上，張迺妙先生還發展「紅包種」更出色。所謂「紅包種」，是以鐵觀音茶的特性為仿本，將比較粗老的青心烏龍茶菁，用「綠葉紅鑲邊」的做法，調製出味美量多的「紅包種茶」，令茶農們皆大歡喜。（圖1～3）

圖1

圖2

圖3

◎一九二一年包種茶有凌駕烏龍茶之勢。

台灣茶業演變進入第四代：

第一代傳習大陸武夷茶製法製烏龍茶～台灣烏龍茶。

第二代以傳習武夷茶製法烏龍茶加工薰花技術——台灣包種花茶。

第三代魏靜時茶農發明——南港包種茶。

第四代以南港包種茶製造方法改良台灣各地茶葉。

※台灣茶均為包種茶系列產品：如文山包種茶、凍頂烏龍茶、鐵觀音及各地包種茶。現在台灣所產台茶跟大陸茶製造方式已南轅北轍，大陸傳統製法在台灣結束。

◎一九二三年成立「台灣茶共同販賣所」。

◎一九二六年台灣總督府殖產局開始在魚池，以Jaipuri、Manipuri、Kyang等阿薩姆種籽分送平鎮茶業試驗支所、林口庄茶業傳習所、日本九州本土，以及魚池庄蓮華池藥用植物試驗地試播。

◎一九二九年半球形包種茶製法由谷村愛之助與井上房邦在昭和4年（1929）共同研發出來的。後來這一項製法為民間製茶業者王

泰友與王德兩人，根據鐵觀音茶織布巾包種法加以改良成布球茶包種茶製法，在戰後推廣遍及全台。

◎一九二九年新竹州富士茶業組合利用黃柑種茶葉製造紅茶，將黃柑種與青心大有種茶葉混合製成紅茶，其在品質將與三井紅茶、印度、錫蘭茶不相上下。（當時新竹州茶樹品種以黃柑種面積最廣，新竹州茶園面積有12,000甲之多，其中黃柑種佔全部茶園面積的一半。）

◎一九三三年台灣烏龍茶主要出口地以美、英國為主，包種茶主要出口地以東南亞、東北亞、亞州為主要消費市場，台灣茶葉栽培種植面積46,030公頃最高。

◎一九三三年台灣總督府殖產局再從印度引進印度自生種，試種於蓮花池，成績甚佳。東邦紅茶株式會社郭少三先生自緬甸清邁叢林山區攜回優良紅茶品種禪種，種植於埔里，設立禪種茶園，生產禪種紅茶。

◎一九三三年印度、錫蘭與爪哇三大紅茶產地，為挽回下降的茶價，共同協議締結「國際茶輸出限制協定」。印度、錫蘭與爪哇減少紅茶輸出的結果，造成隔年世界茶葉市場對台灣紅茶的大量需求。昭和9年的台灣紅茶產量由昭和8年的一百四十八萬斤驟升為六百零二萬斤，昭和12年（1937）更高達1,056萬斤，是日治時期紅茶的最高產量。至此，紅茶繼烏龍茶、包種茶，成為台灣茶業的後起之秀。台灣烏龍茶主要出口地以美、英國為主，包種茶主要出口地以東南亞、東北亞、亞州為主要消費市場，台灣茶葉栽培種植面積46,030公頃最高。

◎一九三三年世界主要紅茶生產國家印度、錫蘭、印尼等實施「茶葉生產限制」協定，給了日本努力製造紅茶的好機會。

◎一九三五年台灣總督府於南投縣日月潭畔設立「台灣總督府中央研究所紅茶試驗支所」（茶改場魚池分所前身），以發展台灣紅茶為目標。開始大量開闢茶園，並開始製造紅茶外銷。

◎一九三七年（昭和十二年）三月同業組合台北茶商公會再度改組為「同業組合台灣茶商公會」。紅茶的最高峰，達到五百八十萬多公斤，台灣紅茶繼烏龍茶、包種茶而興起，形成台灣茶葉外銷市場競爭的第三種主要茶業。

◎一九三九年三月三日由總督府特產課與台灣茶商公會出面召集大稻埕茶箱商17名，共同討論如何組織台灣茶箱商統制組合，以確保所要物資的配給。

◎一九四〇年殖產局鑒於台灣茶葉輸出量2,200萬斤中，利用在來品種（小葉種）製成之紅茶即佔45%。

◎一九四〇年（昭和十五年）六月新竹郡舉辦紅茶製茶比賽高級茶品評會。

◎一九四一年太平洋戰爭爆發，海運中斷，各項貨物無法輸出，台灣茶葉出路受阻，外銷數量一落千丈。

◎一九四四年台灣茶葉外銷量包種茶高達7,346公噸，紅茶亦達5,800公噸，年銷量13,146公噸。使紅茶成為繼烏龍茶、包種茶之後台灣外銷之第三種茶類。

◎一九四五年二次大戰結束，台茶種植面積雖有34,000公頃，生產量卻僅有1,430公噸（僅為日據時最高產量8％），輸出量28公噸。

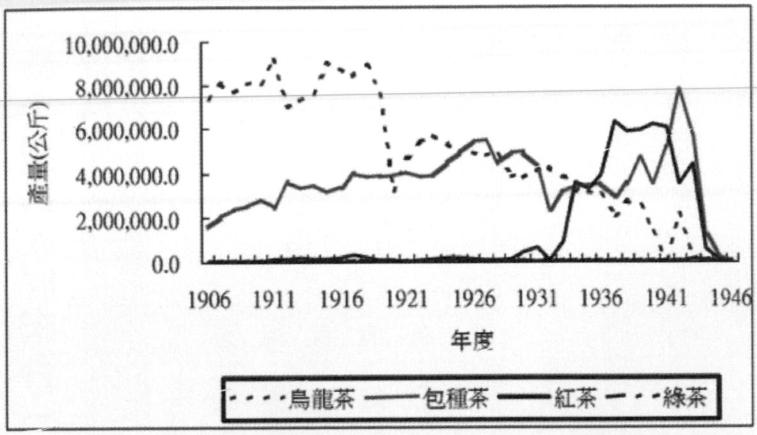

烏龍茶、包種茶、紅茶和綠茶生產量之趨勢圖（1906~1945）

資料來源：張我軍（1949），pp.51-4。

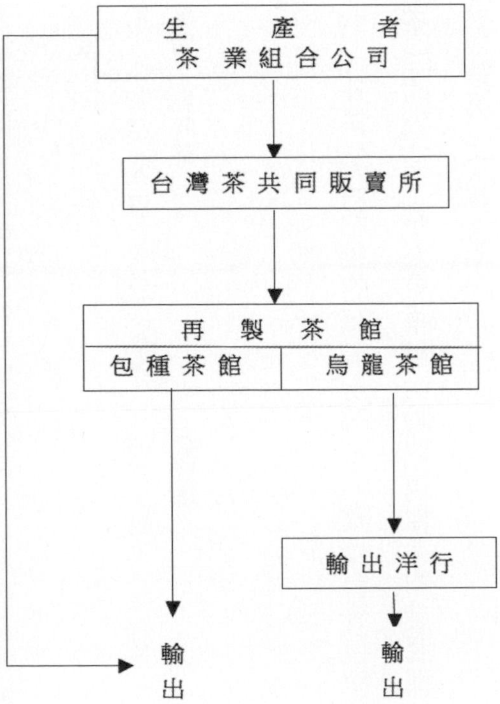

三、戰後國民政府來台（一九四六年～一九七四年）

年代	品種	製法	形狀
一九四六年～一九七四年	Assam種、台茶七號、台茶八號、青心烏龍、武夷、鐵觀音、硬枝紅心、青心大冇、黃柑、大葉烏龍、紅心大冇、台茶12號、台茶13號、四季春	綠茶（煎茶）、碎型紅茶、烏龍茶	條形、球形、半球形、蝦形捲

戰後台灣以製造紅茶、綠茶供給外銷為主，外銷量佔產量的75％～85％。戰後台灣包種茶的製造法最大的變革為球形包種茶（或稱布球茶）的製造，有人更將日治時期包種茶的發明稱為包種茶製法的第一次革命，將球形包種茶的製造稱為第二次革命。

球形包種茶在一九三〇年代（日治時代）即由中央研究所平鎮茶業試驗支所開始進行研製，如此所做成之茶葉形狀屬條形與球形之間，即今所稱的半球形包種茶，但此項成果當時並未推廣。

至於球形包種球製造方法的傳授，依據現今台北市福記茶業公司王泰友的口述，一九三九年王泰友先生與同為安溪出身王德先生，開始以安溪鐵觀音茶的布巾包種法前往南投名間鄉陳土崁、連允田等茶農傳授球形包種茶的製造技術，一九四一年至南投鹿谷鄉蘇欽家傳授球形包種茶技術，之後一九四六年至台北木柵鄉傳授此技術給高進興茶工廠，一九四九年又到南投鹿谷鄉劉中仕、謝安、陳火炳等處傳授球形包種茶的製茶技術，一九六九年又至台北木柵鄉張約旦、周義兩家傳授此技術。一九八二年王泰友親自到東部花蓮瑞穗鄉栽種茶園，並自設工廠傳授球形包種茶的製茶技術。雖然自一九三九年起南投名間鄉已有部分茶農習得球形包種茶的製法，但當時市場仍以條形包種茶為主流，直至一九八五年左右南投名間茶區才開始有球茶應市。

◎**一九四七年**新竹縣舉辦初製紅茶優良茶比賽。

◎一九四八年發現台灣如果照中國大陸製作綠茶的方法來製造綠茶和精製出口，必定有很大的成就，於是請上海派綠茶專家來台灣試製綠茶，在新竹縣的新埔、竹東、關西、楊梅，湖口等地，設定了十二個製茶廠，獲得很順利的成果。

◎**一九五〇年代初期**外銷北非綠茶再度發生靡雜事件，造成台茶沒落直到台灣經濟起飛後大家再重回原點喝烏龍茶。

◎一九五一年六月南投縣第一次優良茶比賽在南投鎮農會禮堂審查，參加茶樣28件由林啟三評審。

戰後一九五〇年代，南投名間鄉開始生產球形包種茶，一九七〇年代逐漸擴及其他茶區，且遍及全台各茶區，現今除文山茶區仍生產條形包種茶外，其餘茶區大多生產半球形、球形包種茶供應市場，成為台灣目前的主流茶葉。南投名間鄉以王泰友所傳授之法於一九五〇年代開始製造球茶應市，當時所用的器具與日至時期相同，包括笳歷、歷箚、手搖攪拌機、手搖望月式揉捻機、焙籠、布巾。南投名間鄉的球形包種茶的製造法約如下：

球形包種茶的製作前段與條形包種茶相同，兩者的差異在揉捻、解塊後的乾燥（初乾）開始，茶菁於初乾後放置於笳歷回軟至次晨，之後放在粗竹篩上以木炭溫火予以加溫促使柔軟。

將加溫茶菁約一台斤以約一尺至一尺半四方巾布包裹，在用膳的長板椅上滾揉（第一次揉屬溫揉），揉後放置約10～15分鐘（製茶者一次約管理四粒布球茶）後，解塊予以散熱約10～15分鐘再揉，（第二次揉屬冷揉），再揉後解塊再於炭火上加溫並加以揉捻（第三揉屬溫揉）。如此重複操作三回，茶菁等於布揉九次。

午後時分將所有布包團揉的布球放在粗竹篩上，上蓋蔴布袋防熱溫逸散，下以木炭文火促使茶菁吸溫柔軟後揉捻放置約10～15分鐘解塊冷卻10～15分鐘再揉，揉後解塊加溫再揉，揉後解塊加溫再揉，如此溫揉三次冷揉三次計六次，操作重複3次，合計揉捻18次。上下午合計共揉約27次左右，足後完成球形包種茶的製造。粗製球形包種茶相當緊結，一天一人約可製造粗製茶25斤左右。

球形包種茶的製做到布球機、束包機發明使用後又進入另一個新的製作階段。

一九七三年南投鹿谷鄉陳柏收研發布球揉捻機成功，一台布球機一次可以揉四粒布球，每粒重約2～3公斤。

一九八四年南投名間鄉陳清鎮又成功研發出束包機，每粒布球重量增加至約7～8斤，每次揉捻三粒，布巾約四尺方形，至二〇〇〇年時每粒布球重量加至15～20斤，每次揉兩粒，布巾大小約五尺半方形。

布揉次數自一九七六年代至二〇〇〇年止，大約揉20～25次，近二、三年來受到高海拔茶區的影響，布揉次數增加為25～30次之多。目前的布揉製茶，於次晨將隔夜回軟的茶菁（初乾茶菁）用圓筒殺菁一百二十～一百二十五度左右的低溫予以加溫後，以布巾包裹用束包機包揉成團後，放入布球機滾揉，滾揉後投入殺菁機解塊並加溫。如此三種操作為揉茶一次計算，共溫揉3次左右，從第4次至第6次用甲種乾燥機以溫度60～80度的低溫（由於乾燥機沒有鼓風機關係，為免茶菁過愉快速喪失水分，故比殺菁更低溫給溫回軟），操作同前約3次。之後的揉捻為冷揉捻，殺菁機無溫狀態，只予解塊，解塊後束包，束包後以布球機揉捻，如此重複約20～25次，即束包、揉捻、解塊為一次計算，總共揉捻25～30次。一天一人約可製造一百五十～兩百斤粗製茶。

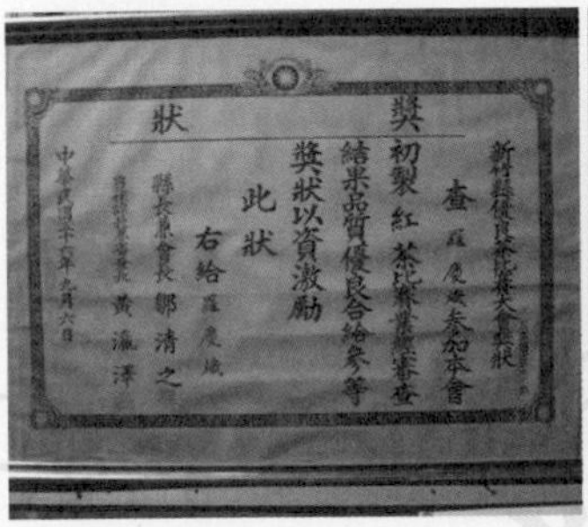

一九五一年台灣茶樹品種栽培面積比較表（單位：公頃）

品種＼縣市	台北縣	宜蘭縣	桃園縣	新竹縣	苗栗縣	台中縣
青心大冇	2,512 21%	72 19%	2,647 32%	3,142 30%	1,720 46%	5 7%
青心烏龍	1,699 14%	85 23%	452 5%	186 2%	240 6%	2 3%
大葉烏龍	398 3%	5 1%	76 1%	111 1%	25 1%	
硬枝紅心	1,708 14%	15 4%	56 1%	21	47 1%	
阿薩姆	433 4%		92 1%	16	50 1%	1 2%
埔心	147 1%		207 2%	194 2%		
蒔茶	808 7%	9 3%	415 5%		140 4%	
黃柑	913 8%		3,814 46%	5,705 55%	771 20%	
紅心大冇			350 4%	1,062 10%	136 4%	
其他	3,368 28%	183 50%	218 3%	26	634 17%	60 88%
合計%	11,986 100%	369 100%	8,327 100%	10,464 100%	3,762 100%	68 100%

全台合計	台北市	基隆縣	屏東縣	台東縣	花蓮縣	南投縣
10,163	5 100%				7 4%	53 2%
3,266		2 3%			5 3%	595 23%
686		71 97%				
1,847						
2,492			1 100%	28 100%	144 89%	1,727 68%
548						
1,418						46 2%
11,208					4 3%	
1,548						
4,601					1 1%	111 5%
37,776	5 100%	73 100%	1 100%	28 100%	161 100%	2,532 100%

一九五一年台灣茶樹品種栽培面積比較表（單位：公頃）

品種＼縣市	台北縣	宜蘭縣	桃園縣	新竹縣	苗栗縣	台中縣	南投縣	台北市	基隆縣
青心大冇	2,175 17%	91 29%	1,514 18%	4,862 40%	1,185 35%	28 21%	6 1%		
青心烏龍	4,644 29%	108 34%	1,232 14%	1,067 9%	684 20%	60 46%	706 48%	2 10%	
大葉烏龍	1,628 10%	8 3%	356 4%	313 3%	141 4%			16 76%	324
硬枝紅心	2,127 13%	2 1%	95 1%	544 5%	112 3%			3 14%	
阿薩姆	122 1%		70 1%		109 3%		609 41%		
其他在來種	4,937 30%	105 33%	5,229 62%	5,225 43%	1,204 35%	44 33%	142 10%		
合計%	16,209 100%	314 100%	8,496 100%	12,011 100%	3,435 100%	132 100%	1,463 100%	21 100%	324

◎一九五二年台灣共有四百三十家製茶工廠，其中粗製茶廠有三百三十二家，精製茶廠有79家，粗兼精製廠共19家。

◎一九五二年綠茶輸出量增為一九四九年的四倍達六百一十五萬公斤，超越其他各種茶類；一九六三年再增至六百二十七萬公斤，佔該年台茶總輸出量46%。

◎一九五四年茶園面積已增至46,000公頃，生產量達13,000公噸，外銷量卻達14,800公噸。

◎一九五五年印度、斯里蘭卡茶葉恢復生產，台灣茶業出口減為7,883公噸。

◎一九五九年台茶種植面積有48,000公頃，為台茶耕作鼎盛時期。

◎一九六○年台茶產量突破20,000公噸。

◎一九六○年日本對煎茶需求量大增，台灣開始大量生產煎茶。

◎一九六一年台灣種植Assam紅茶面積已達1,800餘公頃，其中魚池、埔里及水里茶區即佔1,700公頃左右。

台灣主要優良品種栽培特性與適製性表

台中縣	苗栗縣	新竹縣	桃園縣	宜蘭縣	台北縣	縣市／品種
5 7%	1,720 46%	3,142 30%	2,647 32%	72 19%	2,512 21%	青心大冇
2 3%	240 6%	186 2%	452 5%	85 23%	1,699 14%	青心烏龍
	25 1%	111 1%	76 1%	5 1%	398 3%	大葉烏龍
	47 1%	21	56 1%	15 4%	1,708 14%	硬枝紅心
1 2%	50 1%	16	92 1%		433 4%	阿薩姆
		194 2%	207 2%		147 1%	埔心
	140 4%		415 5%	9 3%	808 7%	蒔茶
	771 20%	5,705 55%	3,814 46%		913 8%	黃柑
	136 4%	1,062 10%	350 4%			紅心大冇
60 88%	634 17%	26	218 3%	183 50%	3,368 28%	其他
68 100%	3,762 100%	10,464 100%	8,327 100%	369 100%	11,986 100%	合計%

全台合計	台北市	基隆縣	屏東縣	台東縣	花蓮縣	南投縣
10,163	5 100%				7 4%	53 2%
3,266		2 3%			5 3%	595 23%
686		71 97%				
1,847						
2,492			1 100%	28 100%	144 89%	1,727 68%
548						
1,418						46 2%
11,208					4 3%	
1,548						
4,601					1 1%	111 5%
37,776	5 100%	73 100%	1 100%	28 100%	161 100%	2,532 100%

◎一九六三年台灣茶園面積達38,372公頃。

◎一九六三年在卑南鄉美農高台地與鹿野鄉永安村台地推廣種類大葉種阿薩姆紅茶供應外銷。

◎一九六三～一九六八年農林廳計畫推廣種植阿薩姆紅茶，其中花蓮縣以推廣新品種台茶七號，台東縣以台茶八號為主，總共推廣種植面積為兩百五十餘公頃。

◎一九六四年台茶外銷量14,900公噸，綠茶是台茶外銷的第四種茶類，主要以北非及日本為主。

◎一九六四年至一九六七年間政府除了輔導茶園更新機械及採摘技術（動力採茶機採茶）以外，同時也研究碎型紅茶的製造技術，建立台灣碎型紅茶的國際市場，同時輔導東部花蓮及台東紅茶的開闢。

◎一九六四年台灣綠茶的輸出量就超過了台灣紅茶而高居首位。台灣綠茶製作比紅茶早，為什麼輸出卻比紅茶晚而且少呢？主要原因是日本統治者壓制台灣炒菁綠茶的發展，怕台灣的綠茶與日本國產的蒸菁綠茶發生競爭，保護日本本國綠茶的茶業利益。

◎一九六五年左右引進日本蒸菁綠茶（煎茶）製造技術及機器設備，開始製造煎茶銷往日本。煎茶輸日本數量由初期（1965～1968）約一百萬至三百萬公斤，逐漸增加至七百萬公斤以上，一九七三年更高達一千兩百萬公斤，製造煎茶工廠達一百二十家，此一時期為台灣煎茶外銷日本的黃金時代。

◎一九六六年坪林鄉公所與坪林鄉農會合辦首次「包種茶優良茶比賽」。

◎一九七〇年代美國每年進口茶葉約7～8千萬公斤，其中由台灣進口約三百二十萬公斤左右，僅佔美國進口茶葉總額4.0％～4.6％，雖然比數微小，每年卻佔台茶外銷總額16.8％，是台茶外銷的重要市場。

◎一九七一年以後，台灣紅茶產地除魚池（埔里茶區）外，還有花蓮鶴岡、台東等地均屬大葉種茶區，而以小葉種紅茶製造者比較少。

民國六十年以後，本省紅茶產地除魚池（埔里茶區）外，還有花蓮鶴岡、台東等地均屬大葉種茶區，而以小葉種紅茶製造者比較少。產品外銷美、英、新加坡、荷蘭等很多國家，由於大葉種製成紅茶其水色艷紅、清澈、香氣醇、滋味濃厚，其品質堪與原產地印度、錫蘭媲美，南投縣生產的大葉種紅茶一般稱為「明潭紅茶」，花蓮鶴岡生產的紅茶稱為「鶴岡紅茶」。

◎一九七一～一九八一年港式飲茶在台灣盛行，台灣茶商用台灣茶菁製作普洱茶。

一九七一年台灣茶樹品種栽培面積比較表（單位：公頃）

縣市＼品種	青心大冇	青心烏龍	大葉烏龍	硬枝紅心	阿薩姆	黃柑	阿薩姆184號	阿薩姆5118號	臺農8號
台北縣	3,169 32%	1,458 14%	365 4%	1,787 18%	224 2%	486 5%			24
宜蘭縣	108 28%	103 26%	5 1%	15 4%		3,033 46%			
桃園縣	2,376 36%	101 1%	67 1%	50 1%	80 1%	5,392 53%			10
新竹縣	3,380 34%	174 2%	105 1%	19	14	698 19%			
苗栗縣	1,695 47%	232 7%	24 1%	45 1%	48 1%				
台中縣	3 20%	2 13%							
南投縣	46 2%	440 21%			1,432 70%				1
台東縣					63 45%		62 44%	15 11%	
花蓮縣	7 5%	5 3%			124 83%	4 3%	8 5%	2 1%	
基隆市			22 92%						
全台合計	10,784 32%	2,515 8%	588 2%	1,916 6%	1,985 6%	9,613 29%	70 0%	17 0%	35 0%

資料來源:台灣省政府農林廳，(台灣茶園調查報告)(南投: 台灣省政府農林廳，1962)，頁25。

臺農121號	臺農105號	臺農101號	其他	合計
3			2,494 25%	10,010 100%
3 1%			156 40%	390 100%
5	1		912 14%	6,635 100%
1		1	1,003 10%	1,088 100%
	1	0	847 24%	3,590 100%
			10 67%	15 100%
			139 7%	2,058 100%
				140 100%
				150 100%
			2 8%	24 100%
11 0%	2 %	2 0%	5,560 17%	33,100 100%

◎一九七三年鹿谷鄉永隆村陳柏收先生研發布球揉捻機成功，一台布球揉捻機一次可以揉捻四粒布球，每粒重約兩～三斤。一九八四年名間鄉松路村陳清鎮先生又成功研發束包機，每粒布球重量增加之約七～八斤，每次揉捻三粒，布斤約四尺方形，至二〇〇〇年每粒布球重量加至十五～二十斤，每次揉兩粒，布斤約五尺半方形。

◎一九七三年全省粗製茶生產量達兩萬八千餘公噸，外銷達兩萬三千餘公噸，其中綠茶佔百分之七十八，創本省有史以來產銷最高紀錄。輸日煎茶創最高紀錄12,990公噸。

◎一九七四年農林廳在南投縣鹿谷設立「高級茶生產專業區」。

四、邁入比賽茶時期（一九七五年至二〇一五年）

年代	一九七五年～二〇一五年
品種	青心烏龍、金萱、翠玉、四季春、武夷、鐵觀音、青心柑仔、青心大冇、黃柑、台茶18號、阿薩姆、碧玉、迎香、紅韻
製法	碧螺春綠茶、紅茶、烏龍茶、白毫烏龍茶、鐵觀音茶、凍頂烏龍茶、高冷茶、高山茶
形狀	條形、球形、半球形（俗稱「直升機型」）

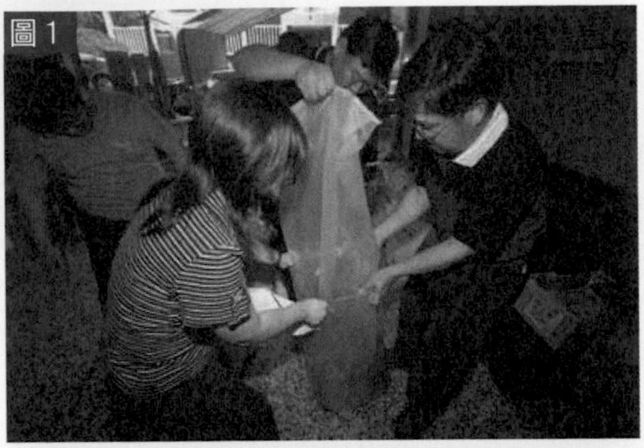
圖1

圖2

圖3

圖4

圖5

圖6

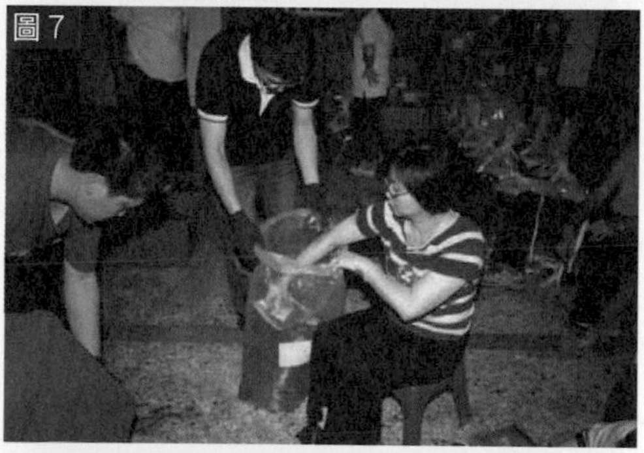
圖7

圖8

◎一九七五年5月17日台灣省政府農林廳委託新店鎮農會首次舉辦全省優良包種茶比賽及展售會，引起內銷茶蓬勃發展。

當時主辦單位台灣區製茶工業同業公會前理事長詹煌順（1975）指出這次的包種茶優良茶比賽展售會，前階段是包種茶比賽會，後階段是茶葉展示會。參加對象為來自全省製造包種茶之茶農或製茶工廠所製造之茶葉，都可以參加比賽，規定每參加一個茶樣，每一茶樣不得低於10公斤。

評茶標準如下：形狀25％，色澤10％，香氣25％，滋味20％，水色10％，茶底10％。

茶葉展示會是將這次包種茶比賽會所參加的二兩二十三個茶樣，在頒獎會中公開展示，並訂有公開標購辦法，讓買賣雙方在主持單位公平協助辦理之下，以合宜價格完成展示交易，當日價位最高者達4.800元1台斤，一般都在三百／斤至五百元／斤之間，開啟了比賽茶展售會的先端。

◎一九七五年梅山鄉龍眼村在林允發帶領一批人到南投鹿谷鳳凰社區取經，民國66年開始植栽綠色金葉於梅山鄉龍眼村海拔一千公尺以上的高山，開啟了高山茶的濫觴。（一九七七年便透過農林廳、嘉義縣政府農業局，選在龍眼、碧湖兩村約10公頃栽種面積做為示範茶園，自新竹縣引入青心烏龍試種，但在缺乏技術及經驗下，茶苗紛紛死亡，有鑑於此，由茶業改良場指導員率村民至鹿谷、名間鄉觀摩學習，翌年便有所起色，從一九八〇年栽種面積開始暴增。

◎一九七六年四月首屆凍頂茶優良茶比賽及展示會交由鹿谷鄉農會執行，參加茶樣一百零四件，每件22台斤，並由農會統一印發包裝用四方型道林紙交農友自行包裝後送交農會統辦，當時就22包中抽1包做評審等之用，評審組由吳振鐸、林復、張瑞成三位組成，以合議方式評審，結果特等是陳世鎧、展示會於鹿谷國小辦理，交易方式是由出品者與顧客自由議價處理，此次為南投縣展售茶葉的開端。民國65~71年僅舉辦春茶展。民國72年開始舉辦春、冬茶比賽。

◎一九七八年名間鄉農會辦理第一場優良茶展示比賽，共八十七名茶農參加。聘請台茶之父吳振鐸老師指導品評，奠定良好基礎。

◎一九七八年二月由南投縣政府林啟三技正會同李穀謨先生及畫家簡書桐先生設計凍頂烏龍茶與松柏長青茶罐裝新包裝5種，交嘉義嘉南製罐廠製罐後交產地與茶行參酌使用。

◎一九八〇年中期退輔會福壽山農場開始種植茶葉，當地果農陳金地先生在同時由名間茶區引進茶苗種植於梨山蘋果園中間作，演變成為現在世界上最貴的烏龍茶。

◎一九八〇年龍潭鄉農會首次舉辦優良包種茶競賽。

◎一九八〇年五月農林廳主辦凍頂茶優良茶比賽及展售會交鹿谷鄉農會執行，參加茶樣四百四十三件，由張瑞成、林啟三評審，結果特等由康誌合獲得。

◎一九八〇年五月名間鄉農會69年松柏長青茶春茶比賽與展示會初次分烏龍及武夷兩組，入圍者分松級，及柏級參加茶樣計五百五十二件，經吳振鐸及林啟三評審，結果烏龍組特等是連慶為，武夷組特等是李維成獲得。

◎一九八〇年金萱、翠玉尚未命名（一九八一正式命名），茶農已經量產，因沒有正確名稱，茶農以試驗品系編號2027之後二數27稱呼。

◎一九八一年十二月：

1.南投縣凍頂茶葉生產合作社舉辦首屆冬季凍頂茶優良茶比賽，參加茶樣一百五十七件。

2.南投縣茶商業同業公會精製茶比賽，參加茶樣兩百九十六件。

◎一九八二年王泰友親自到東部花蓮瑞穗鄉栽種茶園，並自設工廠傳授球形包種茶的製茶技術。雖然自一九三九年起南投名間鄉已有部分茶農習得球形包種茶的製法，但當時市場仍以條形包種茶為主流，直至一九八五年左右南投名間茶區才開始有球形茶應市。

◎一九八一年鹿谷鄉農會比賽茶包裝改用印好的紙套來包裝，外加包裝盒。冬茶比賽將原本入圍獎項細分為：二朵梅、三朵梅、三等獎、二等獎、頭等獎、特等獎共六個級。

◎一九八二年當時省主席李登輝先生蒞臨巡視，品嚐後讚不絕口，認為此乃台東縣鹿野鄉人之福，因而命名為「福鹿茶」。

◎一九八二年四月～五月南投縣政府主辦南投縣農會執行南投縣第一屆茶藝活動其內容如下：

1.南投縣優良茶比賽及展示八百五十五件。

2.選拔表揚十大傑出茶農陳芳烈、康青雲、蘇存義、蘇猛、李石鄰，李味、張春夏、鄭瑞文、李南山等10名。

3.四月二十一日在名間鄉松柏嶺舉辦手採茶菁比賽計30人參加。

4.四月二十二、二十三日在鹿谷鄉鳳凰村台大實驗林製茶所舉辦製茶比賽選手40人參加，並於五月八日在縣府頒獎，同時舉辦園遊會品嚐縣內特產。

5. 五月七日在縣府禮堂舉辦茶藝講座，聘請吳振鐸場長及台大教授劉榮標講演。

◎一九八三年五月

1. 竹山鎮公所於72年五月舉開竹山茶命名檢討會後報請吳敦義縣長命名為「竹山烏龍茶」。
2. 首屆「竹山烏龍茶」優良茶比賽由竹山鎮公所主辦，計一百四十七件參加聘請吳振鐸場長、林啟三技正評審，結果特等由羅宗慶獲得，並於五月十四日在竹山國小禮堂頒獎及展售。

◎一九八三年整個名間茶區在兩年內全部由手採轉為機採。

◎一九八三年峨眉鄉農會首次舉辦優良「椪風茶」比賽。

◎一九八三年頭份鎮農會首次舉辦「苗栗縣優良明德茶及福壽茶比賽。

◎一九八四年竹山鎮農會首次舉辦「杉林溪烏龍茶」優良茶比賽。

◎一九八四年鹿谷鄉農會比賽茶春茶開始採用紙罐包裝再外加包裝盒。

◎一九八四年南投名間鄉陳清鎮成功研發出束包機，每粒布球重量增加至約7～8斤，每次揉捻三粒，布巾約四尺方形，至二〇〇〇年

時每粒布球重量加至15~20斤，每次揉兩粒，布巾大小約五尺半方形。

◎一九八四年六月十六日~七月二日於台灣省博物館舉辦台灣省七十三年茶葉包裝設計比賽暨展示。

◎一九八五年從一九八五年左右起，高山茶「清香」風味逐漸成形，加工技術也漸成熟，高山茶天生優良的品質加上優雅的清香風味在台灣颳起新風潮，於一九九〇年代成為繼凍頂烏龍茶之後，台灣最重要的茶品。

◎一九八五年梅山鄉農會首次舉辦冬季梅山鄉優良茶比賽。一九八八、一九八九年嘉義縣農會拿回自己辦。

◎一九八五~一九八六年期間由鹿谷鄉長林義雄、林勝武、陳達學等人陸續於大崙山區開墾孟宗竹林地改而種植烏龍茶種，於生產後因比較接近杉林溪遊樂區，所以取名杉林溪高山茶以利推廣行銷。

◎一九八五年十二月：

1. 鹿谷鄉農會凍頂烏龍茶比賽創辦分級比賽，計分特等、頭等、二等、三等及三朵梅花、二朵梅花六級反應良好。

2. 茶業改良場育成新品種台茶14號（白文）初次分配茶苗二百株給南投縣，由於農民試種興趣頗高，仍自行向北部母樹園購苗種植者眾多，但後來製茶時始發現春茶苦味太重且外觀顏色不對致逐年廢耕，目前幾乎絕跡。

◎一九八六年根據記載大溪自清朝「嘉慶」、「道光」年間，即普種茶葉，享有盛名，故茶為大溪特產之一。為緬懷蔣公德澤，特以其故鄉之名，於民國七十五年將大溪茶葉命名為「武嶺茶」。

◎一九八六年十二月埔里鎮農會首次舉辦烏龍茶比賽及展示會，一百三十二件參加，由何信鳳、林啟三評審並以「紹興烏龍茶」名義推出。

◎一九八六年五月：

1.竹山鎮農會自本年春茶優良茶比賽會開始以「茶花」為分級標誌，花朵愈多品質愈好。

2.仁愛鄉農會主辦首次高海拔茶區之「霧社高山茶」品評，會於五月九曰在仁愛鄉民眾服務分社舉行，參加茶樣71件由林技正啟三評審並當天頒獎。

3.鹿谷鄉農會為建立評茶制度，公開甄選，通過四階段最後選拔16位初審員，在魚池茶業改良何信鳳場長、吳文魁先生及縣府林技正啟三三位複審，如此才順利應付3,000件以上之優良茶比賽順利審查。

◎一九八六年日本人津志田於一九八六年發展出來的佳葉龍茶，是一種新型態的特殊茶，之後台灣也開始製作佳葉龍茶。

一九五九～一九八六年台灣茶葉產地之變遷（單位：公頃）

項目＼縣市	合計	台北市	台北縣	宜蘭縣	桃園縣	新竹縣	苗栗縣
一九五九年	48,442	65	17,101	431	9,820	12,853	5,154
一九八六年	24,584	175	5,175	779	3,021	6,767	1,982
增減實數	(-)23,858	(+)110	(-)11,926	(+)348	(-)6,799	(-)6,086	(-)3,172
增減百分比	(-)49.25	(+)169.23	(-)69.74	(+)80.74	(-)69.24	(-)47.35	(-)61.54

※一九八六年出口轉內銷關鍵年

台中縣	145	--	(+)145	--
南投縣	2,478	4,621	(+)2,143	(+)86.48
雲林縣	--	215	(+)215	--
嘉義縣	--	806	(+)806	--
高雄縣	--	70	(+)70	--
屏東縣	2	16	(+)14	(+)700.00
台東縣	11	509	(+)498	(+)4,527.27
花蓮縣	50	439	(+)389	(+)778
基隆市	332	9	(-)323	(-)97.28

資料來源:台灣省政府農林廳編印，(台灣省茶園調查報告)(南投:台灣省農林廳，1987)，頁16。

一九八六年台灣茶樹品種栽培面積比較表（單位：公頃）

縣市＼項目	青心大冇	青心烏龍	黃柑	台茶新品種	其他	合計
台北市	20 11.43%	70 40%		9 5.14%	76 43.43%	175 100%
台北縣	976 18.86%	1,523 29.43%	120 2.32%	26 50%	2,530 48.89%	5,175 100%
宜蘭縣	84 10.78%	609 78.18%		22 2.82%	64 8.22%	779 100%
桃園縣	1,531 50.68%	25 0.83%	1,012 33.5%	70 2.31%	383 12.68%	3,021 100%
新竹縣	2,970 43.96%	232 3.43%	3,325 49.22%	97 1.44%	132 1.95%	6,756 100%
苗栗縣	1,022 51.56%	257 12.97%	236 11.91%	62 3.13%	405 20.43%	1,982 100%
南投縣		3,244 70.20%		492 10.65%	885 19.15%	4,621 100%
雲林縣		193 89.76%		19 8.84%	3 1.40%	215 100%

全台合計	新竹市	基隆市	花蓮縣	台東縣	屏東縣	高雄縣	嘉義縣
6,697 27.24%	10 90.91%		84 19.13%	10 1.96%			
7,514 30.56%		9 100%	136 30.98%	414 81.34%		53 57.71%	739 91.69%
4,693 19.09%							
929 3.78%	1 9.09%			55 10.80%	16 100%		61 7.57%
4,751 19.33%	11 100%		219 48.89%	30 5.90%		17 24.29%	6 0.74%
24,584 100%		9 100%	439 100%	509 100%	16 100%	70 100%	806 100%

一九九三年台灣茶樹品種栽培面積比較表（單位：公頃）

縣市＼項目	青心大冇	青心烏龍	台茶十二號	台茶十三號	四季春	武夷	其他	合計
台北縣	278.12 9%	1,636.82 51%	102.09 3%	25.85 1%	0.80 0%	24.98 1%	1,140.16 36%	3,208.82 100%
宜蘭縣	17.5 3%	412 69%	97.70 16%	32.17 5%		26.54 4%	9.88 3%	595.8 100%
桃園縣	1,289.82 81%	76.56 5%	76.87 5%	5.10 0%	1.10 0%	5.10 0%	140.24 9%	1,594.79 100%
新竹縣	1,432.85 59%	182.30 8%	81.83 3%	26.48 1%	0.60 0%	2.50 0%	712.38 29%	2,440.44 100%
苗栗縣	829.35 64%	257.71 20%	41.44 3%	15.46 1%	18.46 1%		142.73 11%	1,305.15 100%
台中縣		44.81 92%	0.90 2%	3.00 6%				48.70 100%
彰化縣		10.4 89%	0.2 3%		0.80 8%			11.4 100%

合計	花蓮縣	台東縣	屏東縣	高雄縣	台南縣	嘉義縣	雲林縣	南投縣
3,900.05 19%	15.68 6%	33.33 4%						3.4 0%
10,245.19 49%	151.20 55%	647.3 83%		85.45 58%		1,730.66 86%	303.23 63%	4,705.25 58%
2,540.71 12%	48.30 18%	68.67 9%	11.50 61%	55.90 38%	1.30 100%	276.98 14%	130.22 27%	1,546.81 19%
922.08 4%	17.35 6%	22.46 3%					28.58 6%	745.63 9%
672.05 3%	3.67 1%			1.35 1%		6.70 0%	16.00 3%	622.57 8%
210.05 1%	20.83 8%	2.50 0%	7.50 39%					120.10 1%
2,573.99 12%	15.69 6%	5.60 1%		3.76 3%		1.30 0%		402.25 5%
21,064.12 100%	272.72 100%	779.86 100%	19.00 100%	146.46 100%	1.30 100%	2,015.64 100%	478.03 100%	8,146.01 100%

資料來源:台灣省政府農林廳，(台灣茶園調查報告)(南投:台灣省政府農林廳，1994)，頁10。

台灣各茶區特色茶名稱及產地一覽表

縣市別	特色茶名稱	產地
台北縣市	木柵鐵觀音茶	台北市木柵（文山區）
	南港包種茶	台北市（南港區）
	文山包種茶	坪林、石碇、新店、汐止、深坑
	石門鐵觀音茶	石門鄉
	海山龍井茶、海山包種茶	三峽鎮
	龍壽茶	林口鄉
桃園縣	龍泉茶	龍潭鄉
	蘆峰烏龍茶	蘆竹鄉
	壽山名茶	龜山鄉
	武嶺茶	大溪鎮
	梅台茶	復興鄉
	秀才茶	楊梅鎮
	金壺茶	平鎮市
新竹縣	六福茶	關西鎮
	長安茶	湖口鄉
	東方美人茶(椪風茶)	北埔鄉、峨眉鄉、
苗栗縣	苗栗烏龍茶	造橋鄉、獅潭鄉、大湖鄉
	苗栗椪風茶	頭屋、頭份、三灣一帶

南投縣	凍頂茶（凍頂烏龍茶）	鹿谷鄉
	松柏長青茶	名間鄉
	青山茶	南投市
	竹山烏龍茶、竹山金萱、杉林溪烏龍茶	竹山鎮
	玉山烏龍茶	水里鄉、信義鄉
	二尖茶	中寮鄉
	霧社盧山烏龍茶	仁愛鄉
	日月紅茶	魚池鄉
雲林縣	雲頂茶	林內鄉
	嘉義縣	梅山鄉
	阿里山珠露茶、竹崎高山茶	竹崎鄉
	阿里山烏龍茶	番路鄉、阿里山鄉
高雄縣	六龜茶	六龜鄉
屏東縣	港口茶	滿州鄉
宜蘭縣	素馨茶	冬山鄉
	五峰茶	礁溪鄉
	玉蘭茶	大同鄉
	上將茶	三星鄉
花蓮縣	天鶴茶、鶴岡紅茶	瑞穗鄉
台東縣	福鹿茶	鹿野鄉
	太峰高山茶	太麻里鄉

◎一九八六年十二月七日台中市茶商業同業公會為紀念先總統蔣公百年誕辰舉辦「冬季茶品」展示會。

◎一九八七年竹崎鄉石卓茶區，海拔約1,200～1,400公尺，品種以青心烏龍為主，茶園面積約一百公頃，於民國七十六年蒙謝東閔副總統命名為「阿里山珠露茶」。

◎一九八七年十二月南投縣凍頂茶葉生產合作社舉辦凍頂烏龍茶比賽新增新品種。

◎一九八七年十二月鹿谷鄉永隆社區發展協會首次舉辦優良茶比賽及展示會，計574件茶樣參加。

◎一九八七年五月國民天地雜誌社首次舉辦「陸羽獎」與「逍遙茶王」優良高山茶競賽，分烏龍茶與新品種組。

◎一九八八年五月鹿谷鄉公所首次辦理凍頂茶春季比賽及展售會，計五百〇三件參加。

◎一九八八年三峽鎮農會首次舉辦優良綠茶競賽。

◎一九八八年十二月信義鄉農會首次以「玉山烏龍茶」名義辦理優良茶比賽及促銷會，有319件參加。

◎一九八八年名間鄉農會應用冷凍技術將秋茶半成品冷凍，冬茶生產時完成初製茶，提高茶價，靠冷凍技術疏解揉捻工人缺乏及賺取冬茶與秋茶間的差價，更因而發展出冷凍茶的喝法，流行了好幾年，茶葉真空包裝率先在名間鄉茶區使用。

◎一九八八、一九八九年嘉義縣農會拿回自己辦。一九九三年由嘉義縣政府主辦，梅山鄉農會承辦，並訂為優良阿里山高山茶競賽。

◎一九八九年鹿谷鄉農會比賽茶包裝採用半斤鐵罐裝，外加包裝紙盒。

◎一九九〇年代採用烏龍茶為主要茶料，與天然的甘草粉（或雞母珠）、西洋參葉粉、桂花（或香草豆、玫瑰提取物）為添香的配料，混合攪拌並焙火乾燥提香而成人參烏龍茶（在大陸稱為蘭貴人茶）。或用人參葉熬汁後灑在半成品茶葉上再烘乾，製造出有人參味的烏龍茶，目前有許多有人參味的老茶都是這種方式製造留存下來的。

◎一九九一年嘉義縣製茶業職業工會於民國80年冬季辦理首屆嘉義縣高海拔優良茶比賽，參賽組別分為烏龍茶組、新品種茶組共2組。持續兩年冬季舉辦，82年起暫時停辦。

◎一九九一年宜蘭縣政府與茶商公會為加強縣內茶葉促銷推廣較便利，故於民國八十年時任縣長的游錫堃先生命名為「蘭陽名茶」。

◎一九九一年四月十五日當時行政院政務委員吳伯雄先生蒞臨太麻里鄉與金鋒鄉境內的金針山巡視時，特請其命名為「太峰高山茶」以利茶葉促銷。

◎一九九一年十二月中寮鄉公所首次主辦『二尖茶』優良茶比賽及展示會。

◎一九九一年左右採茶工開始戴刀片採茶菁。

◎一九九三年茶農陳榮守引進茶葉電腦色澤選別撿梗機械，改變初製茶買賣型態。沒撿梗的初製茶，茶商不願採購，如此可從撿梗代工廠統計出該茶區的年產量。

◎一九九三年頭份鎮農會將「苗栗縣優良福壽茶比賽」更名為「椪風烏龍茶優良茶比賽」。

◎一九九三年由嘉義縣政府主辦，梅山鄉農會承辦，並訂為優良阿里山高山茶競賽。

◎一九九四年台中市茶商業同業公會首次舉辦「冬季高山茶」優良茶比賽。

◎一九九四年民間人士游福賜舉辦第一屆杉林溪高山茶金牌大賞。

◎一九九七年冬季，因嘉義縣製茶業職業工會內部重整改組成立嘉義縣製茶業職業工會茶業發展委員會，執行舉辦接續每年春、冬兩季比賽並持續至今，參賽組別分為烏龍茶組以及金萱茶組。

◎一九九七年鹿谷鄉農會凍頂烏龍茶比賽實施真空充氮包裝。

◎二〇〇〇年鹿谷鄉農會比賽茶採用小罐裝放脫氧劑。

◎二〇〇一年起鹿谷鄉農會比賽茶春茶採用一條龍排名茶特殊包裝禮盒設計。

一九九一～二〇〇二年台灣茶葉產地之變遷（單位：公頃）

項目 縣市	1001年	2002年	增減實數	增減百分比
合計	24,130	19,209	(-) 4,921	(-) 20
台北縣	4,937	3,258	(+) 1,679	(-) 34
宜蘭縣	746	551	(-) 195	(-) 26
桃園縣	2,346	1,190	(-) 1,156	(-) 49
新竹縣	5,290	1,346	(-) 3,944	(-) 75
苗栗縣	1,639	942	(-) 697	(-) 43
台中縣	25	52	(-) 27	(-) 108
彰化縣	8	13	(+) 5	(+) 63
南投縣	6,183	8,099	(+) 1,916	(+) 31
雲林縣	296	472	(+) 176	(+) 59
嘉義縣	1,473	2,235	(+) 762	(+) 52
台南縣	2	1	(-) 1	(-) 50
高雄縣	169	218	(+) 49	(+) 29
屏東縣	19	30	(+) 11	(+) 58
台東縣	600	651	(+) 51	(+) 9
花蓮縣	394	151	(-) 243	(-) 62
基隆市	2	0	(-) 2	(-) 100

◎二〇〇一年四月二十日台北縣三峽鎮農會舉辦碧螺春優良茶比賽極品名大會，同時有創意茶餐競賽。

◎二〇〇二年七月中旬花東兩縣九位農會總幹事，組成「花東茶區策略聯盟」，並推舉台東縣農會總幹事賴文俊先生為召集人，玉溪農會總幹事陳宣雄先生為副召集人，鹿野地區農會總幹事潘永封先生為執行祕書，太麻里、台東、關山、瑞穗、富里地區農會及花蓮縣農會總幹事為當然委員，此聯盟之組成為台灣茶業界第一個茶區策略聯盟。會中並決議花東的茶區4策略聯盟茶葉銷售名稱將以「縱谷好茶」為名重新包裝出發。

◎二〇〇三年三月茶業改良場協助名間鄉特用作物加碼茶班，研發出飽含維生素等元素的「加碼茶」，三月間推出後一炮而紅。

◎二〇〇四年桃園縣龍潭鄉農會首次舉辦優良椪風茶比賽，以「縱谷好茶」為名重新包裝出發。

◎二〇〇四年十月名間鄉農會舉辦「全國第一場有機茶競賽」。

◎二〇〇四年十二月六日由行政院農委會茶業改良場主辦的「第一屆全國冠軍茶競賽冠軍茶」得主是嘉義縣梅山鄉茶農葉顯中、林玫美夫妻。

◎二〇〇四年桃園縣龍潭鄉農會首次舉辦優良椪風茶比賽。

◎二〇〇四年十二月台灣茶賽聯盟首創以茶葉分級比賽茶包裝方式分特等獎、頭等獎、三等獎三個等級進駐加樂福賣場。

◎二〇〇五年六月仁愛鄉農會改以「合歡山高山茶」舉行優良茶比賽及展示會。

◎二〇〇六年一月第三屆台灣第一好茶清香組半球型包種茶競賣創下歷史新高一斤一百八十萬元。

◎二〇〇六年五月桃園縣府首度舉辦桃園縣春季優良包種茶比賽。

◎二〇〇六年六月八日台中縣政府舉辦首屆「梨山茶春季優良茶評選」，梨山茶農甯立強栽種的春茶獲「特等獎」。

◎二〇〇六年七月四日~八月十二日台灣省茶商業同業公會聯合會舉辦「2006世界名茶評鑑」暨「天下第一好茶選拔」

◎二〇〇六年八月十九日從六月起台北市茶商業同業公會舉辦「現代奉茶精神創意海報設計競賽」，本日截止收件。

◎二〇〇六年十二月四日全國規模最大的鹿谷鄉農會冬茶比賽，今年共有5096人報名，3日完成繳茶，結果只有六人未繳，繳交率幾達百分之百，共計5090茶樣。

◎二〇〇六年十二月十八日阿里山茶葉生產合作社將舉辦冬季優良茶比賽，為鼓勵茶農踴躍參加，特別提供1部價值約70萬元休旅車等大獎，讓參賽茶農摸彩。

◎二〇〇七年五月南投縣茶商業同業公會九十六年春季茶賽首次增加「台灣凍頂老茶組」競賽。

◎二〇〇七年行政院農業委員會農糧署為配合新農業運動，結合人、物及地的行銷，將民國

93年起所舉辦的「全國優質茶競賽」改辦為「十大經典名茶選拔」。

◎二〇〇七年九月凍頂茶葉生產合作社白露茶賽首次增加「老茶組」競賽。

◎二〇〇七年十月十二日台灣茶協會於台北市人和齋餐廳舉辦台灣第一屆優質有機茶評鑑分級選拔比賽與頒獎典禮。

◎二〇〇七年全縣改制名稱為嘉義縣高海拔優良茶比賽，參賽組別分為青心烏龍組及金萱茶組。

◎二〇〇七年十月十二日台灣茶協會上午9：30於台北市人和齋餐廳舉辦台灣第一屆優質有機茶評鑑分級選拔比賽與頒獎典禮。

◎二〇〇七年十二月花東茶區策略聯盟舉辦的縱谷好茶比賽首度增加「蜜香紅茶」組。

◎二〇〇八年五月花東茶區策略聯盟因花東兩縣參賽茶農屬性不同，決定各自舉辦比賽。

◎二〇〇八年五月南投縣茶商業同業公會增加高冷茶組，成為所有比賽場最多組別（烏龍茶組、金萱茶組、翠玉茶組、四季春茶組、凍頂老茶組、高冷茶組共六組）的主辦單位。

◎二〇〇九年春季起與嘉義縣阿里山茶業協會共同舉辦此競賽活動，並由嘉義縣阿里山茶業協會為主辦單位，嘉義縣製茶業職業工會為承辦單位。

民國98年由嘉義縣阿里山茶業協會為主辦單位，嘉義縣製茶業職業工會為承辦單位，冬季比賽名稱改為嘉義縣阿里山高山優良茶比賽。

◎二〇〇九年九月二十二、二十三日三峽鎮農會在成福茶菁集散中心舉辦三峽鎮第二屆『蜜香紅茶』製茶比賽。

◎二〇〇九年十二月三十日《揭開比賽茶的神祕面紗》改版，並推出全台灣限量《揭開比賽茶的神祕面紗》紀念茶。

四〇〇年來台灣茶第一次，台灣茶產業的震撼；台灣茶產業的驕傲、最強組合；推出最能代表台灣茶的頂級茶組；

1. 由四十二位茶葉達人中選四位茶葉達人。
2. 精選台灣四種特色茶。
3. 每位茶葉達人均得過五次以上特等獎。
4. 集四位茶葉達人的智慧與技術。
5. 四位茶葉達人以得特等獎的心境，嚴製茶葉，共同推出最能代表台灣的紀念茶。
6. 全球限量兩百四十組。
7. 本產品投保華南產物保險公司一仟萬元產品責任險。

※四位茶葉達人如下：

三峽碧螺春綠茶—黃正忠

木柵鐵觀音茶—張慶泉

蜜香紅茶—高肇昫

台灣高山茶—張慶松

各比賽茶頒獎典禮

◎二○一○年九月八日舉辦第一屆桃園縣優質紅茶（桃映紅茶）評鑑比賽。

◎二○一○年五月一日～六月十五日由台灣茶協會、世界茶聯合會所主辦「第八屆國際名茶評比」在台灣舉行，比賽分清香組、熟香組、紅茶組、東方美人組、包種組、有機茶組。

◎二○一○年六月四日南投縣政府決定以最負盛名的日月潭為標誌，統一將南投茶取名「日月潭茶」，盼打響南投茶名號。

◎二○一○年六月十九、二十七日南投縣政府首次假中興新村舉辦「南投世界茶業博覽會」，活動自六月十九日至二十七日，為期九天，活動當中還有「千人茶會」，此次茶會有兩千人露天泡茶應可列入金氏世界紀錄與黃金特等茶品嚐會及世界各國茶道文化展。

◎二○一○年十二月十一日宜蘭縣茶業發展協會舉辦的「宜蘭茶」冬季優良茶評選。

◎二○一一年左右從大陸引進整型用茶葉豆腐擠壓機，改變了布團揉工序，讓茶枝更容易包覆於半球型的茶乾內。

◎二○一一年一月八日南投縣農會主打新推出「南投茶經」禮盒，嚴選優良茶農茶種，名間松柏嶺四季春、南投青山金萱烏龍、鹿谷凍頂、魚池日月潭紅玉紅茶，還有仁愛合歡山、竹山杉林溪、信義玉山和仁愛大禹嶺高山烏龍茶。

◎二○一一年五月二十一日、二十二日及五月二十八日、二十九日宜蘭縣三星鄉舉辦「玉蘭茶香節」。

◎二〇一一年五月二十二日由梅山鄉農會所舉辦嘉義縣阿里山高山茶春茶比賽二十二日在梅山公園頒獎暨展售會。

◎二〇一一年五月二十二日（星期日）阿里山茶葉生產合作社民國一百年春季優良茶比賽暨展售。

◎二〇一一年五月二十八日阿里山鄉農會2011春季優良茶比賽頒獎展售。

◎二〇一一年五月二十八日竹山鎮農會2011春季杉林溪高山茶比賽頒獎與展售會。

◎二〇一一年五月二十八日（星期六）鹿谷鄉永隆、鳳凰社區凍頂茶推廣委員會一〇〇年度春季傳統凍頂烏龍茶展售會。

◎二〇一一年六月四日南投鹿谷鄉鹿谷農會舉行凍頂烏龍茶春茶展售會，去年鹿谷農會冬茶特等獎茶一斤十萬元，今年因而創新高飆到十五萬元。

◎二〇一一年六月四日（星期六）鹿谷鄉凍頂烏龍茶生產合作社一〇〇年春季比賽茶頒獎與展售會。

◎二〇一一年六月十日（星期五）石碇區農會二〇一一年度春季優良文山包種比賽頒獎。

◎二〇一一年六月十八日南投縣茶商業同業公會一〇〇年春季比賽茶頒獎。

◎二〇一一年六月十九日由嘉義縣製茶會與廈門茶葉協會及廈門晚報共同主辦的首屆海峽兩岸鬥茶爭霸賽，在大陸廈門登場。

◎二〇一一年七月二十二日苗栗東方美人茶評鑑競賽，一連兩天在頭份鎮農會舉行，今年共有五百二十二件參賽，打破歷年紀錄，競爭激烈。22日下午進行複評及揭曉冠軍茶王，由頭份茶農鄧國權拿下，馬上就被以每台斤八萬元的高價收購一空。

◎二〇一一年七月廿三日台中市政府在梨山舉辦「二〇一一台中農產果真讚」農特產品展售活動，今天在豐原陽明大樓舉辦梨山水蜜桃暨梨山茶評鑑頒獎，會中市長胡志強為梨山高山茶則正名為「梨山高茶」，胡市長並主持梨山特等茶的競標，最後由聚合發建設公司以四十萬元得標，款項將全數捐給惠明盲校。

◎二〇一一年七月二十七日三峽區農會舉辦優良紅茶「三峽蜜香紅茶」比賽。

◎二〇一一年八月五日桃園縣舉辦首屆全國東方美人茶競賽標茶活動，四日在桃園登場，獲得特等獎的苗栗茶農鄧國權茶葉，由新竹縣農會總幹事戴錦源以一斤五十六萬八千元得標。

◎二〇一一年八月七日由新竹縣政府所舉辦的東方美人茶（膨風茶）特等獎由徐耀良獲得，特等獎以1斤16萬元賣出。

◎二〇一一年九月十日從台灣移居馬祖的建商邱垂旺，偶然發現老茶樹，開啟他的「茶農人生」，四年前毅然投入七百萬，在馬祖開闢茶園，今年首創「馬紅」馬祖紅茶。

◎二〇一一年十月坪林公所舉辦文山包種茶設計比賽。

◎二〇一一年十月台灣省茶商業同業公會聯合會舉辦第一屆「台灣二〇一一年全國陳年老茶品質鑑定競賽會」。

◎二〇一一年十月二十二日～三十日南投縣政府假中興新村舉辦第二屆「南投世界茶業博覽會」

◎二〇一一年十二月二十五日民國一百年冬季鹿谷鄉農會比賽茶參加件數破紀錄達7,413多件，世界最大比賽茶場實至名歸。

◎二〇一一年十二月台灣茶賽聯盟協會評鑑分級茶中的新品種熟香型頭等獎進三大超商（萊爾富、全家、OK）二〇一二年春節檔期銷售。進入此通路銷售必須農殘符合國家安全、大腸桿菌群、塑化劑、防腐劑都需符合安全才能上架，品質與安全絕對值得信任。

◎二〇一二年十二月台灣傑出農業專家發展協會與台灣茶訊共同舉辦『二〇一二世界烏龍茶大賽』分烏龍茶——清香型與熟香型兩組。

◎二〇一三年春季參賽組別另增設了一組，為青心烏龍組、金萱茶組、韻香烏龍組共三組。

◎二〇一三年六月南投縣特等茶王文化協會舉辦第一屆台灣特等茶王競賽。

◎二〇一三年南投縣凍頂茶葉生產合作社增加舉辦蜜香貴妃茶組。

◎二〇一四年十二月台灣傑出農業專家發展協會與台灣茶訊共同舉辦「二〇一四台灣烏龍茶大賽」分烏龍茶——清香型與熟香型；文山包種茶組；東方美人茶組共四組。

◎二〇一五年六月南投縣政府舉辦首屆「縣長杯」優良茶比賽。

PS：如有疏漏或錯誤歡迎提供資料與指正。謝謝！

散裝、大宗量多的老茶，老王賣瓜自賣自誇的狀況太多，沒有一定標準，消費者不知如何挑選，因此南投縣茶商業同業公會理事長李源峰於二〇〇七年春季比賽茶時增列「烏龍老茶組」，試圖建立一套「烏龍老茶」的標準，剛開始還擔心沒人報名，還好報名截止時有一百五十多件報名，這次比賽鼓舞了台灣「陳年老茶」比賽的風潮。陸續才有凍頂茶葉生產合作社與台灣省商業同業公會聯合會舉辦「凍頂老茶比賽」與「全國陳年老茶品質鑑定競賽會」。

這些老茶比賽奠定了三個方向：一是台灣老茶的某些標準；二是把垃圾變黃金；三是讓消費者確認了老茶的標準與一定年份。

目前台灣地區計有三場較大的老茶競賽，分別是：台灣省商業同業公會聯合會舉辦之「全國陳年老茶品質鑑定競賽會」、南投縣茶商業同業公會舉辦之「烏龍老茶比賽」及凍頂茶葉生產合作社舉辦之「凍頂老茶比賽」。其評審標準皆以自然陳化陳年老茶為依據訂定競賽規則，三場競賽之評審標準概述如下。

比較可惜的是因為包裝的關係，這三場外形都以「蝦形捲」與「半球型緊結」為主，而把北部條形老茶以裝不下為由排除在比賽茶之外，因此這三場老茶比賽的茶齡約落在25～35年間，超過35年以上的老茶則無緣參賽，即使參賽也會因包裝不下被淘汰。

老茶比賽

一、特色

傳統凍頂烏龍茶，看重製程功夫，茶香具有濃郁的花香，加以適當的焙火，讓茶湯展現出紅水、涼喉、甘苦等特色，經長時間的儲藏後，傳統凍頂烏龍茶的香氣與滋味在歲月中自然轉化，造就出珍品凍頂老茶。其茶湯琥珀，入口濃醇，深沉內斂的熟果酸味隱現濃甜花香，層次多變，堪稱絕品。

二、品質要求

南投縣茶商業同業公會「台灣凍頂老茶組」比賽茶：外觀勻整蝦形捲，茶湯濃醇色琥珀，熟果酸味甜花香。

鹿谷鄉凍頂茶業合作社「白露茶」凍頂老茶組：茶湯入口要柔順清涼，不能有煙焦黴味，並具弱梅果酸獨特的香氣。

三、評審標準

（一）南投縣茶商業同業公會「台灣凍頂老茶」比賽茶評審標準：

外觀勻整蝦形捲，茶湯濃醇色琥珀，熟果酸味甜花香，甘潤平和稱上品。外觀梗多粗老、葉底焦火黴陳味、滋味苦澀淡薄，為下品。

外觀	水色	香氣	滋味	葉底	合計
10％	10％	30％	40％	10％	100％

（二）鹿谷鄉凍頂茶業合作社「白露茶」凍頂老茶組：

凍頂老茶所交之老茶茶樣外觀需呈平球型、均勻整齊，直條型茶葉及烘焙碳化之茶葉不予入圍。

◎茶乾：外觀勻整蝦形捲，具微梅果酸獨特的香氣，自然熟成的陳茶香味！

◎茶湯：清澈紅潤，如琥珀醇膠。

◎滋味：茶湯一入口，味蕾變化豐富，先嚐到自然微酸梅子味，再轉換甘甜柔順的茶香充滿口腔，入喉後韻味極佳略帶微涼喉感，滋味更勝頂級普洱茶！

外觀	水色	香氣	滋味	葉底	合計
10％	20％	20％	40％	10％	100％

1.滋味（40％）：茶湯入口清涼、柔順無苦澀味、弱果酸。

2.香氣（20％）：陳年茶香、深沉優雅、不具煙焦黴味。

3.水色（20％）：琥珀透明、杯底明亮。

4.外觀（10％）：呈半型均匀整齊、古銅色澤、不具粗梗老葉。

5.葉底（10％）：展開完整、膨鬆乾爽。

（三）台灣省茶商業同業公會聯合會舉辦「全國陳年老茶品質鑑定」標準

外觀	水色	香氣	滋味	葉底	合計
10％	20％	20％	40％	10％	100％

評審評分達到80～85分者給予優質獎；86～90分者給予銅牌獎；91～95分者給予銀牌獎；96分以上者給予金牌獎。

比賽茶樣品種要求為20～30年陳年後發酵老茶，不分品種，半球型緊結為標準。評分辦法如下：

1.滋味（40％）：茶湯飽滿厚實，順喉韻味足，茶湯呈現自然香氣，茶水有微梅果酸為佳。茶湯味淡、澀生、焦味、重酸味、臭酸味者非上品。

2.香氣（20％）：茶葉開湯帶有陳香、梅香、人參香、木質香、檀木香，以茶氣高者為上品。

老火香、青草香、粗老香、黴味、雜味、異味者非上品。

3.水色（20%）：湯色澄清，顏色琥珀色、橙褐色、棕褐色為佳。湯色渾濁、渣多、黃黑、暗黑、黃綠者非上品。

4.外觀（10%）：半球型緊結為標準，葉面褐色微紅，細梗微紅褐色，葉面偶有柿霜。葉綠、葉黃、葉黑、梗粗、梗黑、梗白者非上品。

5.葉底（10%）：展開完整、膨鬆乾爽為佳。葉底不展開者非上品。

四、老茶價格

一、南投縣茶商業同業公會

包裝獎項：冠金獎、金牌獎、銀牌、銅牌均採半斤甕裝（內放竹炭）外加高級紙盒精裝。如

主辦單位	組別	獎項	市場行情
南投縣茶商業同業公會	凍頂老茶組（一斤計價）	冠金獎	十萬元
		金牌獎	五萬元
		銀牌獎	一萬兩仟元
		銅牌獎	九仟元

過於鬆以實際甕裝重量為準，不得提出任何異議，並放棄先訴抗辯權。

二、南投縣凍頂茶葉生產合作社

主辦單位	組別	獎項	市場行情
南投縣凍頂茶葉生產合作社	凍頂老茶組（一斤計價）	金牌獎	三萬元
		銀牌獎	兩萬元
		銅牌獎	一萬元
		優良獎	六仟元

三、台灣省茶商業同業公會聯合會

主辦單位	組別	獎項	市場行情
台灣省茶商業同業公會聯合會 全國陳年老茶品質鑑定競賽會	陳年老茶組（一斤計價）	金牌獎	五萬元
		銀牌獎	三萬元
		銅牌獎	一萬五千元
		優良獎	八仟元

台灣近五十年茶園栽培面積

西曆	民國	栽培面積（公頃）	粗製茶生產數量（公噸）	茶葉輸出量（公噸）	茶葉輸入量（公噸）	生產一輸出（公噸）	生產＋輸入一輸出（公噸）
1945	34	34,255	1,430	28		1402	
1946	35	35,472	2,919	3,497		-578	
1947	36	39,439	7,446	5,616		1830	
1948	37	40,231	8,452	8,595		-143	
1949	38	40,830	10,184	14,494		-4,310	
1950	39	42,026	9,645	6,856		2,789	
1951	40	42,704	10,502	11,134		-632	
1952	41	44,119	11,582	9,479		2,103	
1953	42	44,654	11,903	10,421		1,482	
1954	43	46,185	13,006	14,868		-1,862	
1955	44	47,000	14,680	7,883		6,797	
1956	45	47,637	13,419	10,633		2,786	
1957	46	48,005	15,002	12,154		2,848	
1958	47	48,258	15,764	12,031		3,733	
1959	48	48,442	16,507	13,736		2,771	
1960	49	48,432	17,365	11,437		5,928	
1961	50	47,632	18,064	14,231		3,833	
1962	51	37,801	19,753	12,635		7,118	

西曆	民國	栽培面積（公頃）	粗製茶生產數量（公噸）	茶葉輸出量（公噸）	茶葉輸入量（公噸）	生產－輸出（公噸）	生產＋輸入－輸出（公噸）
1963	52	38,372	21,104	13,655		7,449	
1964	53	38,176	18,306	14,937		3,369	
1965	54	37,600	20,730	20,149		581	
1966	55	37,420	21,510	19,277		2,233	
1967	56	37,073	24,403	19,338		5,065	
1968	57	36,113	24,418	18,384		6,034	
1969	58	35,685	26,248	21,499		4,749	
1970	59	34,391	27,648	21,200		6,448	
1971	60	34,312	26,984	22,923		4,061	
1972	61	33,508	26,229	21,510		4,719	
1973	62	33,021	28,639	23,515		5,124	
1974	63	33,051	24,173	17,885		6,288	
1975	64	32,850	26,092	19,760		6,332	
1976	65	32,254	24,758	20,382		4,376	
1977	66	31,040	26,303	21,034		5,269	
1978	67	30,379	25,854	20,405		5,449	
1979	68	29,770	27,055	19,233		7,822	
1980	69	29,555	24,479	18,348		6,131	

西曆	民國	栽培面積（公頃）	粗製茶生產數量（公噸）	茶葉輸出量（公噸）	茶葉輸入量（公噸）	生產－輸出（公噸）	生產＋輸入－輸出（公噸）
1981	70	29,102	25,223	14,957		10,266	
1982	71	29,315	24,051	9,982		14,069	
1983	72	29,433	24,308	12,101		12,207	
1984	73	28,784	24,365	11,709		12,656	
1985	74	26,328	23,203	10,024	309		13,488
1986	75	26,389	23,890	10,095	420		14,215
1987	76	24,571	25,778	7,820	531		18,489
1988	77	25,595	23,557	7,632	1,037		16,962
1989	78	23,914	22,130	6,744	1,525		16,911
1990	79	24,315	22,299	5,834	2,604		19,069
1991	80	23,864	21,380	5,136	6,045		22,289
1992	81	22,620	20,164	5,296	6,752		21,620
1993	82	22,934	20,515	5,142	9,928		25,301
1994	83	21,439	24,485	4,382	10,388		30,491
1995	84	21,554	20,892	3,172	8,065		25,785
1996	85	21,223	23,131	3,475	7,365		27,021
1997	86	21,199	23,505	2,918	7,692		28,279
1998	87	20,659	22,641	2,482	8,700		28,859

西曆	民國	栽培面積（公頃）	粗製茶生產數量（公噸）	茶葉輸出量（公噸）	茶葉輸入量（公噸）	生產－輸出（公噸）	生產＋輸入－輸出（公噸）
1999	88	20,222	21,119	3,072	10,885		28,932
2000	89	19,701	20,349	3,035	12,236		29,550
2001	90	18,938	19,837	2,451	15,301		32,687
2002	91	19,342	20,345	2,592	17,281		35,034
2003	92	19,310	20,675	2,713	18,513		36,475
2004	93	18,268	20,192	2,388	19,568		37,372
2005	94	17,620	18,803	2,174	20,775		37,404
2006	95	17,205	19,345	2,031	24,319		41,633
2007	96	16,256	17,502	2,004	25,055		40,553
2008	97	15,744	17,384	2,341	25,713		40,756
2009	98	14,855	16,767	2,400	26,483		40,850
2010	99	14,739	17,467	2,642	31,113		45,938
2011	100	14,333	17,310	2,815	29,268		43,763
2012	101	13,486	14,901.6	3,125.8	29,906.2		41,682
2013	102	11,902	14,717.7	3,918.9	30,203.1		41,001.9
2014	103	11,795	15,199.8	3,737.3	32,375.6		43,838.1

附註：（1）一八九五年清朝將台灣割讓於日本時茶園栽培面積為26,200公頃。
（2）一九二六年日據時期之茶園栽培面積為46,200公頃。

飲

第五章

台灣老茶地圖

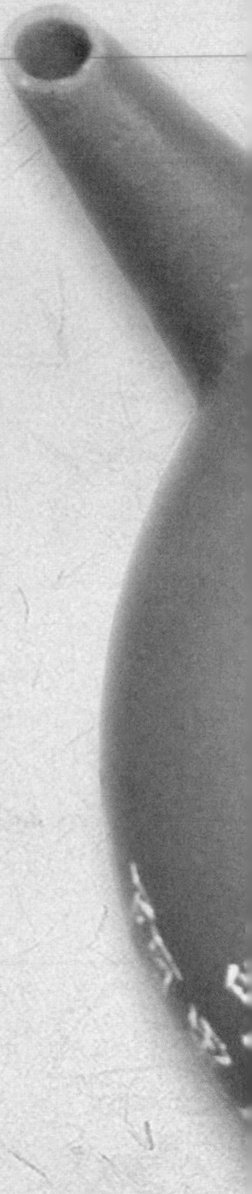

喜歡老茶的消費者越來越多，老茶的零售價格近一兩年來不斷上漲。但什麼是老茶呢？怎麼分辨老茶呢？筆者綜合各界看法整理後定義如下：

指製茶過程未經人工加味、調料、噴色等工序；儲存過程之環境及中途處理並未使茶劣變或產生不自然性者。

一般都認為人按歲數劃分，1～3歲為嬰兒，4～10歲為少兒，10～18歲為少年，18～45歲為青年，46～60歲為中年，60歲以上為老年。那麼，何謂陳年老茶（老茶）？

首先，老茶看年份，茶葉通常存放1～5年稱為新茶；5～10年稱為舊茶；10～20年稱為陳茶；20年以上的稱為陳年老茶或簡稱老茶。

本單元藉由不同茶友提供的不同年份、品種的台灣老茶，嘗試建立台灣老茶的年齡地圖，讓茶友能藉由台灣老茶地圖的實物與化學分析更能瞭解台灣老茶的轉變方式。

下面茶樣圖譜會出現以下專有名詞：

Gallic acid：沒食子酸

Caffeine：咖啡因，圖中咖啡因因吸收快所以顯示量很高，實際只有2～3%而已。

Strictinin：木麻黃素

EGCG：表沒食子兒茶素沒食子酸酯

TG1、TG2：茶飢素1、茶飢素2

感謝中興大學曾志正教授與所率團隊成員陳冠亨、葉芸、鍾澤裕、謝聖國分析20個不同茶樣的沒食子酸、咖非因、木麻黃素、表沒食子兒茶素沒食子酸酯與茶飢素1及茶飢素2……等成分，讓此次老茶地圖的茶樣有官能品評的文字與實驗數據圖譜來對照，讓茶人更能分辨不同老茶的變化。

沖泡器具：評鑑杯150cc；評鑑碗200cc；計時器；湯匙；燒水壺2000cc；100cc茶杯。

沖泡流程與方式：3公克放入評鑑杯150cc→用100℃開水沖泡靜置6分鐘→開湯→觀湯色→靜置6分鐘→聞香氣→靜置6分鐘→嚐滋味→茶渣放入葉底盤沖入冷水→看葉底。

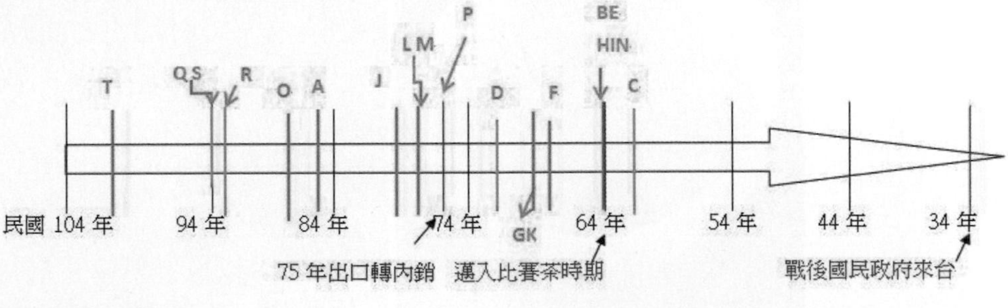

台灣老茶～時間地圖

一、A茶樣

年份：19年
品種：青心烏龍
條索：圓結壯實
色澤：褐綠
整度：均整
淨度：乾淨
香氣：熟果香
湯色：橙黃明亮
滋味：醇厚回甘
葉底：嫩褐有彈性
Ph值：4.6
提供者：

台灣梅山製茶有限公司	0932-698399	南投縣竹山鎮大勇路66巷1號

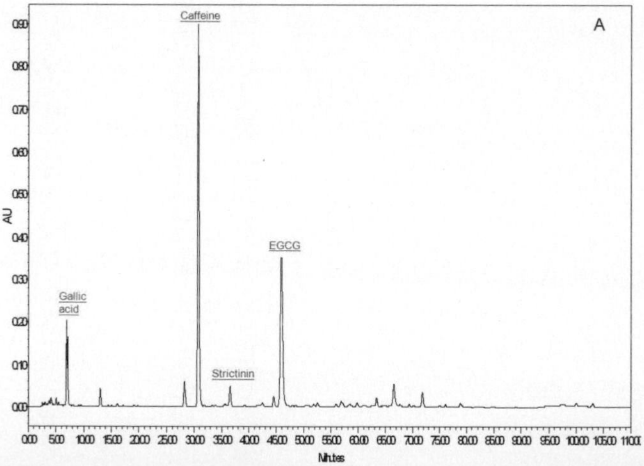

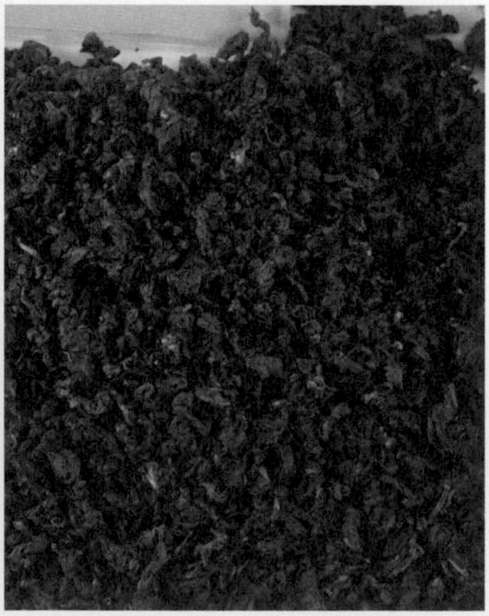

二、B茶樣

年份：40年
品種：青心大冇
條索：細緊
色澤：烏褐
整度：尚勻整
淨度：尚淨
香氣：樟香
湯色：琥珀明亮
滋味：醇和
葉底：細碎尚嫩
Ph值：4.7
提供者：

上仁茶葉有限公司
02-26683120. 0972-012854
新北市樹林區學林路108號

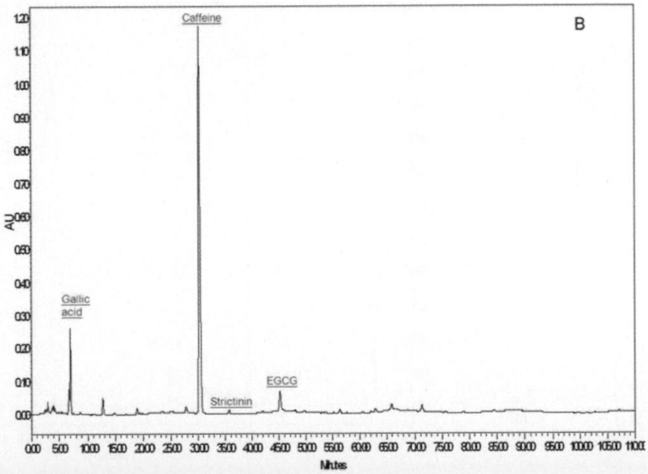

三、C茶樣

年份：44年
品種：蒔茶
條索：粗壯
色澤：烏褐
整度：勻整
淨度：尚淨
香氣：樟香
湯色：琥珀尚亮
滋味：醇和回甘
葉底：粗紅潤亮
Ph值：5.3
提供者：

台灣製茶廠(股)	0932-550918	台中市西屯區甘河路40號

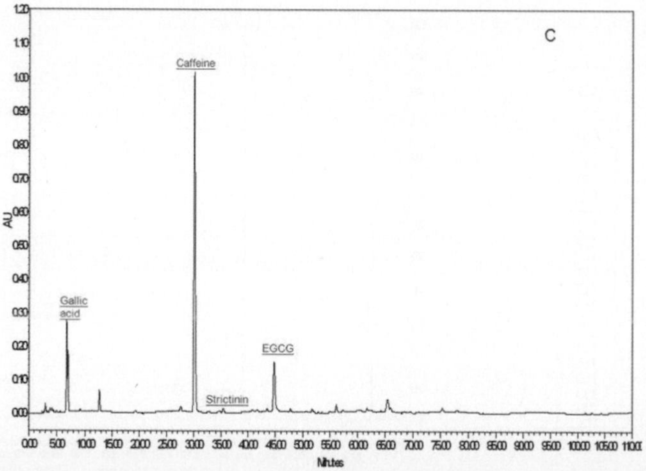

四、D茶樣

年份：32年
品種：青心烏龍
條索：蝦形狀有梗
色澤：烏褐
整度：尚勻整
淨度：尚淨
香氣：熟果香
湯色：橙紅尚亮
滋味：醇和略澀
葉底：褐紅亮勻整粗
Ph值：4.6
提供者：

台灣製茶廠(股)	0932-550918	台中市西屯區甘河路40號

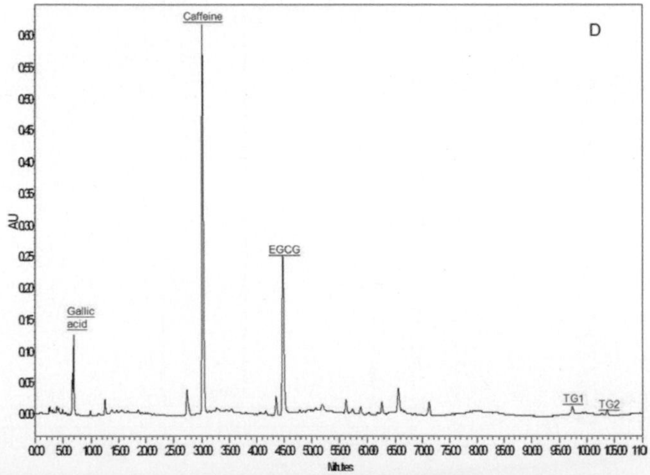

五、E茶樣

年份：40年

品種：青心烏龍

條索：蝦形

色澤：烏褐

整度：勻整

淨度：淨

香氣：樟香

湯色：琥珀明亮

滋味：醇厚酸回甘生津

葉底：褐紅明亮

Ph值：4.6

提供者：

世佳茶葉有限公司(元融堂)
04-24654598 0953-077290
台中市西屯區福雅路582號

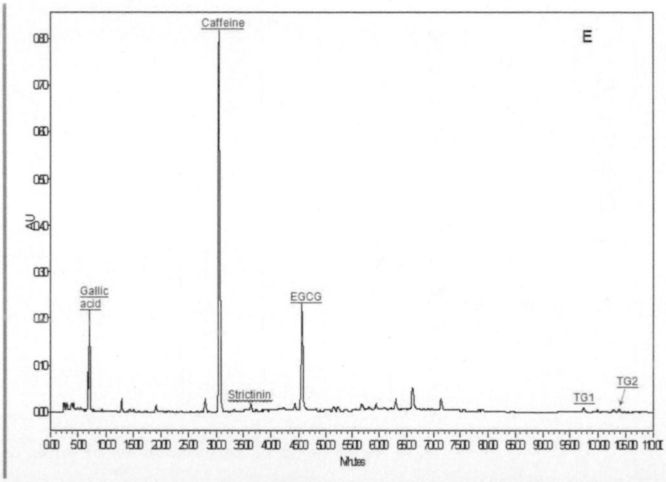

六、F茶樣

年份：36年
品種：青心烏龍
條索：壯實有白梗
色澤：烏褐
整度：尚勻
淨度：尚淨
香氣：熟果香
湯色：琥珀亮
滋味：醇和
葉底：烏褐潤亮尚勻
Ph值：4.6
提供者：

龍映茗茶左如玉無毒創作茶	0932-582886	台中市潭子區勝利8街53巷46-1號

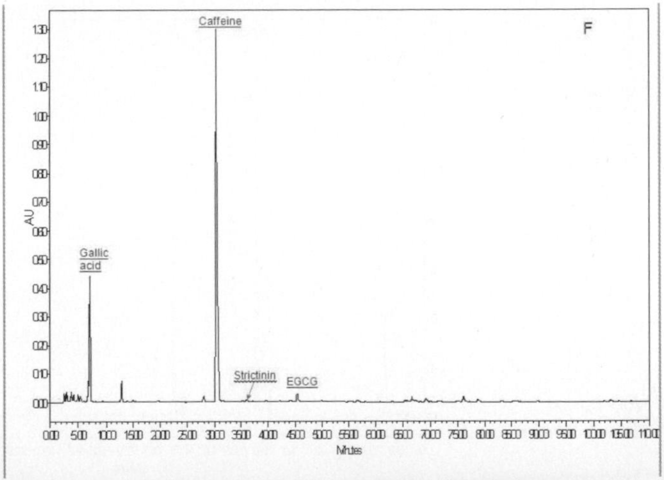

七、G茶樣

年份：35年
品種：青心烏龍
條索：圓結
色澤：烏潤
整度：勻整
淨度：淨
香氣：熟果香
湯色：橙紅亮
滋味：醇和酸生津
葉底：褐紅嫩尚勻整
Ph值：5.0
提供者：

龍映茗茶左如玉無毒創作茶	0932-582886	台中市潭子區勝利8街53巷46-1號

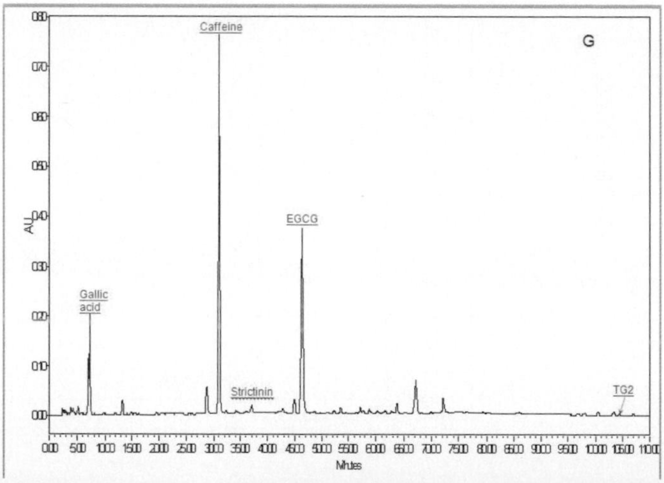

八、H茶樣

年份：40年
品種：水仙
條索：狀結重實
色澤：烏潤有白霜
整度：尚勻整
淨度：尚靜有梗
香氣：參香
湯色：橙紅尚亮
滋味：酸生津醇和
葉底：褐紅亮尚勻整
Ph值：5.4
提供者：

泉茂茶莊
037-474846　0937-734828
苗栗縣竹南鎮博愛街35號

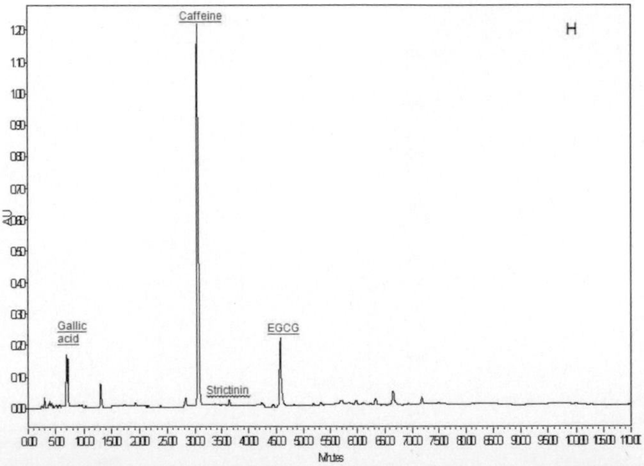

九、I茶樣

年份：40年

品種：青心烏龍（陳年包）

條索：壯實

色澤：烏潤有白霜

整度：尚勻整

淨度：尚淨有梗

香氣：果熟香

湯色：琥珀亮

滋味：酸、生津、醇和

葉底：褐亮尚勻

Ph值：4.6

提供者：

泉茂茶莊	037-474846　0937-734828	苗栗縣竹南鎮博愛街35號

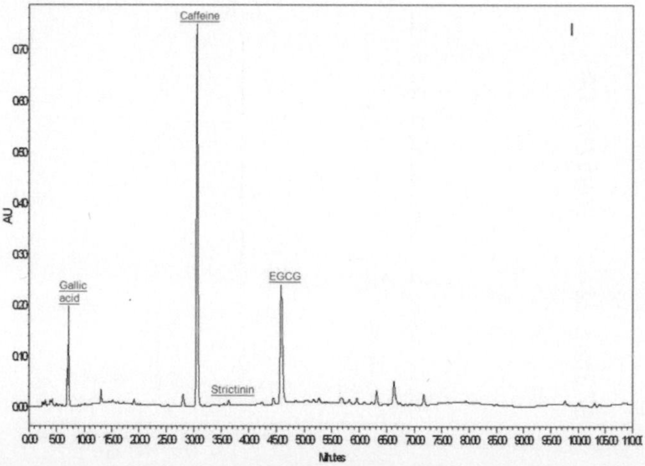

十、J茶樣

年份：35年

品種：青心烏龍

條索：壯實

色澤：烏褐有白霜

整度：尚勻整

淨度：尚淨有梗

香氣：梅乾香

湯色：棕紅尚亮

滋味：酸梅生津醇和

葉底：褐紅尚勻

Ph值：4.5

提供者：

鹿谷觀光農園
049-2753812..0933-419623
南投縣鹿谷鄉廣興村興產路96號

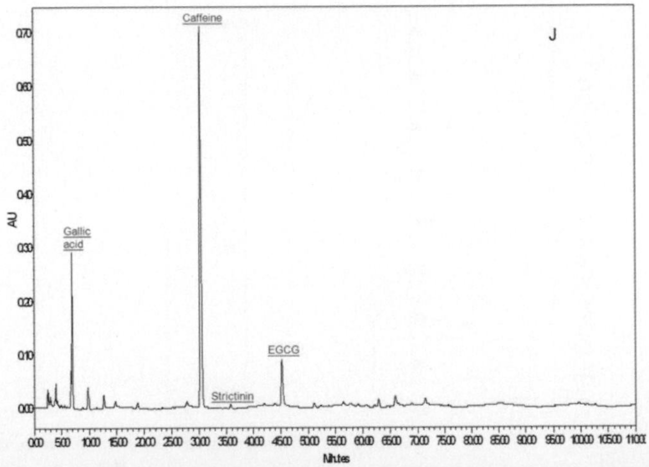

十一、K茶樣

年份：35年

品種：鐵觀音

條索：壯實蝦形

色澤：烏褐有白霜

整度：勻整

淨度：淨

香氣：熟果香

湯色：琥珀色亮

滋味：酸生津醇和

葉底：褐紅亮嫩勻整

Ph值：5.4

提供者：

蘇楠雄

05-2586179.0932-710960

嘉義縣番路鄉公田村隙頂11-2號

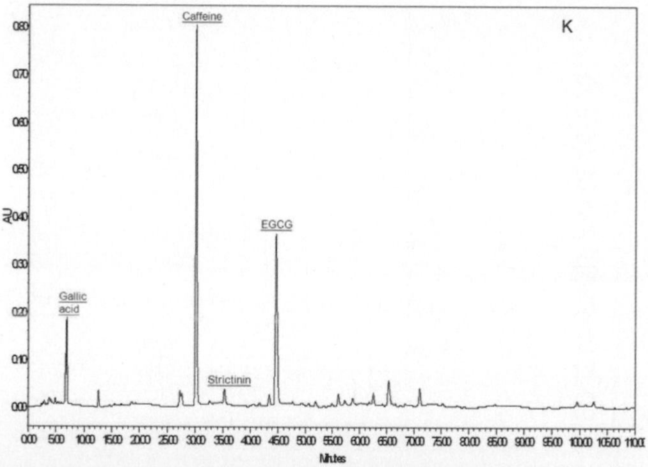

十二、L茶樣

年份：27年
品種：軟枝烏龍
條索：蝦形
色澤：烏褐亮
整度：勻整
淨度：淨
香氣：梅乾味
湯色：琥珀色亮
滋味：醇和酸生津
葉底：褐青嫩勻整
Ph值：5.2
提供者：

貓茶坊	02-24974585.02-28982981. 0982-719988	新北市瑞芳區柴寮路64號

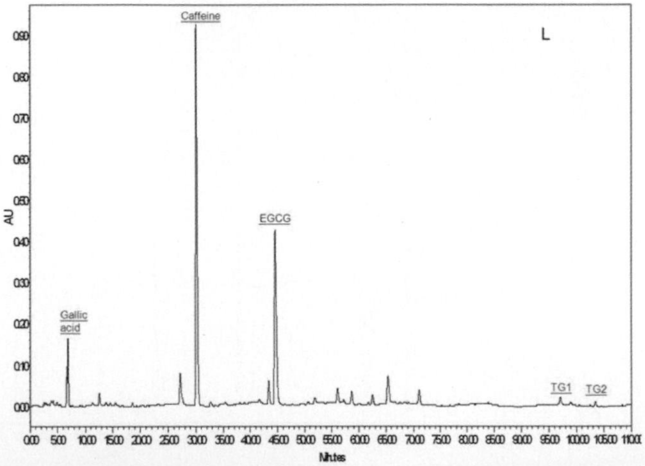

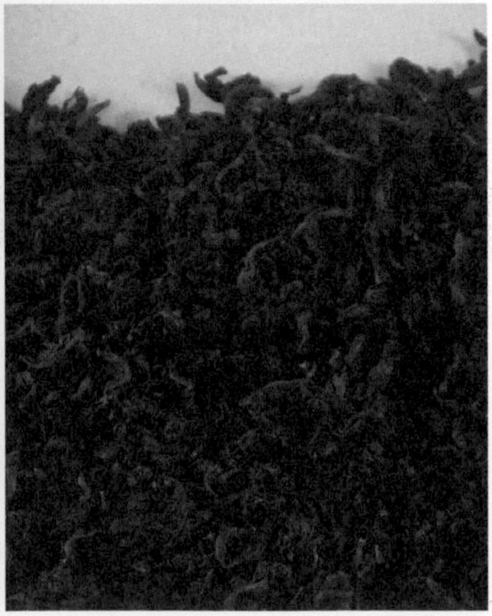

十三、M茶樣

年份：26年
品種：青心烏龍
條索：圓結
色澤：綠褐
整度：尚勻整
淨度：尚淨有梗
香氣：梅乾味
湯色：橙黃色亮
滋味：酸生津醇和
葉底：褐青嫩尚勻有梗
Ph值：5.3
提供者：

川風堂有限公司	0988-668597	台中市美村路一段102巷10號

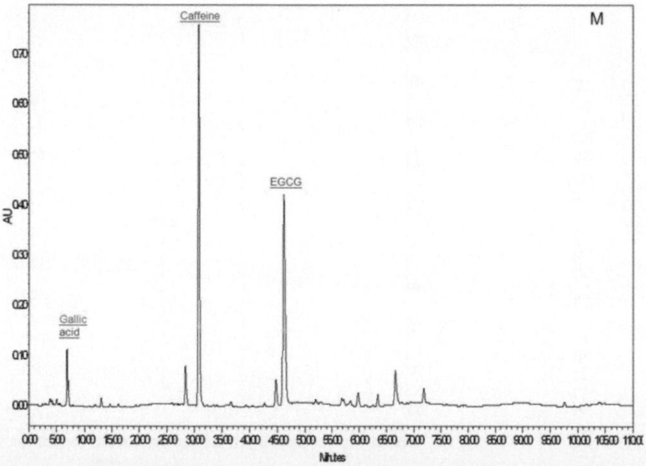

十四、N茶樣

年份：40年

品種：青心烏龍

條索：壯實

色澤：烏黑白霜

整度：勻整

淨度：淨

香氣：參香

湯色：棕紅尚亮

滋味：參香弱酸醇和

葉底：褐紅粗尚勻

Ph值：6.4

提供者：

黃明道

02-26656883.0953-500616

232新北市坪林區坪林里53號

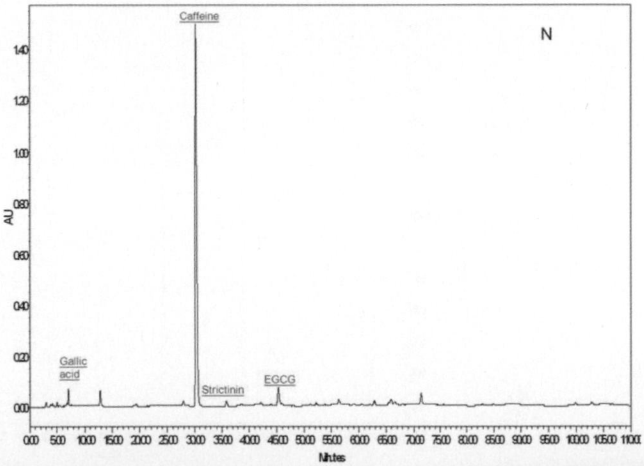

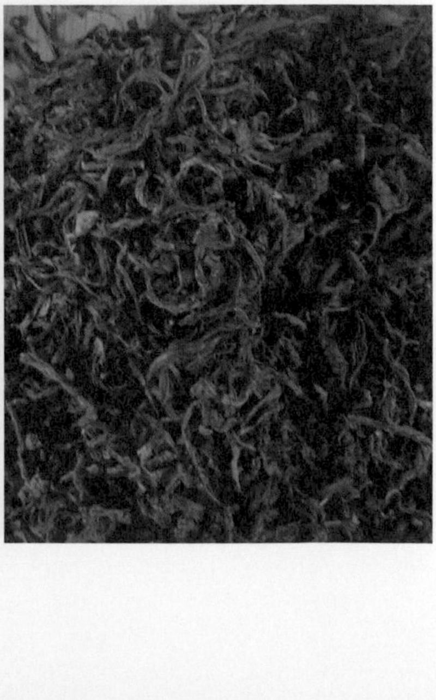

十五、O茶樣

年份：17年
品種：鐵觀音
條索：圓結
色澤：烏潤
整度：匀整
淨度：淨
香氣：花果香
湯色：琥珀色亮
滋味：音韻醇和酸生津回甘
葉底：褐青粗亮尚匀
Ph值：5.2
提供者：

丰隱藏茶
0910-922923
新北市淡水區中山北路一段212巷18號

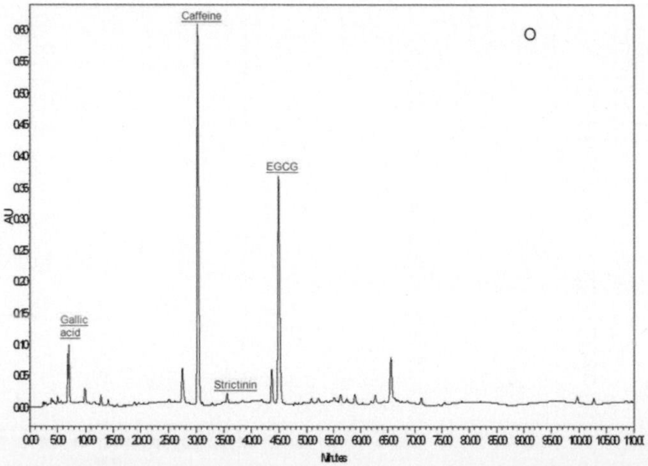

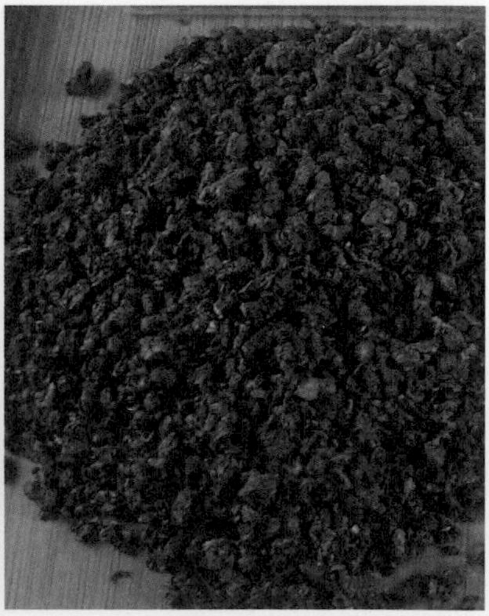

十六、P茶樣

年份：30年
品種：青心烏龍
條索：蝦形
色澤：烏褐
整度：勻整
淨度：淨
香氣：梅乾香
湯色：琥珀色亮
滋味：醇和酸生津
葉底：褐嫩勻
Ph值：4.8
提供者：

耕古壺國際農產有限公司 | 0956-264645 | 台中市北區武昌路118號

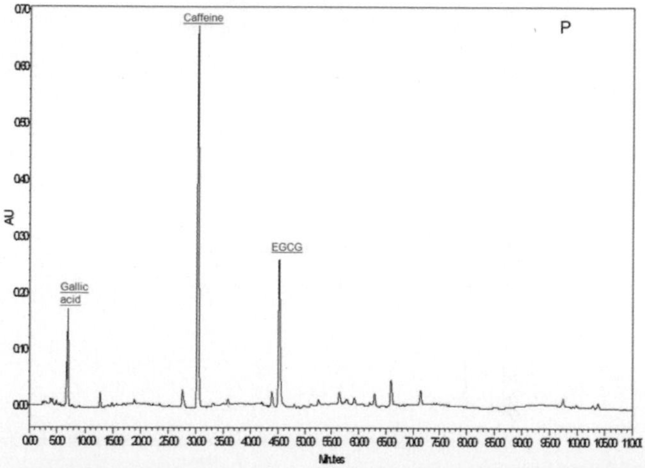

十七、Q茶樣

年份：10年
品種：青心大冇
條索：朵形
色澤：五色
整度：尚勻
淨度：尚淨
香氣：熟果香
湯色：琥珀色亮
滋味：醇和酸
葉底：褐嫩尚勻
Ph值：5.0

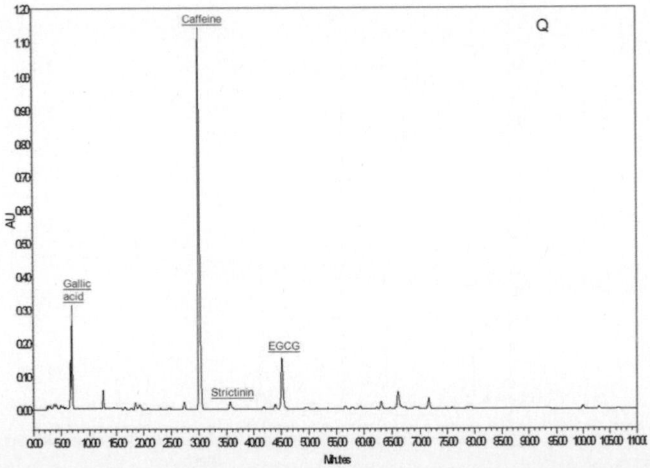

十八、R茶樣

年份：11年
品種：青心烏龍
條索：圓結
色澤：烏潤
整度：勻整
淨度：淨
香氣：果香
湯色：橙黃亮
滋味：醇和酸回甘
葉底：褐綠嫩尚勻
Ph值：5.3

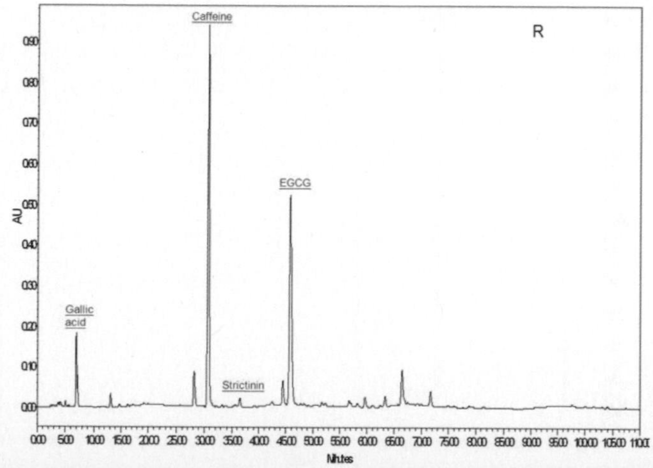

十九、S茶樣

年份：10年
品種：青心烏龍
條索：粗條
色澤：褐烏
整度：尚勻
淨度：尚淨有梗
香氣：梅干味
湯色：橙黃亮
滋味：醇和回甘
葉底：嫩亮有梗
Ph值：5.4

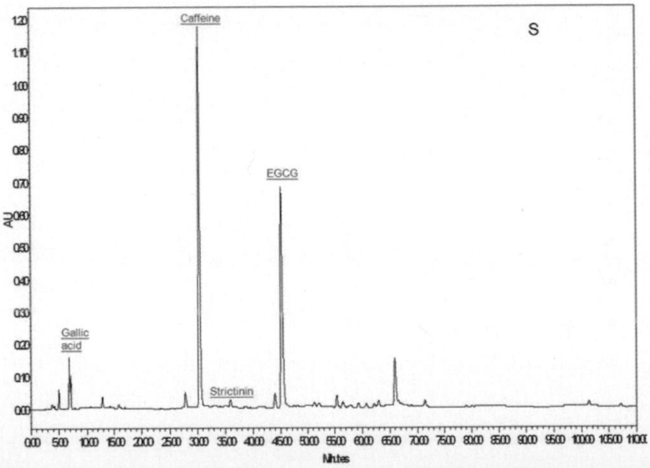

二十、T茶樣

年份：3年

品種：青心烏龍

條索：圓結

色澤：墨綠

整度：勻整

淨度：淨

香氣：果香

湯色：橙黃亮

滋味：醇和回甘

葉底：綠褐勻

Ph值：5.5

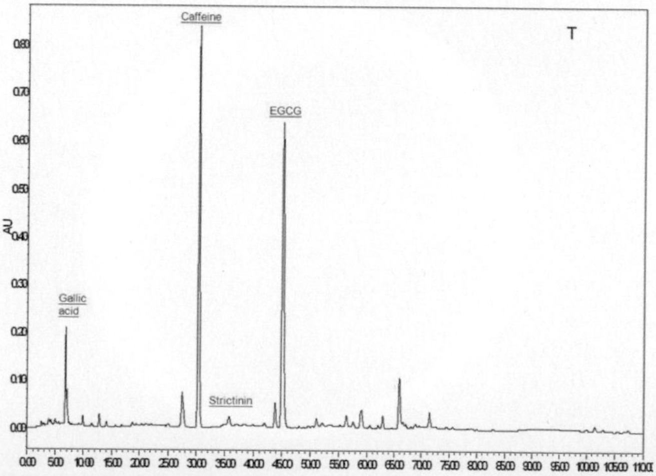

二十一、U茶樣

年份：8年
品種：青心大冇
條索：花朵形
色澤：午色
整度：匀整
淨度：淨
香氣：熟果香
湯色：琥珀色亮
滋味：醇和回甘
葉底：褐紅嫩匀
Ph值：4.9

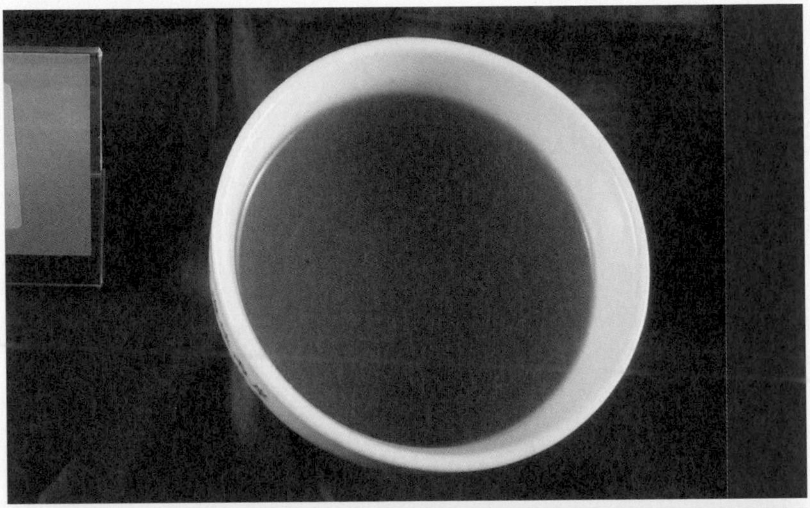

二十二、V茶樣

年份：8年
品種：青心大冇
條索：蝦形
色澤：綠褐
整度：尚匀整
淨度：淨
香氣：花香
湯色：橙黃亮
滋味：醇和回甘
葉底：褐綠嫩匀
Ph值：5.4

二十三、W茶樣

年份：

品種：青心烏龍

條索：圓結

色澤：褐綠

整度：勻整

淨度：淨

香氣：熟果香

湯色：琥珀色亮

滋味：苦回甘

葉底：褐嫩尚勻

Ph值：5.2

二十四、X茶樣

年份：8年
品種：青心柑仔
條索：緊結
色澤：綠褐白毫
整度：勻整
淨度：淨
香氣：豆香
湯色：綠黃
滋味：醇爽回甘
葉底：嫩綠勻
Ph值：6.1

二〇〇七年石碇鄉優良文山椪風茶比賽會
優良獎
文山椪風茶
(石碇美人茶)
輔導單位：行政院農業委員會．茶業改良場．文山分場
台北縣政府．台北縣農會
協辦單位：石碇鄉公所．蘆州市農會
主辦單位：石碇鄉農會 訂購專線：(02) 26631214 (02) 26632118
最佳賞味期限：2007.6～2008.11

第六章

台灣比賽茶圖鑑

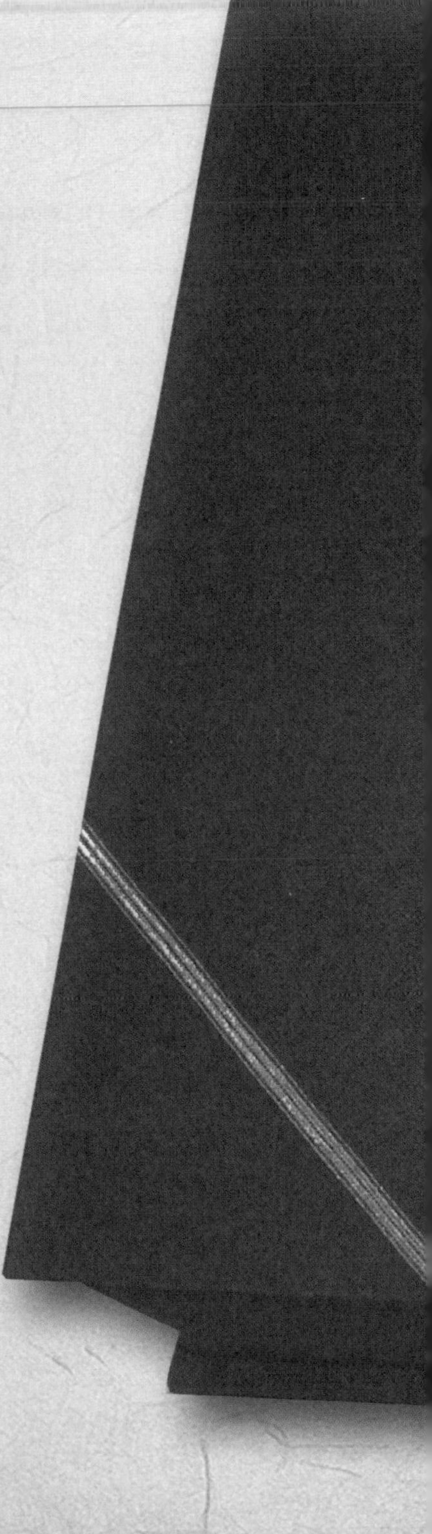

原本這次的出書沒有要介紹台灣比賽茶圖鑑，因為工程浩大，果不其然，決定把台灣比賽茶圖鑑納入的同時，困難就擺在眼前，遍邀所有台灣比賽茶主辦單位，幾乎所有主辦單位都沒有收藏或紀錄比賽茶包裝的習慣，也不瞭解日後台灣老茶比賽茶封籤將是最好判斷台灣老茶的最佳佐證。因此有主辦單位跟我說，你不早來，上個月才把前幾年沒賣掉的比賽茶拆掉重新烘焙後裝甕儲藏。我聽了傻眼——無語——我只能說日後賣不掉的比賽茶就藏起來，那是會增值的。

第一次從無到有，再加上時間匆促，收集到的比賽茶包裝有限，最完整的應該是鹿谷鄉農會歷年來的比賽茶包裝，從65年開始到一〇四年只有少數幾年沒有外其他年份都齊全，感謝提供包裝的各比賽茶主辦單位及收藏家林義祥、陳澄波、許光廷、松泰茶行、陳月卿、古意人、葉廷豪……等人的協助，有些收藏家不願曝光，所以就此感謝。希望藉由這次圖鑑的包裝拋磚能引出更多良玉（更多比賽茶包裝），讓日後對比賽茶有興趣的茶友一個對照比對的依據。

經過仔細思考後決定不是以比賽場來區分，而是以年份來呈現比賽茶包裝圖鑑。

一九八八～二〇一〇年全台各茶區舉辦製茶及優良茶比賽統計表

年份	製茶比賽（次）	優良茶比賽（次）	合計（次）
1988	21	46	67
1989	41	44	85
1990	41	49	90
1991	38	58	96
1992	39	60	99
1993	38	64	102
1994	49	77	126
1995	58	84	142
1996	45	86	131
1997	42	90	132
1998	44	94	138
1999	36	95	131
2000	23	83	106
2001	24	91	115
2002	27	87	114
2003	25	90	115
2004	23	83	106
2005	21	103	124
2006	21	95	116
2007	24	102	126
2008	26	103	129
2009	18	92	100
2010	22	98	120

資料來源：茶業改良場歷年《年報》，1988～2010年相關統計資料。

◎民國65年比賽茶包裝

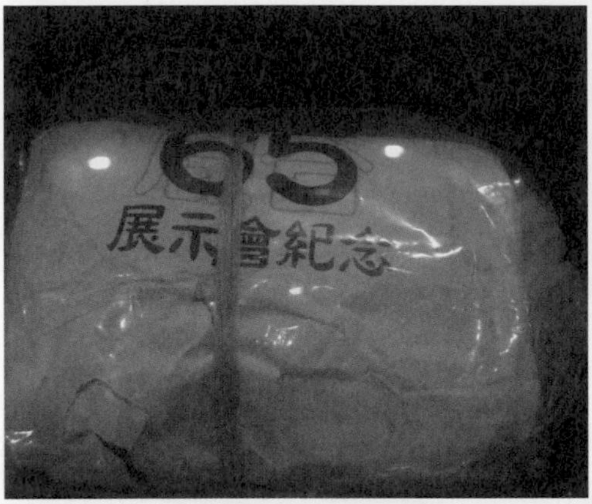

◎民國67年比賽茶包裝

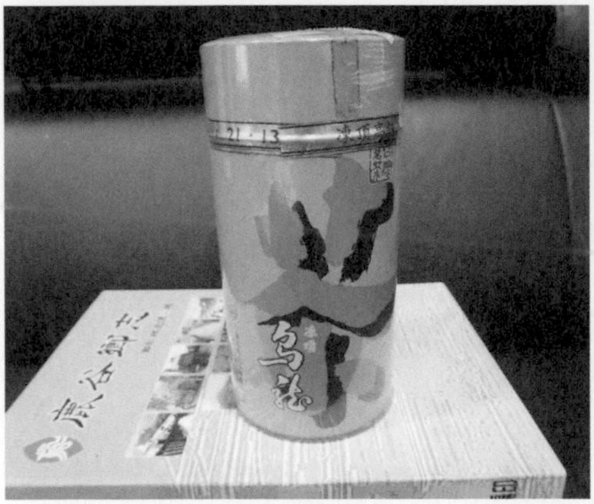

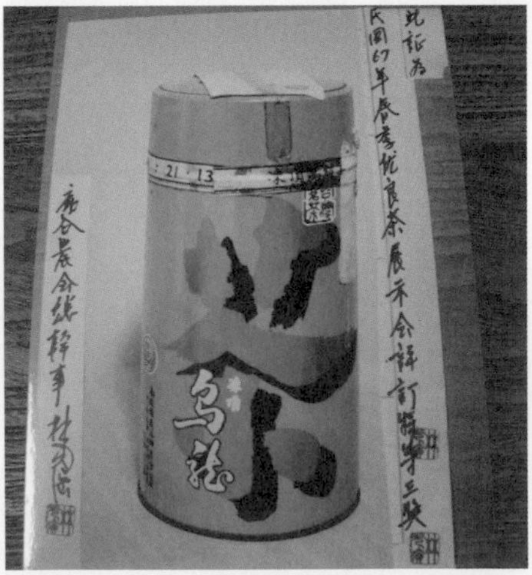

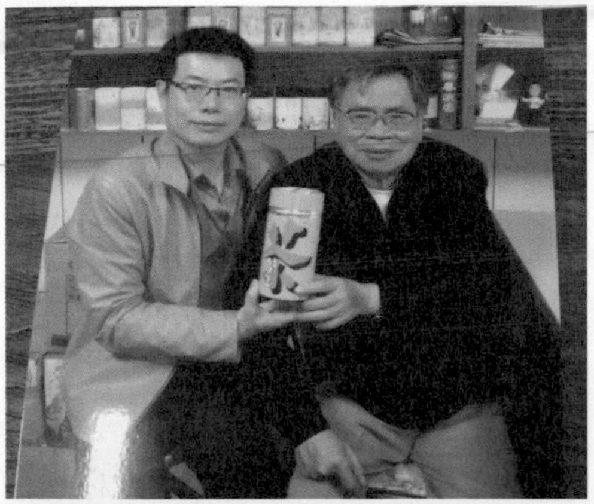

◎民國70年比賽茶包裝

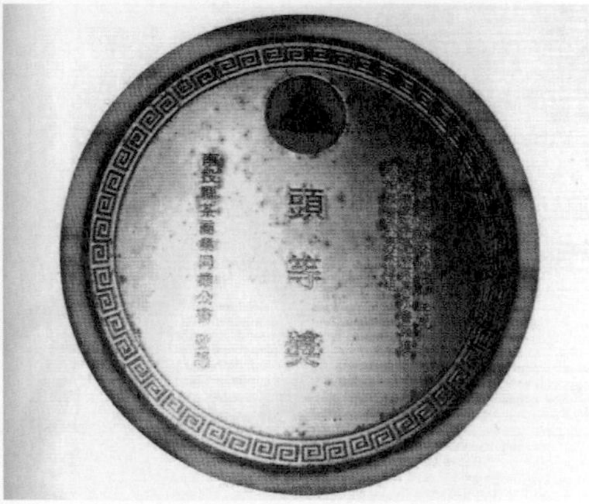
頭等獎

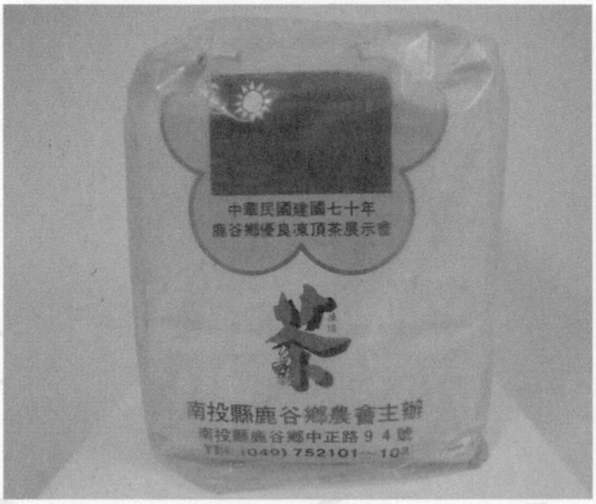
中華民國建國七十年
鹿谷鄉優良凍頂茶展示會
茶
南投縣鹿谷鄉農會主辦
南投縣鹿谷鄉中正路9 4號

鹿谷鄉優良凍頂茶展示會

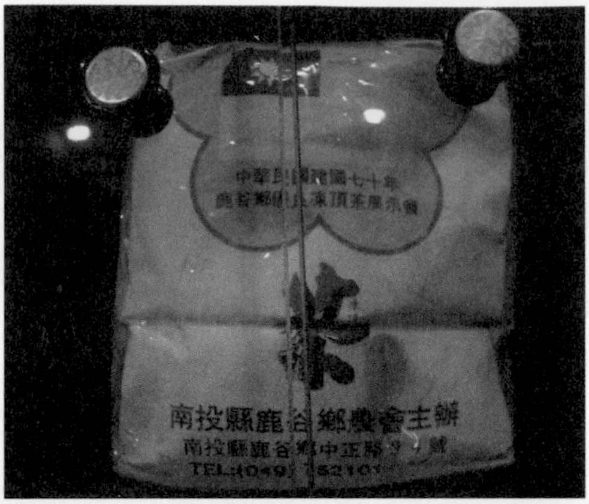
茶
南投縣鹿谷鄉農會主辦

◎民國71年比賽茶包裝

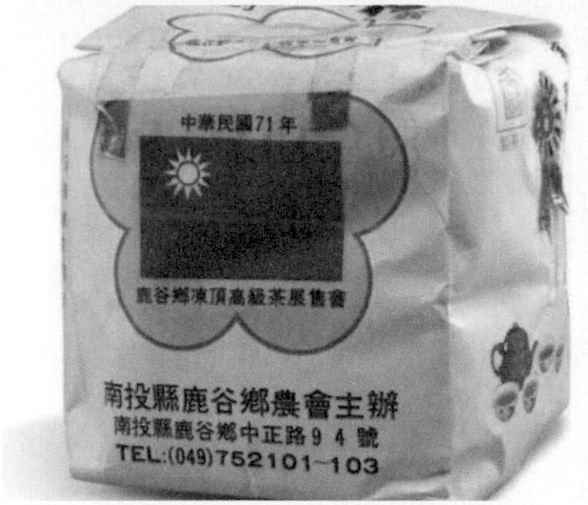
中華民國71年
鹿谷鄉凍頂高級茶展售會
南投縣鹿谷鄉農會主辦
南投縣鹿谷鄉中正路94號
TEL:(049)752101~103

南投縣鹿谷鄉農會主辦

◎民國72年比賽茶包裝（春季）

◎民國72年比賽茶包裝（冬季）

◎民國73年比賽茶包裝（春季）

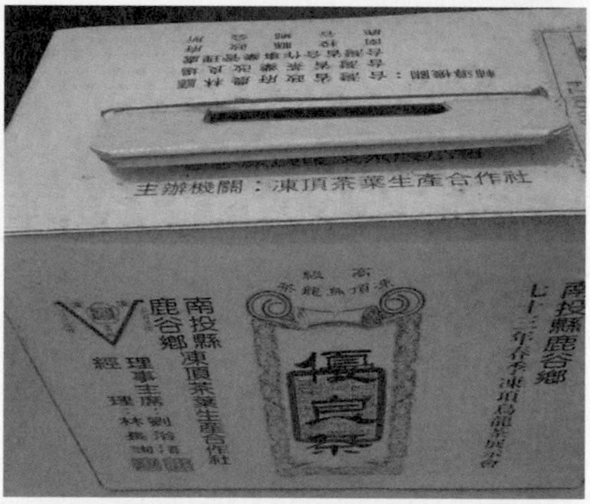

◎民國73年比賽茶包裝（冬季）

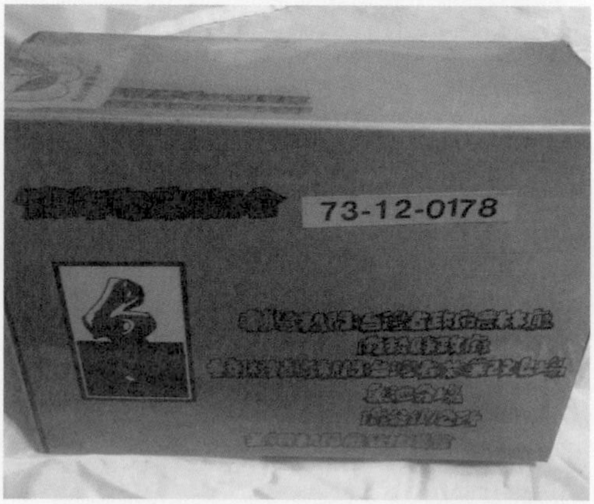

◎民國74年比賽茶包裝（春季）

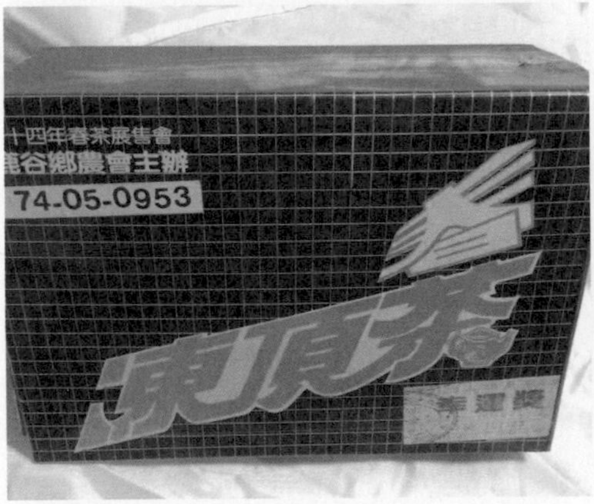

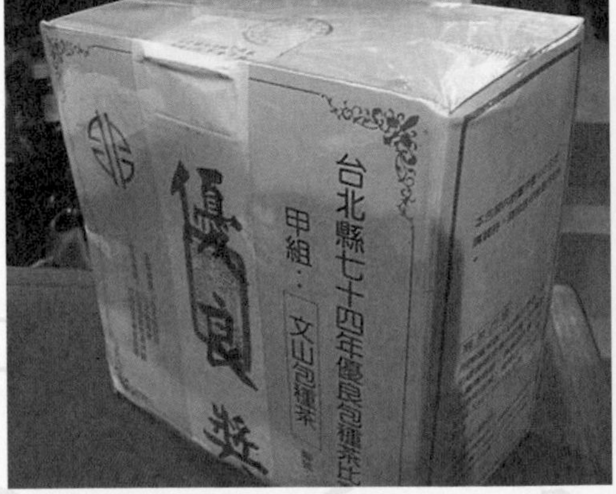

◎民國74年比賽茶包裝（冬季）

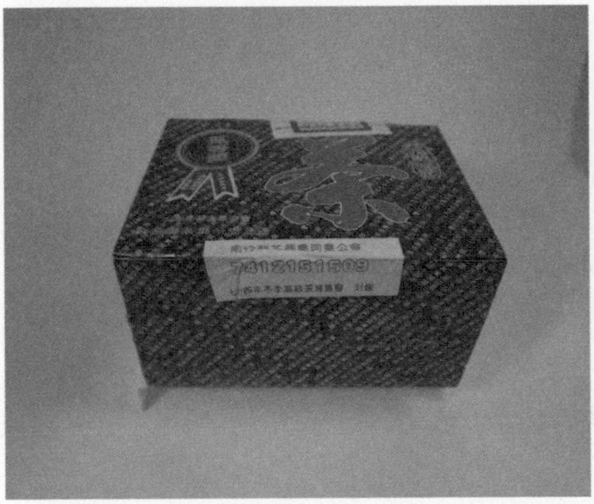

製造日期：74.12.15 保存期限一年

南投縣茶商業同業公會
7412161566

◎民國75年比賽茶包裝（春季）

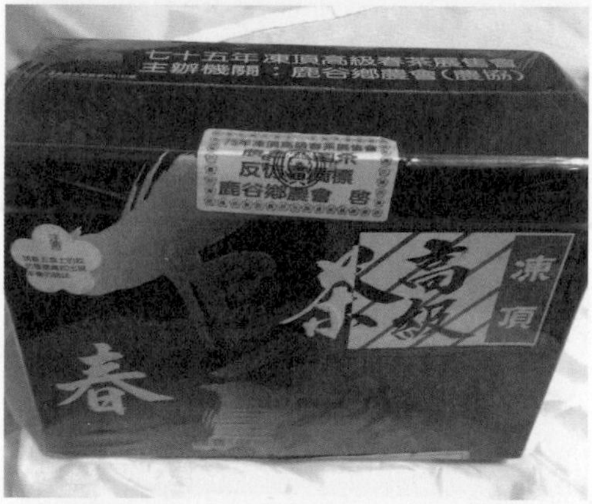

◎民國75年比賽茶包裝（冬季）

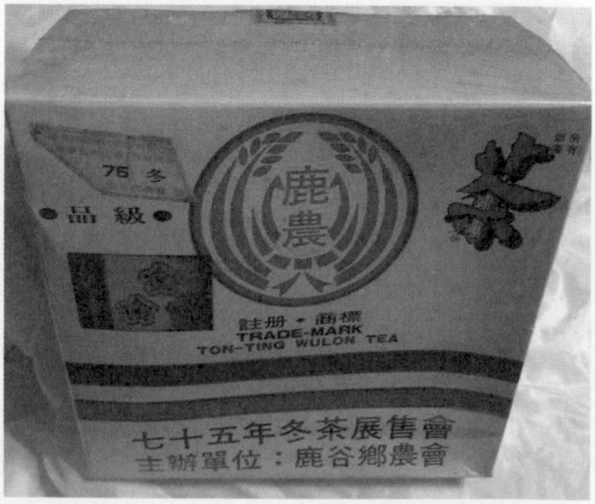

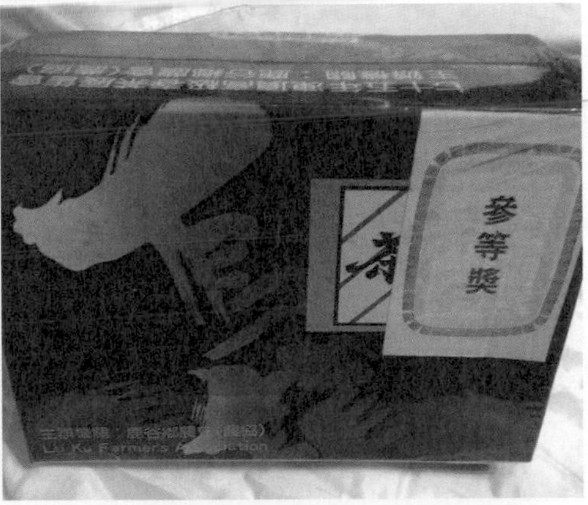

◎民國76年比賽茶包裝（春季）

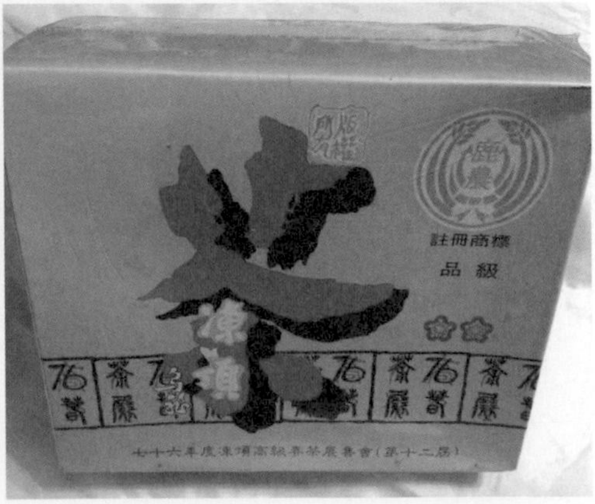

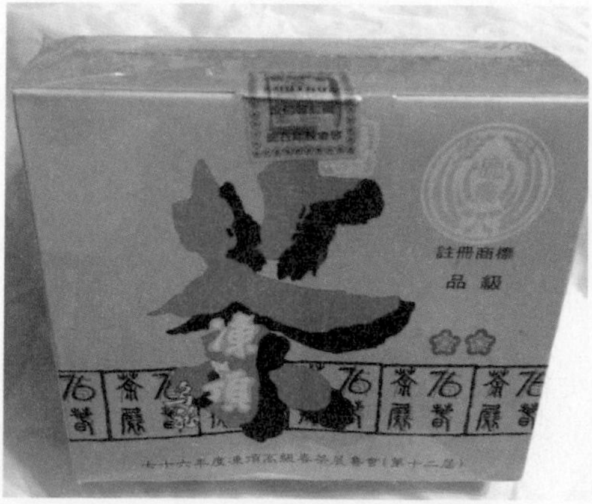
註冊商標
品級
凍頂

註冊商標

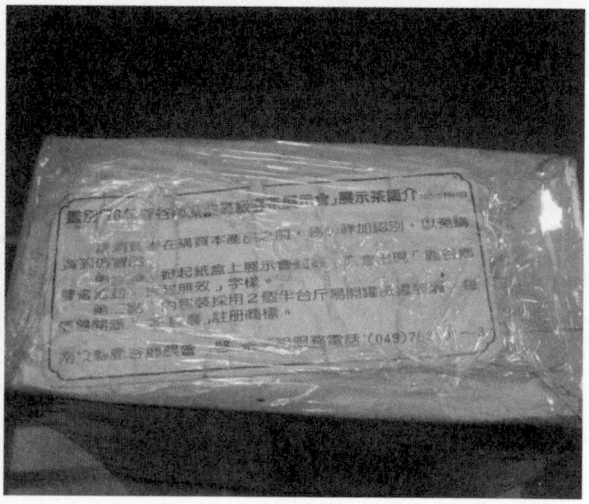

鹿谷鄉
春茶展示會
760210
分級包裝
春茶展示會
特等獎
凍頂
展示春茶

◎民國76年比賽茶包裝（冬季）

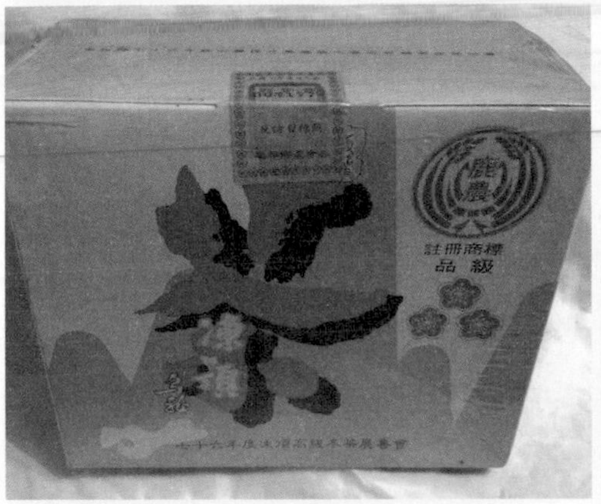

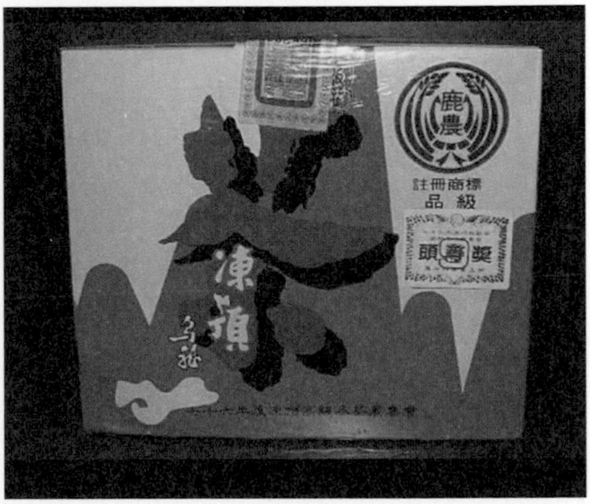

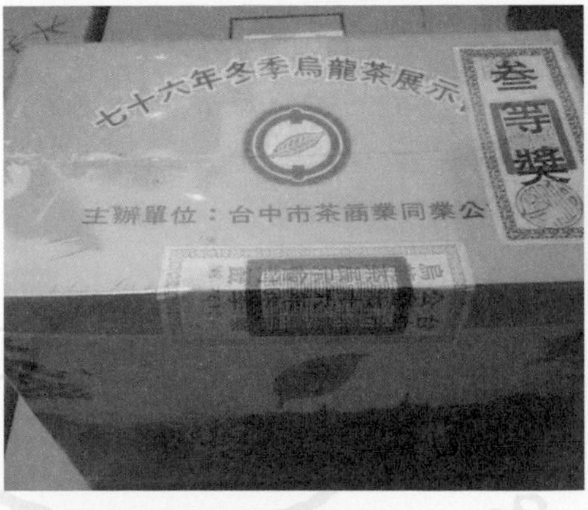

◎民國77年比賽茶包裝（春季）

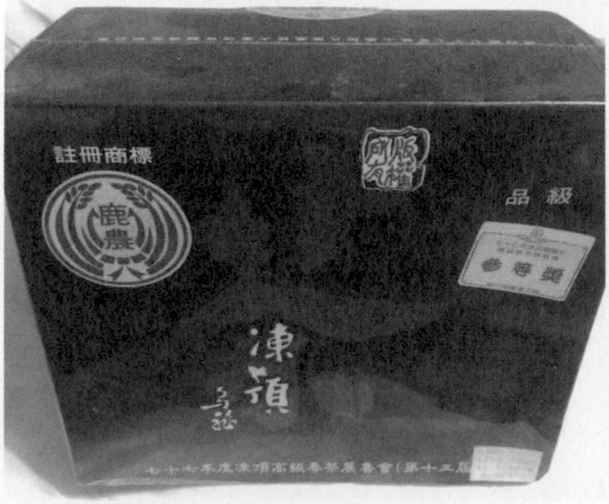

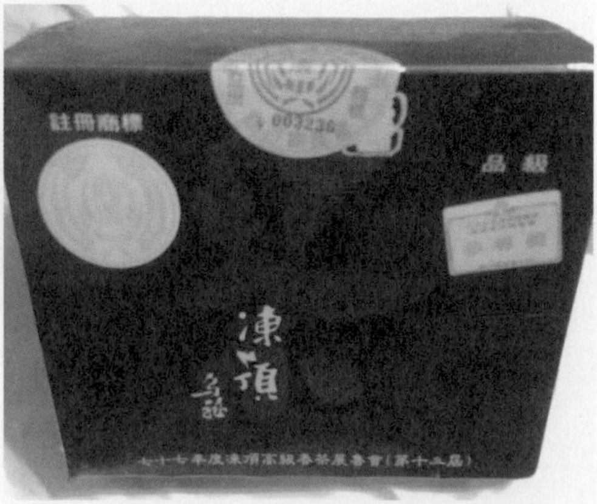

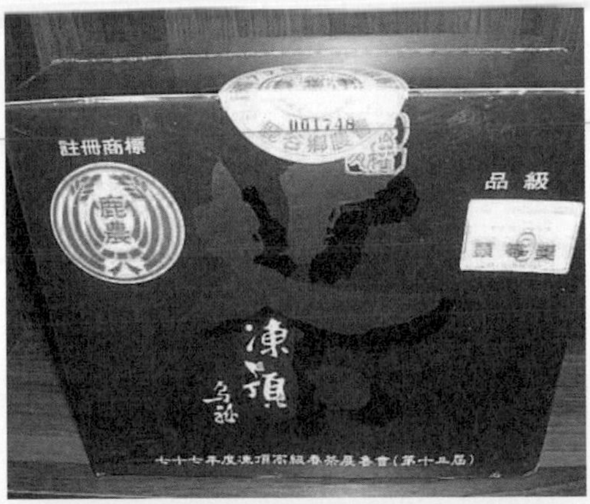

◎民國77年比賽茶包裝（秋季）

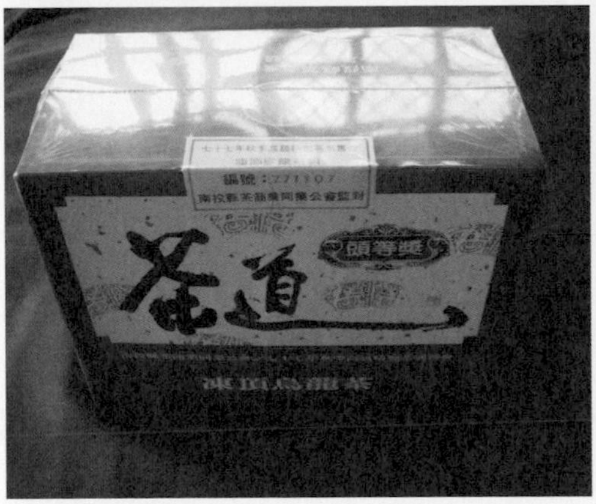

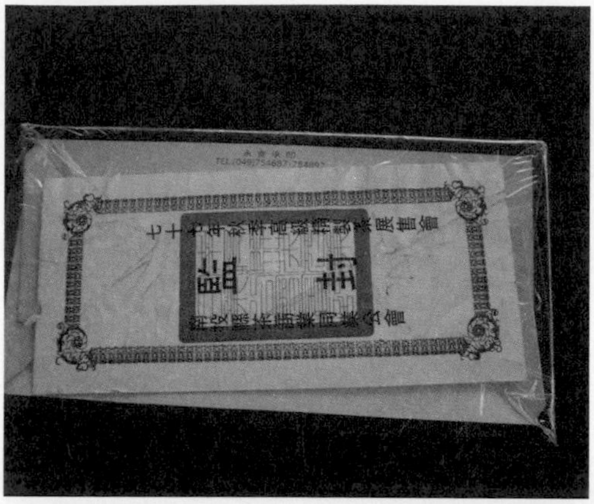

◎民國77年比賽茶包裝（冬季）

◎民國78年比賽茶包裝（春季）

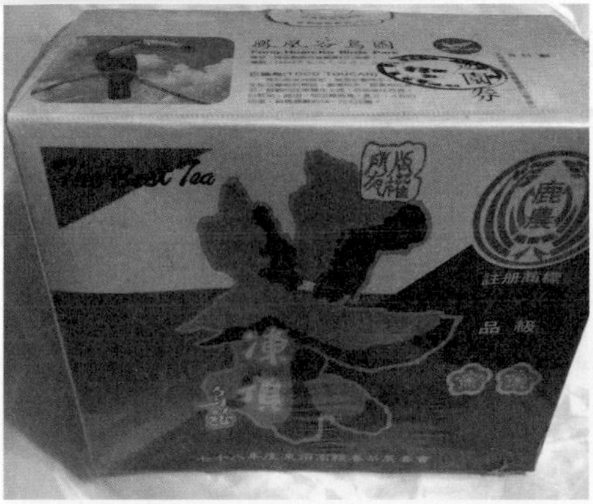

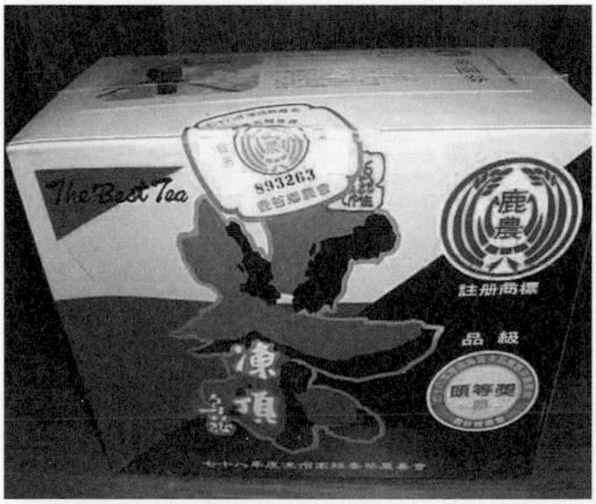

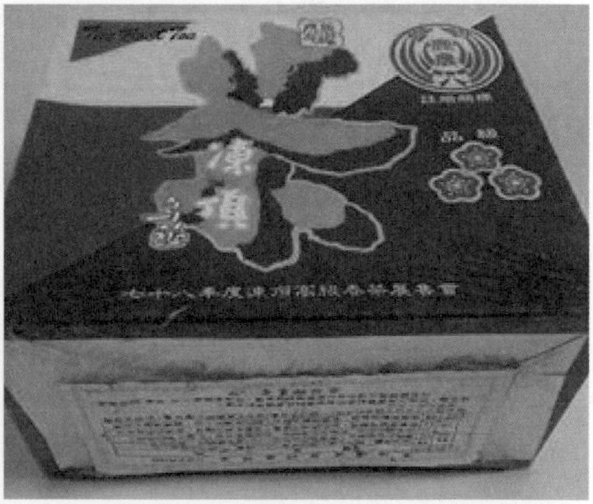

◎民國78年比賽茶包裝（冬季）

芳苑茶莊 提供

◎民國79年比賽茶包裝（春季）

春
比賽茶

鼎禾茶苑 提供

南投縣茶商業同業公會監封
七十九年春季高級精製茶展售會
南投縣茶商業同業公會
貳等獎
凍頂烏龍
比賽茶
春

七十九年春季高級精製茶展售會
主辦單位：南投縣茶商業同業公會
協辦機關：南投縣政府
製造日期：79年5月10日
保存期限一年

七十九年春季高級精製茶展售會
南投縣茶商業同業公會
貳等獎
凍頂烏龍
比賽茶
春

七十九年春季高級精製茶展售會
監
封
南投縣茶商業同業公會

◎民國79年比賽茶包裝（冬季）

◎民國80年比賽茶包裝（春季）

◎民國80年比賽茶包裝（冬季）

級品
特等獎
冬季優良茶比賽展售會

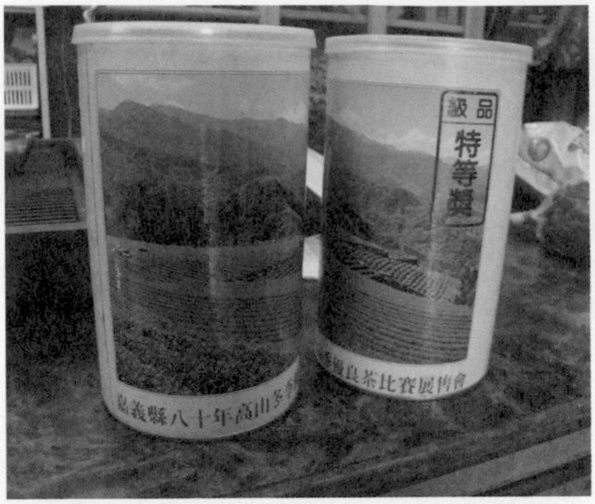
級品
特等獎
嘉義縣八十年高山冬季
優良茶比賽展售會

玉山茶區
冬
比賽會
封條
名茶

中華民國八十年度
優良茶

優良獎

◎民國81年比賽茶包裝（春季）

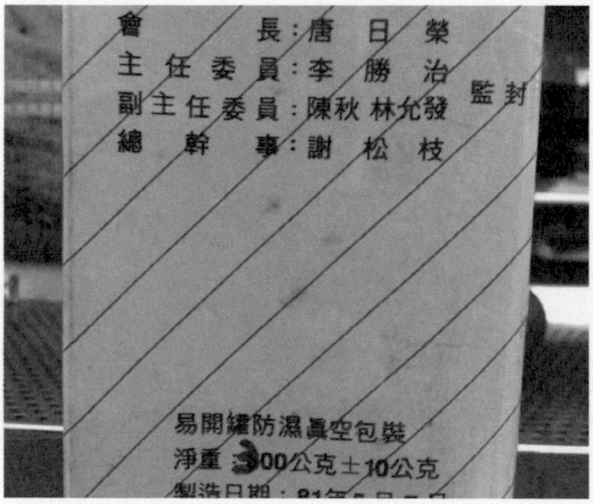

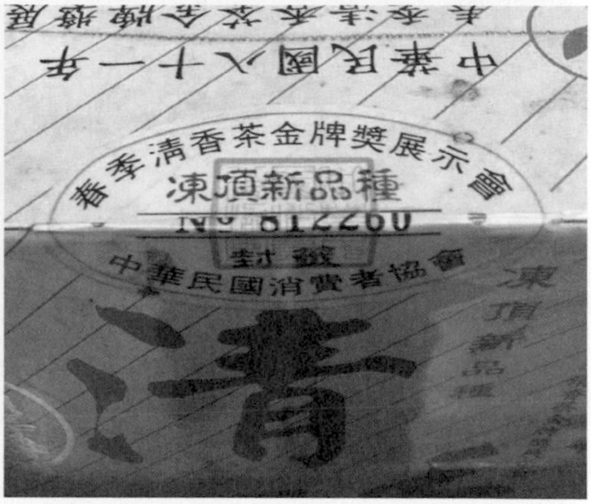

◎民國81年比賽茶包裝（冬季）

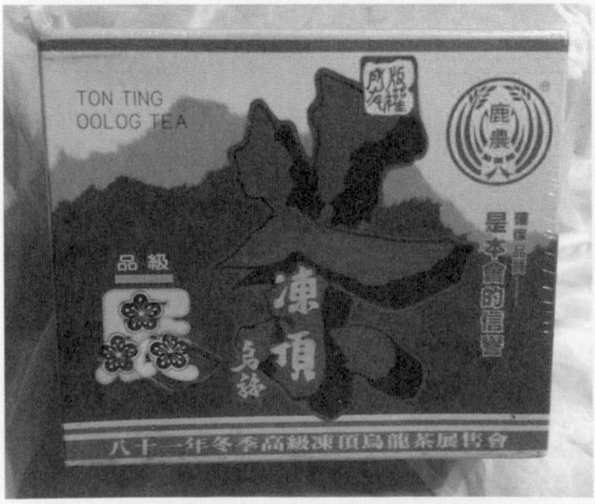

◎民國82年比賽茶包裝（春季）

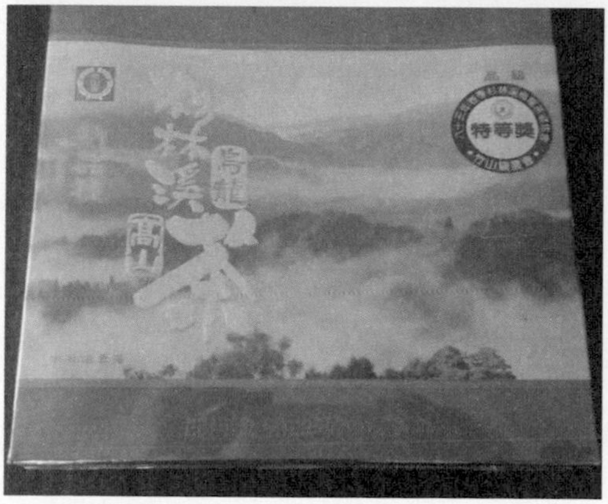

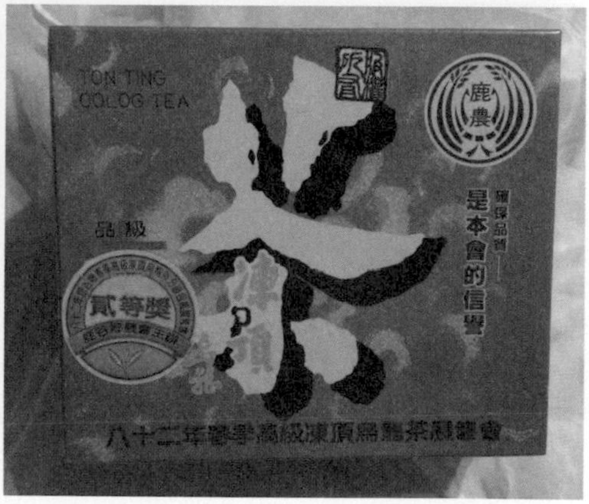

◎民國82年比賽茶包裝（冬季）

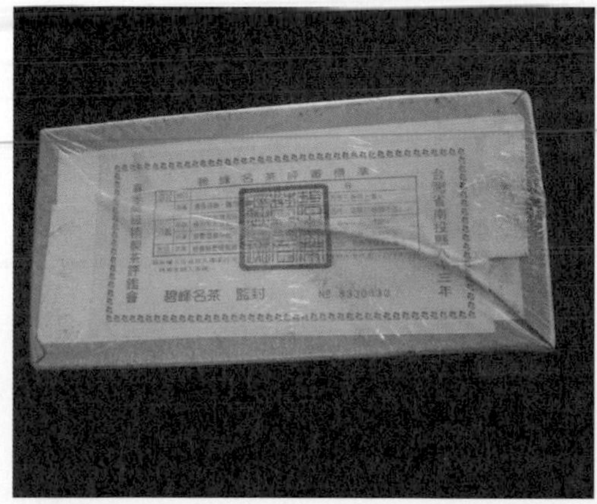

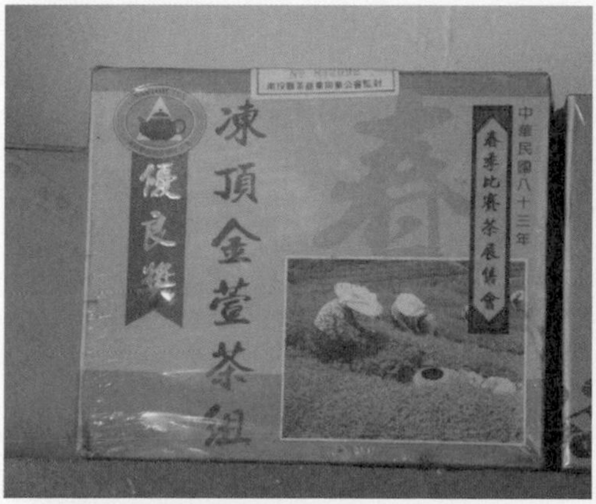

◎民國83年比賽茶包裝（冬季）

TON TING OOLOG TEA
鹿農
確保品質
是本會的信譽
茶
凍頂
八十三年冬季高級凍頂烏龍茶展售會

確保品質
是本會的信譽
凍頂
貳等獎
八十三年冬季高級凍頂烏龍茶展售

特等獎
83年冬茶
新品種組

精緻名茶
凍頂
是本會的信譽
八十三年冬季高級凍頂烏龍茶展售會

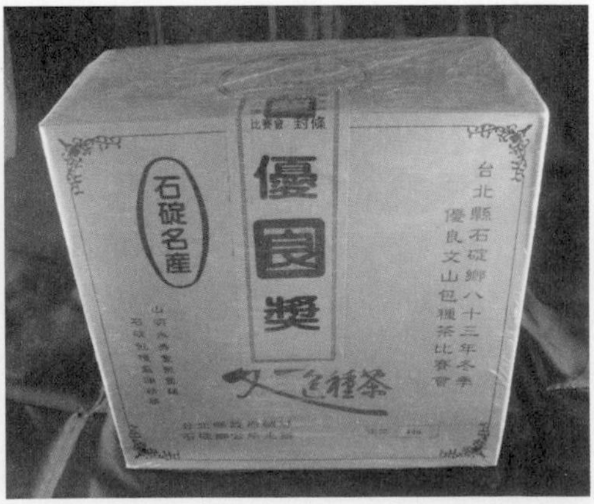
比賽會 封條
石碇名產
優良獎
台北縣石碇鄉八十三年冬季優良文山包種茶比賽會
文山包種茶

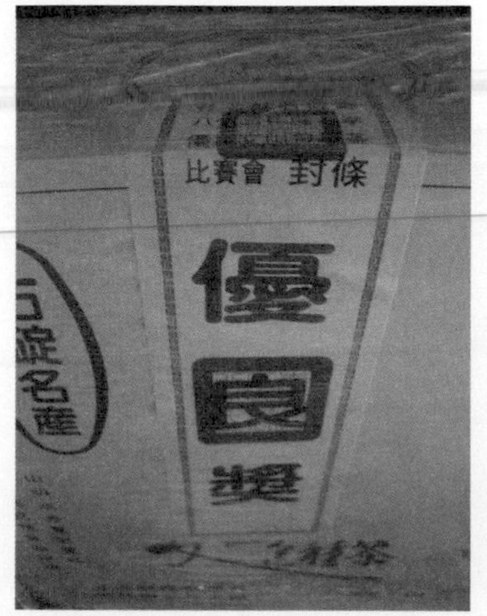

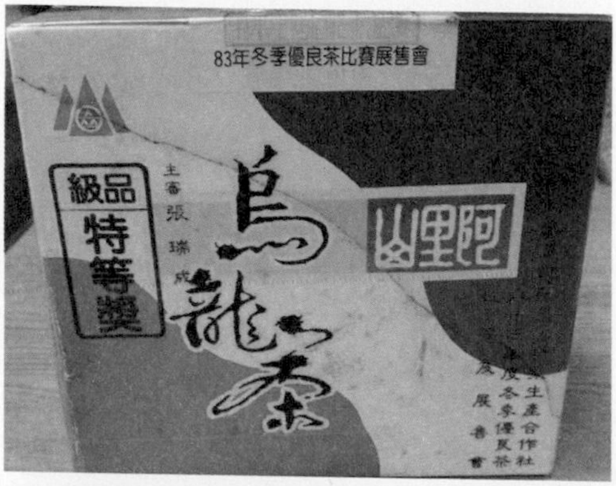

◎民國84年比賽茶包裝（春季）

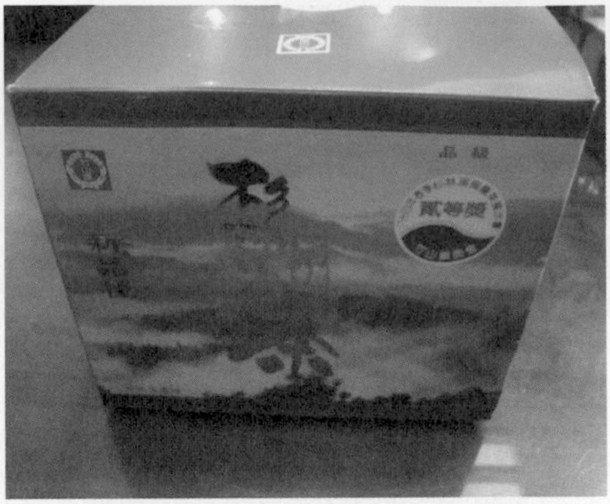

◎民國84年比賽茶包裝（冬季）

品種
烏龍

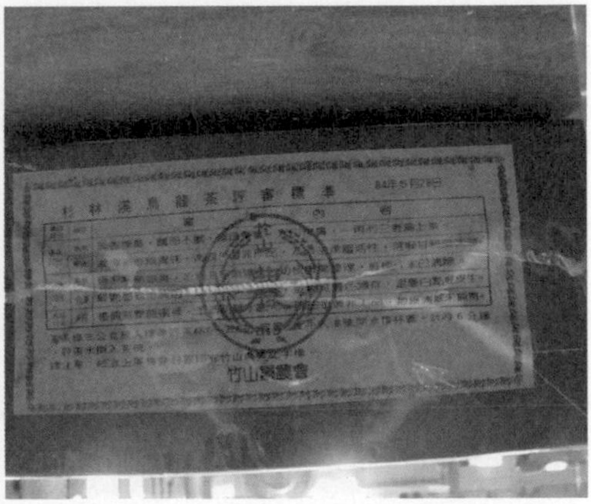
杉林溪烏龍茶評審標準

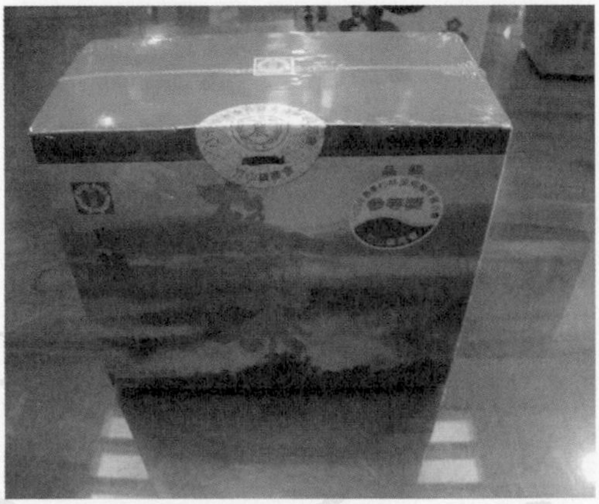

◎民國85年比賽茶包裝（春季）

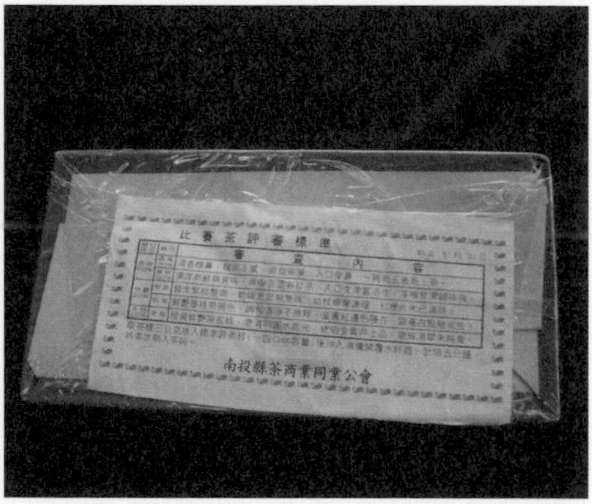

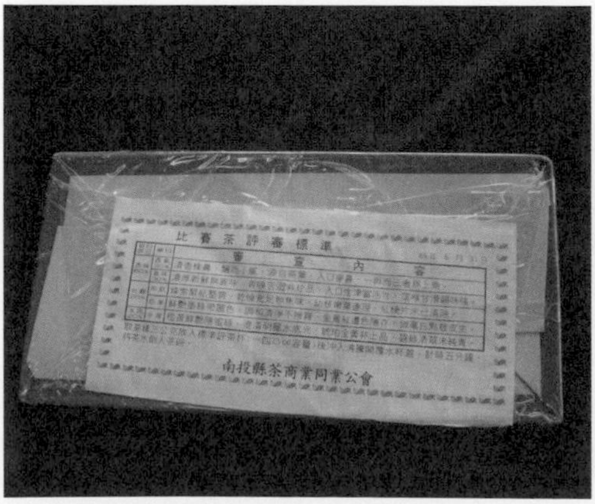

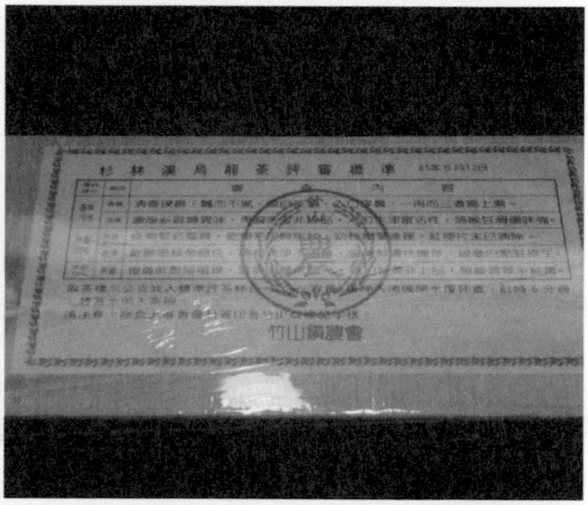

◎民國85年比賽茶包裝（白露）

◎民國85年比賽茶包裝（冬季）

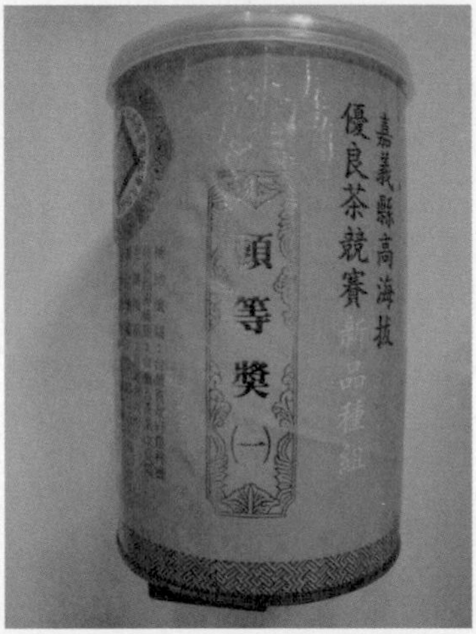

◎民國86年比賽茶包裝（春季）

凍頂
茶
DON-DING
OOLONG TEA
八十六年冬季
高級凍頂烏龍茶展售會

凍頂金萱茶組
茶
中華民國八十六年
冬季比賽茶展售會
冬

№862506
凍頂金萱茶組
頭等獎(一)
茶
中華民國八十六年
冬

凍頂金萱茶組
茶
頭等獎(一)
中華民國八十六年
冬

凍頂金萱茶組
茶
頭等獎(一)
中華民國八十六年
冬

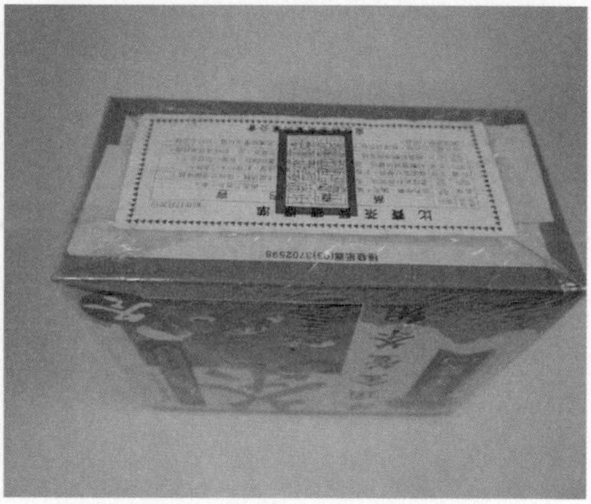

品級
凍頂
DON-DING
OOLONG TEA
南投縣鹿谷農會 監製
八十六年冬季
高級凍頂烏龍茶展售會

◎民國86年比賽茶包裝（白露）

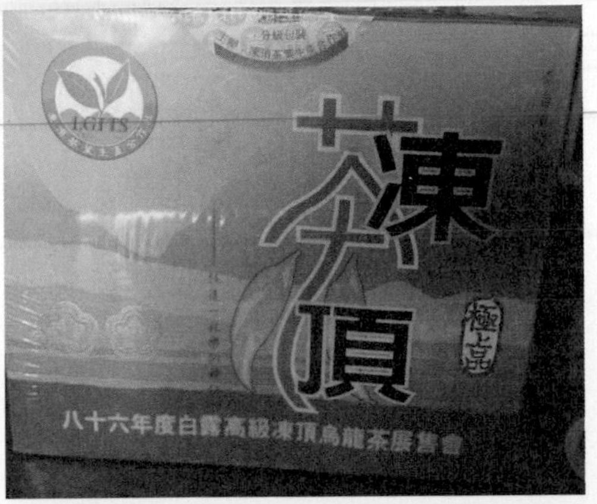

◎民國86年比賽茶包裝（冬季）

南投縣茶商業同業公會

茶
凍頂
DON-DING
OOLONG TEA
八十六年冬季
高級凍頂烏龍茶展售會

凍頂金萱茶組
茶
中華民國八十六年
冬季比賽茶展售會
頭等獎(一)
冬

No862506
凍頂金萱茶組
茶
中華民國八十六年
頭等獎(一)
冬

南投縣茶商業同業公會

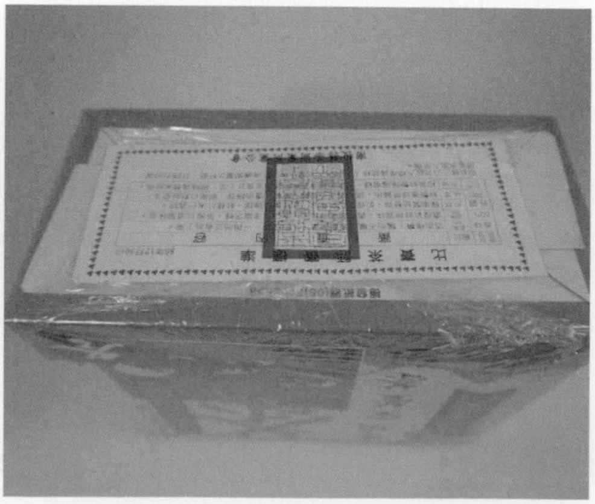

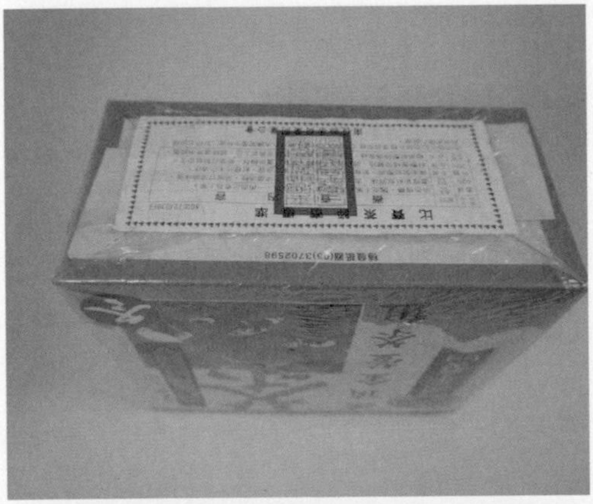

◎民國87年比賽茶包裝（春季）

鹿谷鄉農會
品級
茶
凍頂
八十七年春季高級凍頂烏龍茶展售會
DON-DING OOLONG TEA
南投縣鹿谷鄉農會 監製

品級
鹿谷鄉農會
貳等
八十六年春季
高級凍頂烏龍茶展售會
DON-DING
茶
凍頂

四季春茶組
茶
中華民國八十七年
春季比賽茶展售會
春

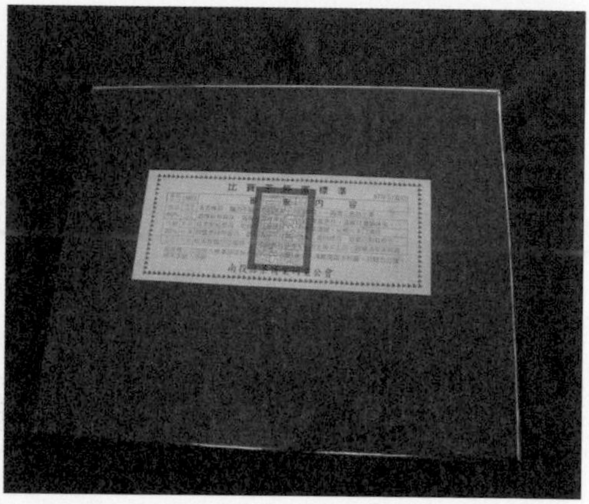

鹿谷鄉農會
品級
貳等
茶
凍頂
八十七年春季高級凍頂烏龍茶展售會
DON-DING OOLONG TEA
南投縣鹿谷鄉農會 監製

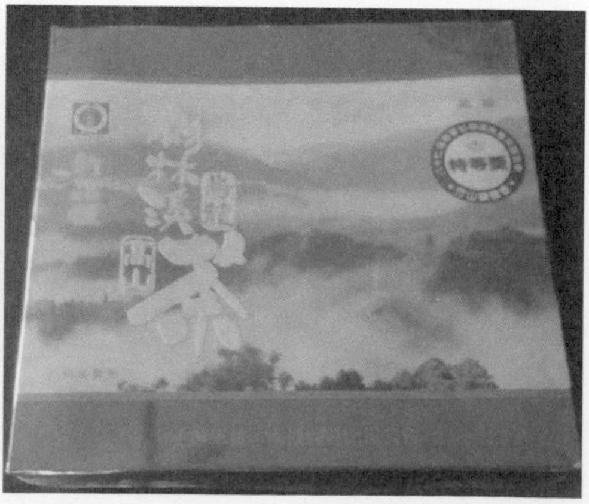

◎民國87年比賽茶包裝（冬季）

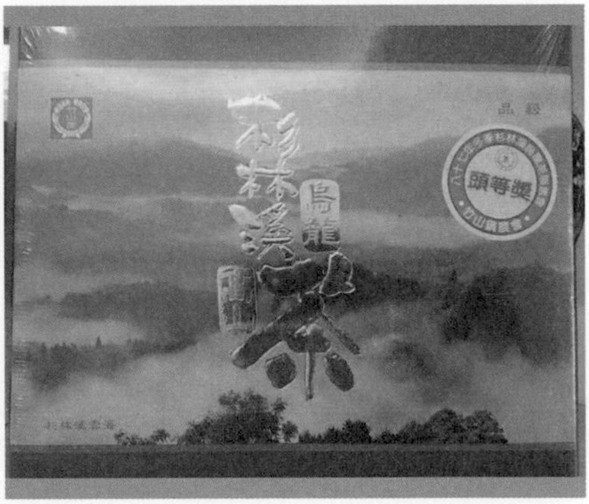

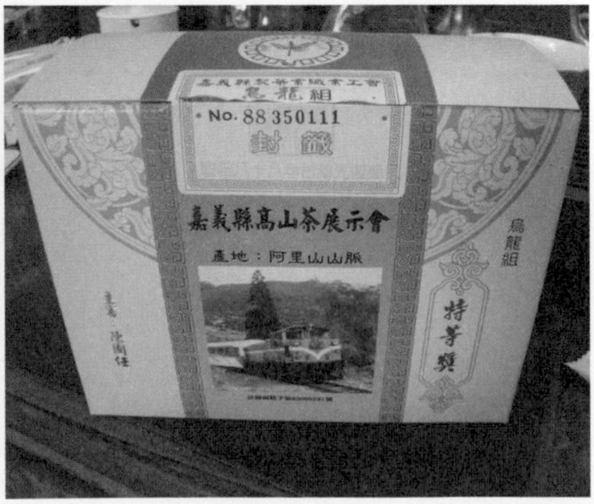

No. 88 350111
封緘
嘉義縣高山茶展示會
產地：阿里山山脈
烏龍組
特等獎

嘉義市八十七
高山

特等獎
高山
烏龍

嘉義縣
山茶展示會
阿里山山脈
特等獎
特等獎
高山
烏龍組
No. 88 350111
封緘

頭等獎
補助機關：台灣省政府農林廳
技術指導機關：台灣省茶業改良場
主辦機關：嘉義縣政府
執行機關：梅山鄉公所

◎民國88年比賽茶包裝（春季）

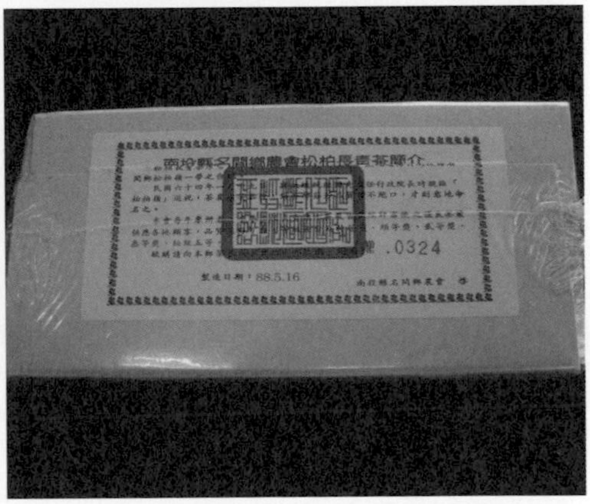

◎民國88年比賽茶包裝（冬季）

◎民國89年比賽茶包裝（春季）

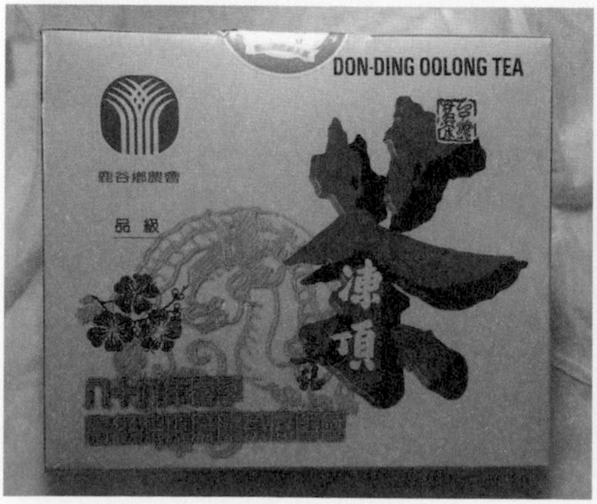

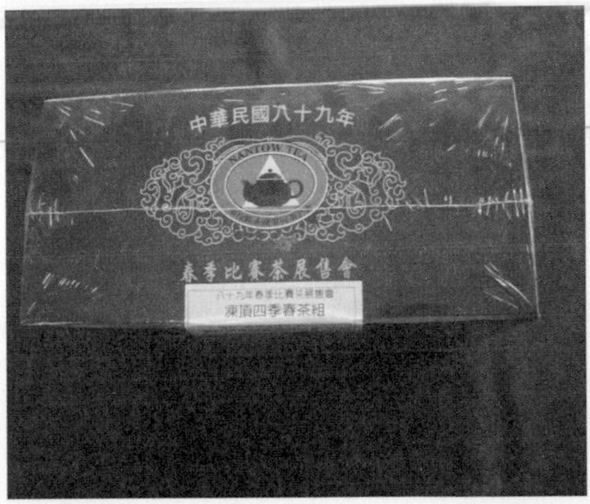

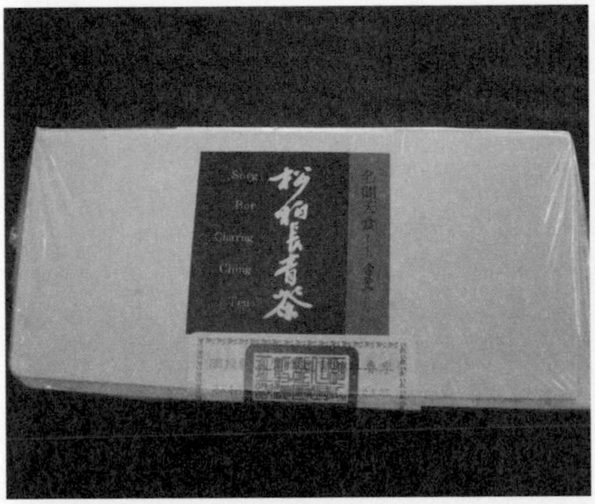

◎民國89年比賽茶包裝（冬季）

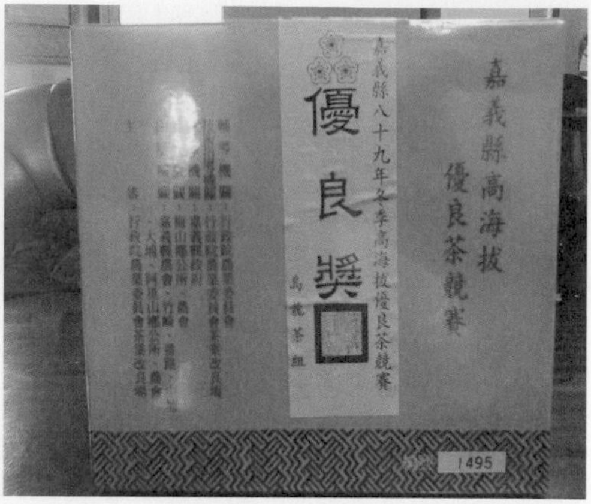

◎民國90年比賽茶包裝（春季）

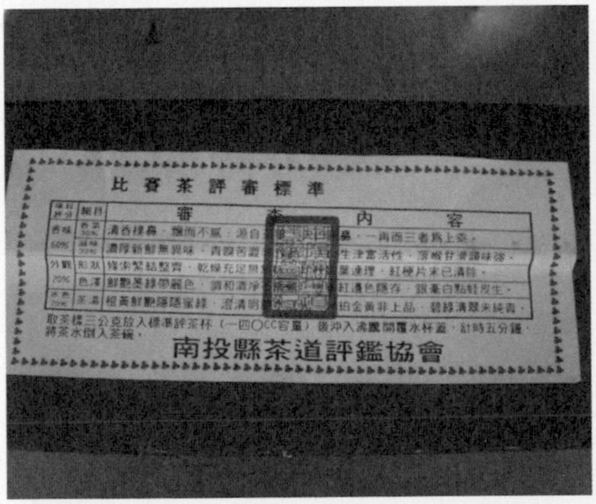

◎民國90年比賽茶包裝（冬季）

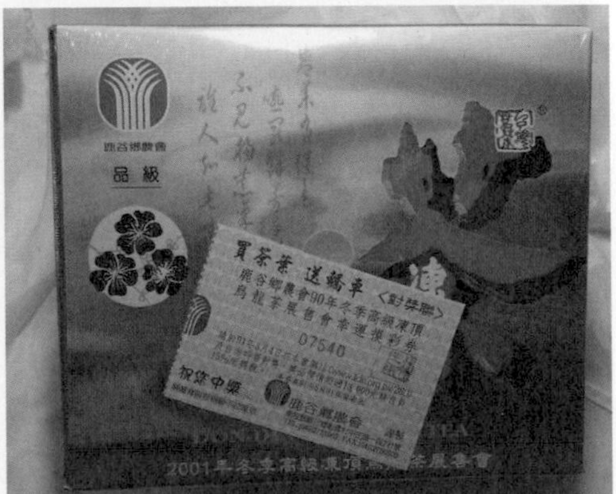

◎民國91年比賽茶包裝（春季）

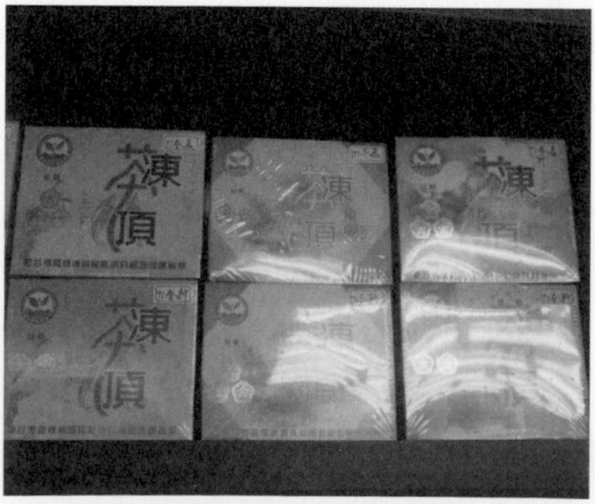

◎民國91年比賽茶包裝（冬季）

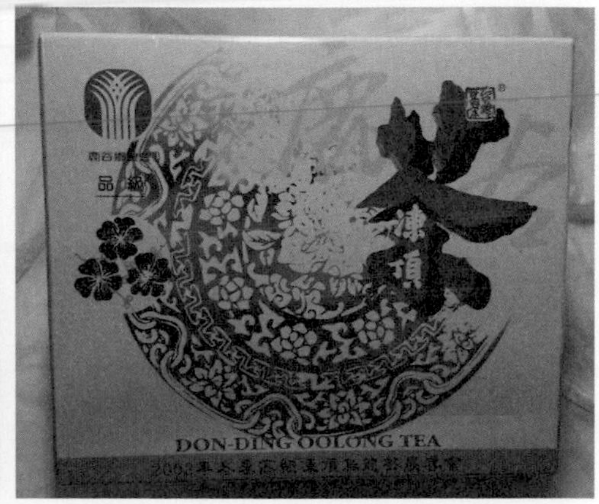

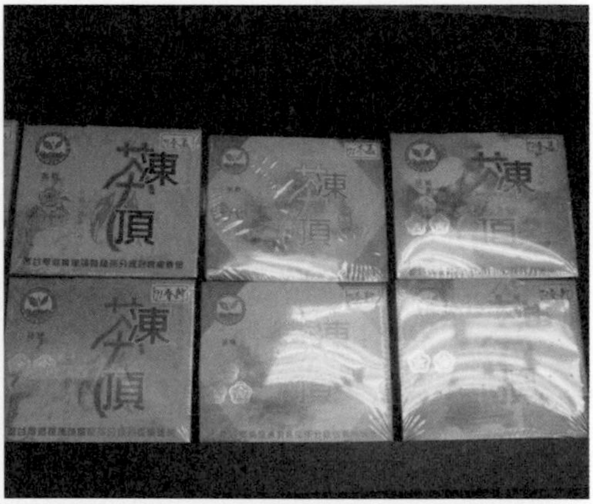

◎民國92年比賽茶包裝（春季）

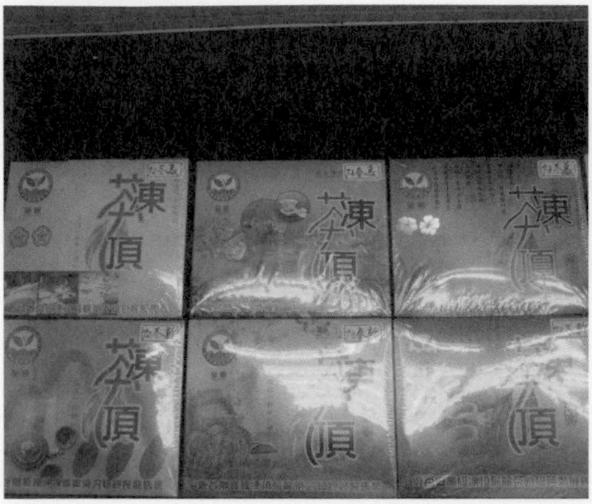
凍頂

凍頂四季春茶組
茶
二〇〇三年
春季比賽茶展售會
春

九十二年春季比賽茶展售會
南投縣茶商業同業公會 監封
№ 834339

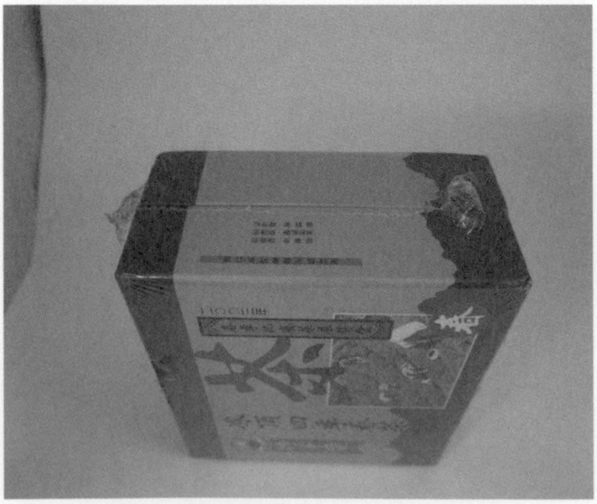

◎民國92年比賽茶包裝（冬季）

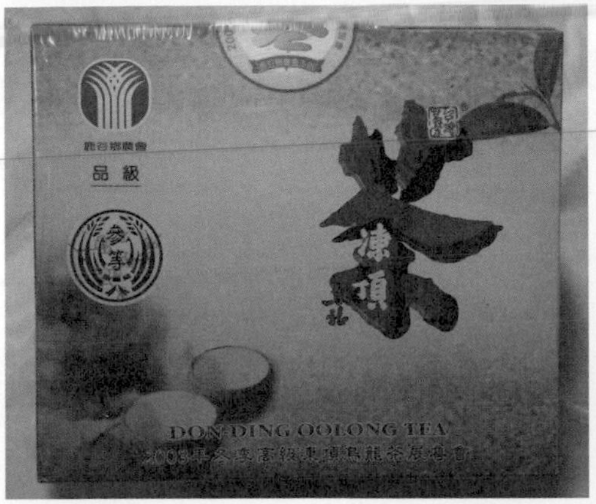

◎民國93年比賽茶包裝（春季）

◎民國93年比賽茶包裝（冬季）

◎民國94年比賽茶包裝（春季）

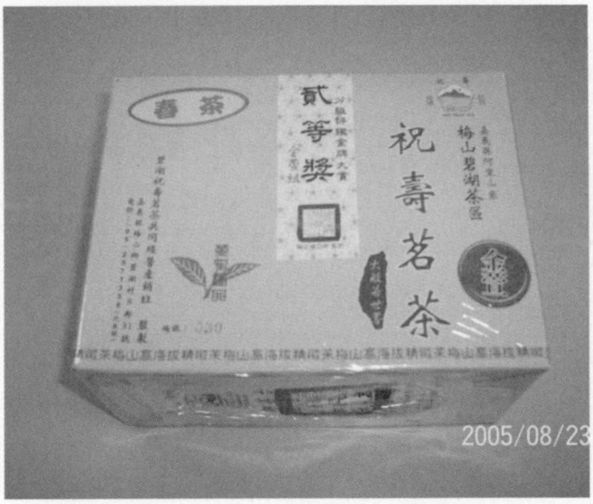

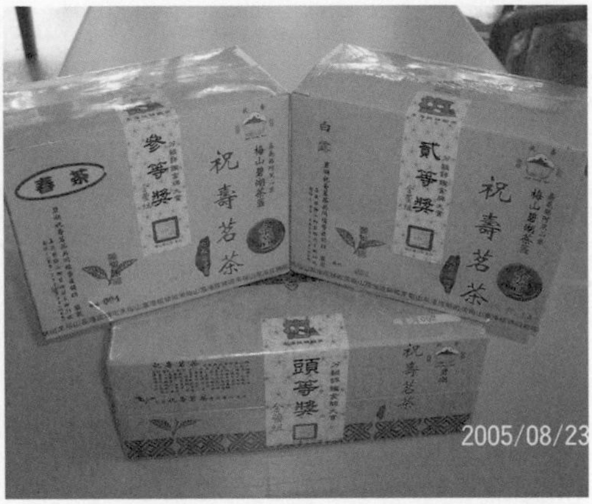

2005
臺灣第一好茶

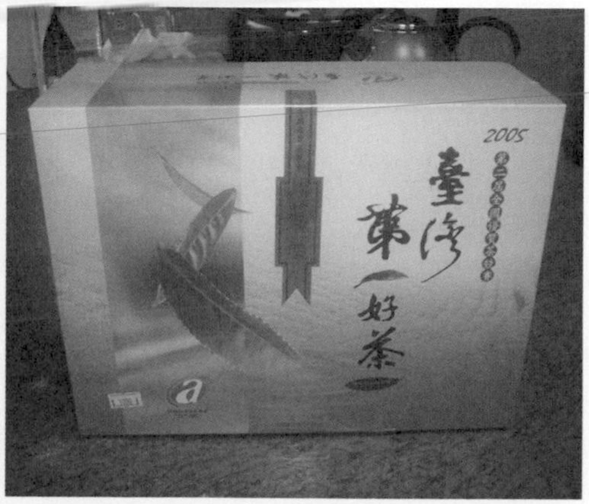
2005
臺灣第一好茶

阿里山高山茶的故鄉
阿里山
大龍頂茗茶

阿里山
高山茶
Alishan High Mountains Tea

阿里山
高山茶
阿里山高山茶的故鄉
頭等獎
大龍頂茗茶

阿里山
高山茶
貳等獎
烏龍組

貳等獎
阿里山

DON-DING
OOLONG TEA
2005年春季高級凍頂烏龍茶展售會

貳等獎

貳等獎
南投縣信義鄉玉山高海拔優良茶競賽展售會

2005
臺灣第一好茶

◎民國95年比賽茶包裝（春季）

高山茶 展示會
特等獎
阿里山
2005/06/28

Award of 2006
天下第一名茶
天下第一名茶

74
75

65
66
天下第一名茶
67

62

66
天下第一名茶

金璽
三星鄉農特產
上將茶

優良獎
台灣
宜蘭茶
新品種

三星鄉農特產
上將茶

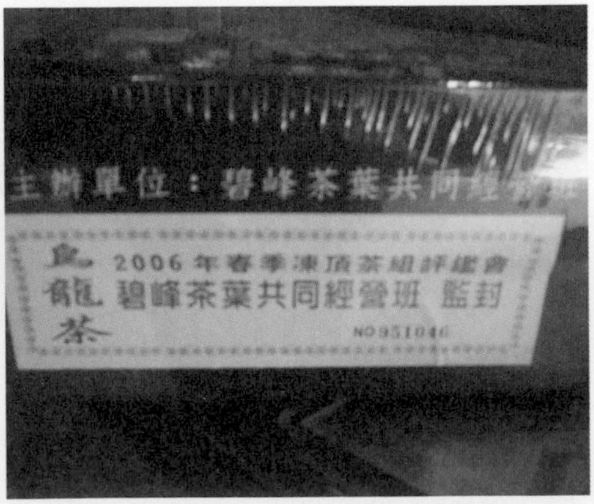
主辦單位：碧峰茶葉共同經營班
烏龍茶
2006年春季凍頂茶組評鑑會
碧峰茶葉共同經營班 監封
NO951046

凍頂茶
特等獎
主審：農委會茶業改良場
魚池分場

凍頂茶

凍頂茶
高級凍

參等
凍頂茶

品級
凍頂
特級茶

凍頂烏龍茶
DONG-DING OOLONG
TEA
凍頂烏龍茶
DONG-DING OOLONG
TEA

凍頂烏龍茶
DONG-DING OOLONG
TEA
凍頂烏龍茶
DONG-DING OOLONG
TEA

DON-DING OOLONG TEA
DON-DING OOLONG TEA

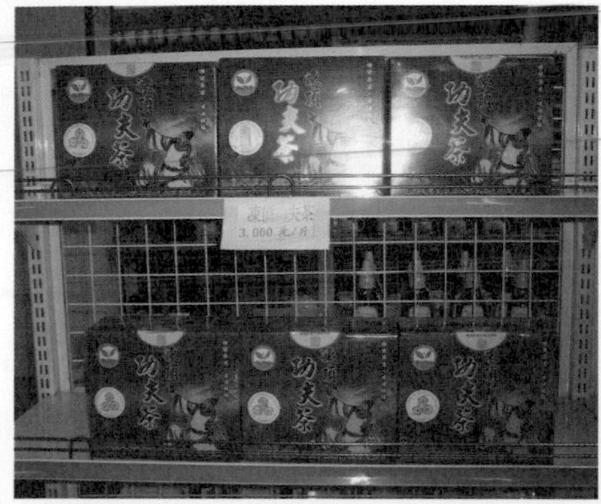
功夫茶
功夫茶
功夫茶
功夫茶
功夫茶

凍頂
凍頂

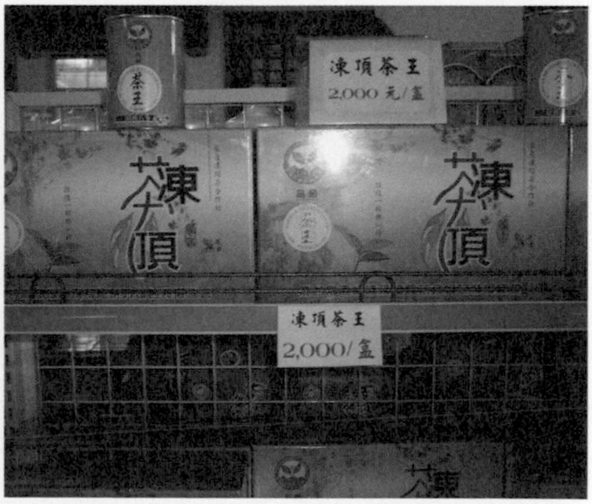
凍頂茶王
2,000 元/盒
凍頂
凍頂
凍頂茶王
2,000/盒

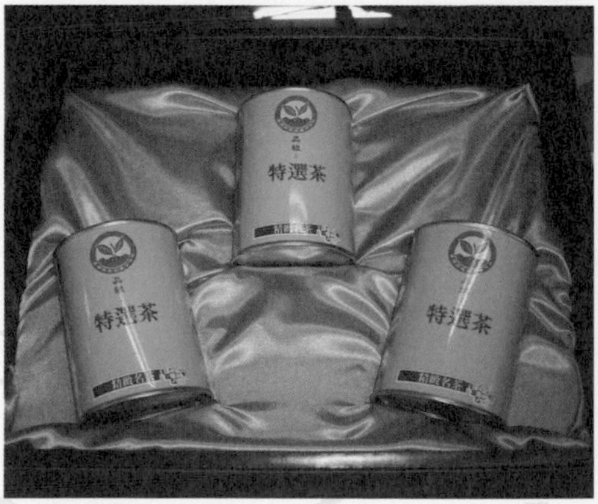
特選茶
特選茶
特選茶

凍頂
DON-DING OOLONG TEA

頭等獎
8000元/斤
精選獎

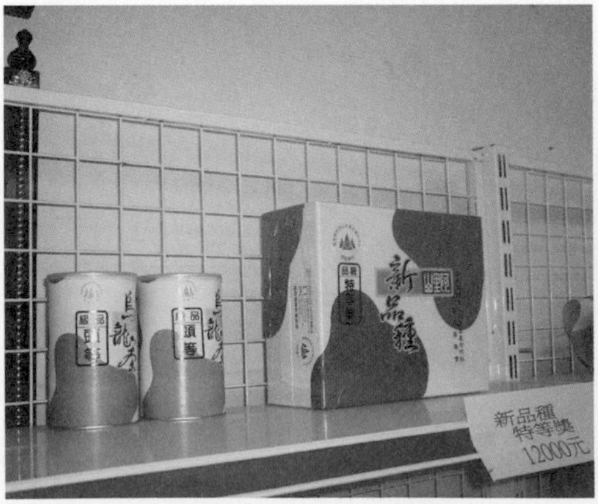
新品種
特等獎
12000元

優良獎
原價
優惠價
NT：2500元/斤

頭等獎
8000元/斤
精選獎
2000元/斤

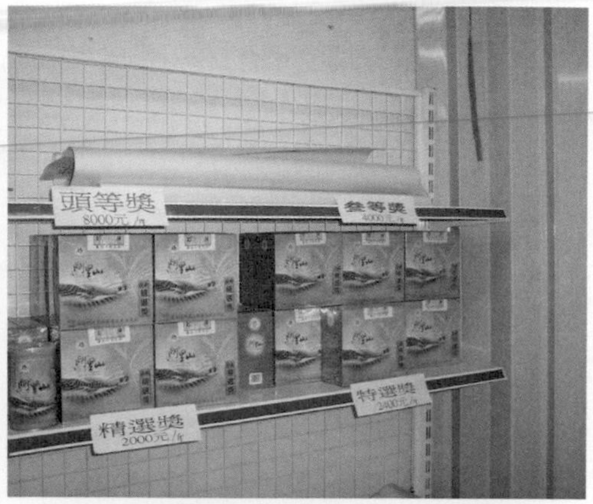
頭等獎
8000元/斤
精選獎
2000元/斤
特選獎
2400元/斤

台灣
文山包種茶
優良獎
Bao Chung Tea

特等
春茶
鐵觀音
獎等特

杉林溪高山茶
金牌大賞

杉林溪高山茶
金牌大賞

杉林溪高山茶

杉林溪高山茶
金牌大賞

杉林溪高山茶
金牌大賞

杉林溪高山茶
金牌大賞

金牌大賞

杉林溪高山茶
金牌大賞

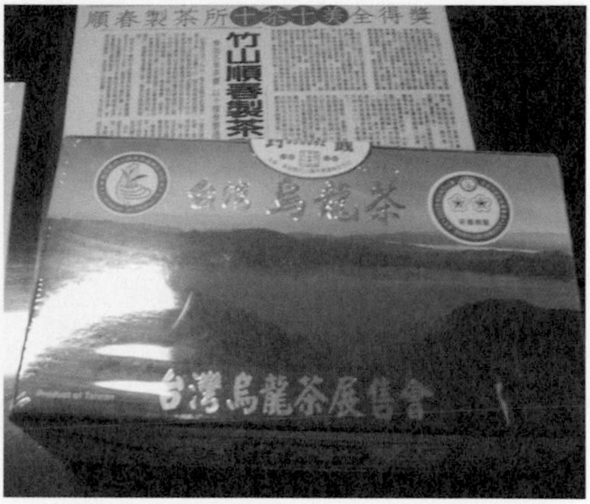
順春製茶所十茶十美全得獎
竹山順春製茶
台灣烏龍茶
Product of Taiwan
台灣烏龍茶展售會

凍頂

DON-DING OOLONG TEA
2006年春季高級凍頂烏龍茶展售會
DON-DING OOLONG TEA
2006年春季高級凍頂烏龍茶展售會

2006春
03943
DON-DING OOLONG TEA
2006年春季高級凍頂烏龍茶展售會

DON-DING OOLONG TEA
2006年春季高級凍頂烏龍茶展售會

DON-DING OOLONG TEA
2006年春季高級凍頂烏龍茶展售會

95年春季優良茶比賽產售會
烏龍茶
優良獎

烏龍茶

04489
DON-DING OOLONG TEA

金牌大賞

金牌大賞

02012
DON-DING OOLONG TEA

03595
品級
凍頂
茶
DON-DING OOLONG TEA
2006年春季高級凍頂烏龍茶展售會

杉林溪高山茶
金牌大賞

杉林溪高山茶
金牌大賞

杉林溪高山茶
金牌大賞

凍頂
凍頂
凍頂

凍頂
烏龍茶
特等獎
【2006年 春季比賽茶展售會】

◎民國95年比賽茶包裝（冬季）

頭等獎
南投縣信義鄉玉山高海拔優良茶競賽展售會

貳等獎
南投縣信義鄉玉山高海拔優良茶競賽展售會

貳等獎
南投縣信義鄉玉山高海拔優良茶競賽展售會

貳等獎
南投縣信義鄉玉山高海拔優良茶競賽展售會

南投縣信義鄉玉山高海拔優良茶競賽展售會

南投縣信義鄉玉山高海拔優良茶競賽展售會

南投縣信義鄉玉山高海拔優良茶競賽展售會

南投縣信義鄉玉山高海拔優良茶競賽展售會

南投縣信義鄉玉山高海拔優良茶競賽展售會

南投縣信義鄉玉山高海拔優良茶競賽展售會

南投縣信義鄉玉山高海拔優良茶競賽展售會

南投縣信義鄉玉山高海拔優良茶競賽展售會

品級

南投縣信義鄉玉山高海拔優良茶競賽展售會

DON DING OOLONG TEA
DON DING OOLONG TEA

參等獎

杉林溪高山茶
金牌大賞

杉林溪高山茶
金牌大賞

杉林溪高山茶
金牌大賞

1122
品級
凍頂
茶
DON DING OOLONG TEA
2005年冬季高級凍頂烏龍茶展售會

南投縣鹿谷鄉農會
03606
品級
凍頂
茶
DONG-DING OOLONG TEA
2006年冬季高級凍頂烏龍茶展售會

Dongding
Oolong Tea
02983
品級
凍頂
茶

凍頂
鹿谷鄉高級凍頂烏龍茶分級包裝展售會

杉林溪

杉林溪
參等獎

品級
阿里山
烏龍茶

1122
凍頂
DON DING OOLONG TEA
2005年冬季高級凍頂烏龍茶展售會

頭等獎
阿里山
高山茶

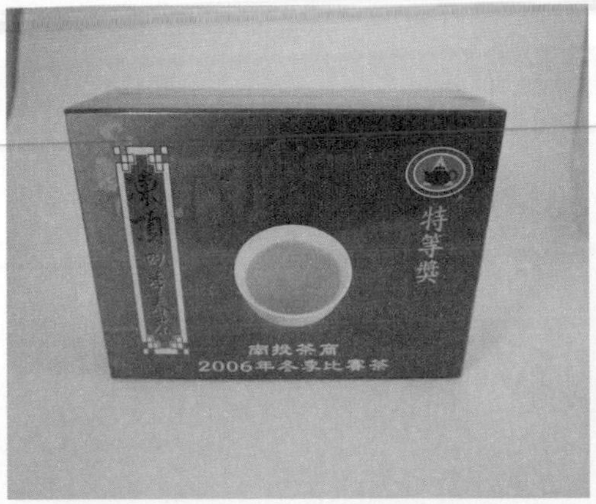
特等獎
南投茶商
2006年冬季比賽茶

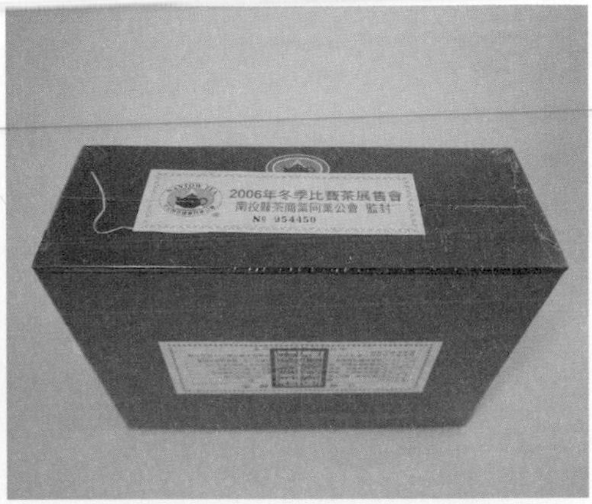
2006年冬季比賽茶展售會
南投縣茶商業同業公會 監封
№ 954450

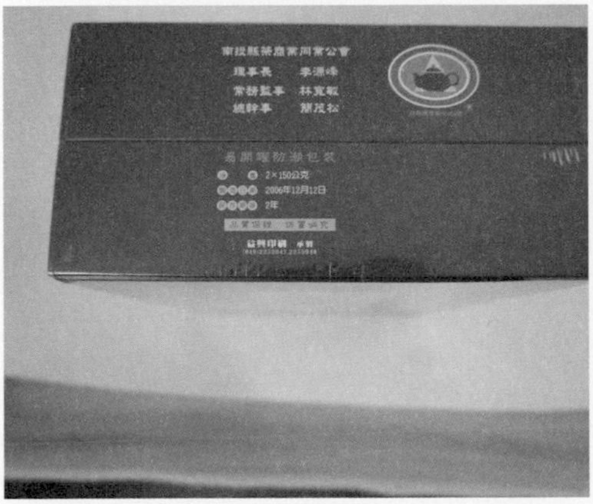
理事長
常務監事
總幹事
2×150公克
2006年12月12日
2年

凍頂烏龍茶
特等獎
南投茶商
2006年冬季比賽茶

凍頂烏龍茶
特等獎
南投茶商
2006年冬季比賽茶

2006年冬季比賽茶展售會
南投縣茶商業同業公會 監封
№ 951984

凍頂烏龍茶
特等獎
南投茶商
2007年冬季比賽茶

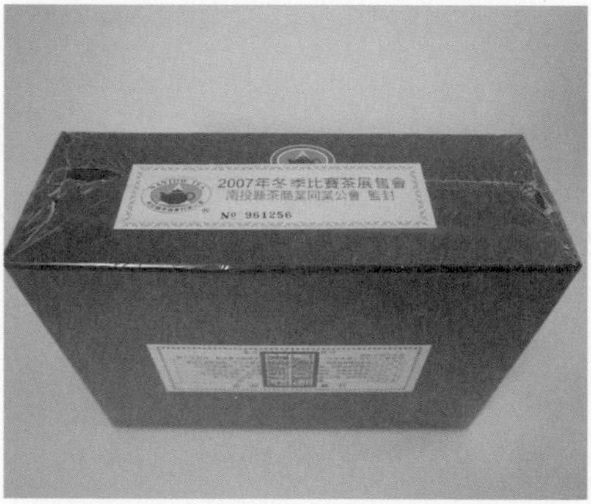
2007年冬季比賽茶展售會
南投縣茶商業同業公會 監封
№ 961256

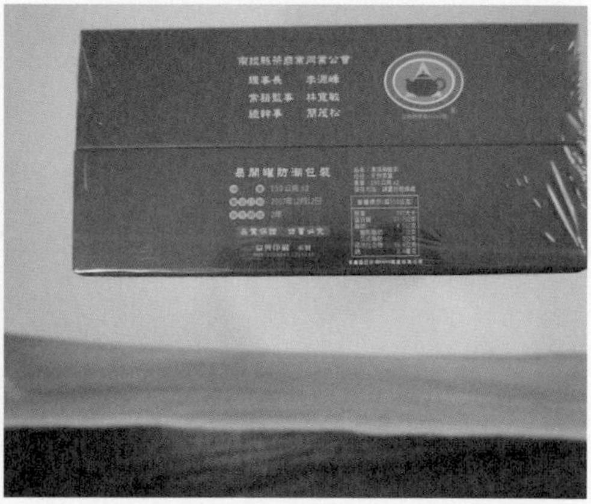

凍頂烏龍茶
特等獎
南投茶商
2007年冬季比賽茶

凍頂烏龍茶
特等獎
南投茶商
2007年冬季比賽茶

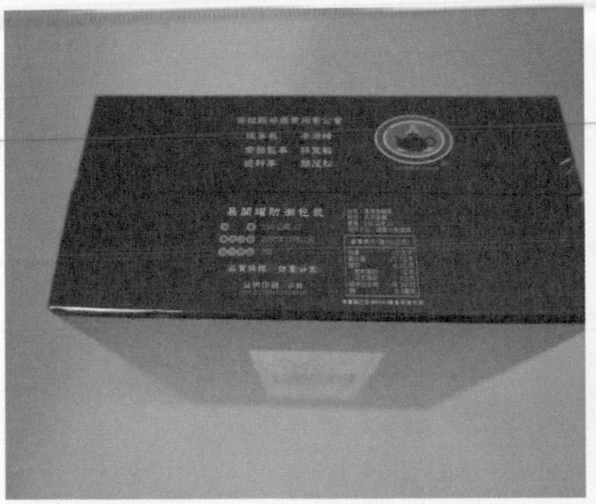

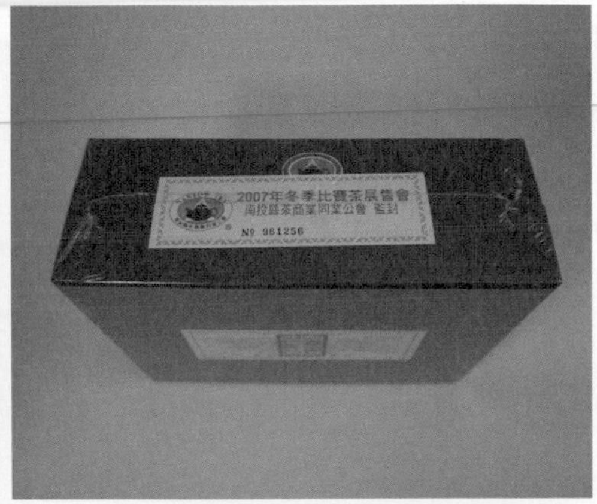
2007年冬季比賽茶展售會
南投縣茶商業同業公會 監封
№ 961256

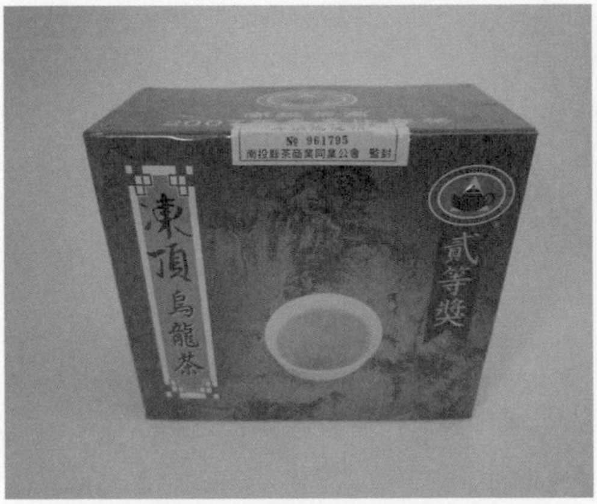
№ 961795
南投縣茶商業同業公會 監封
凍頂烏龍茶
貳等獎

凍頂烏龍茶
貳等獎

◎民國96年比賽茶包裝（春季）

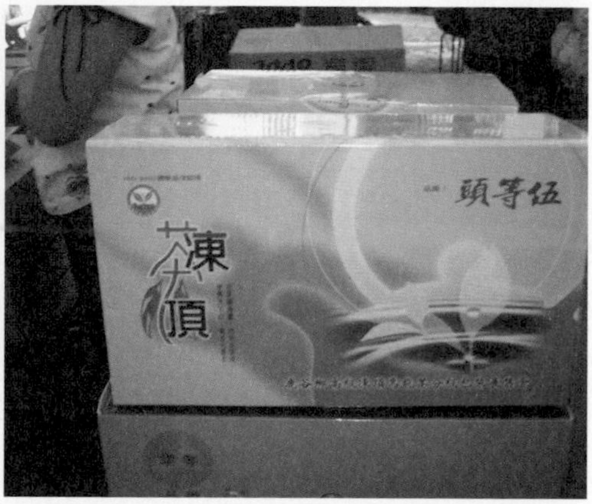

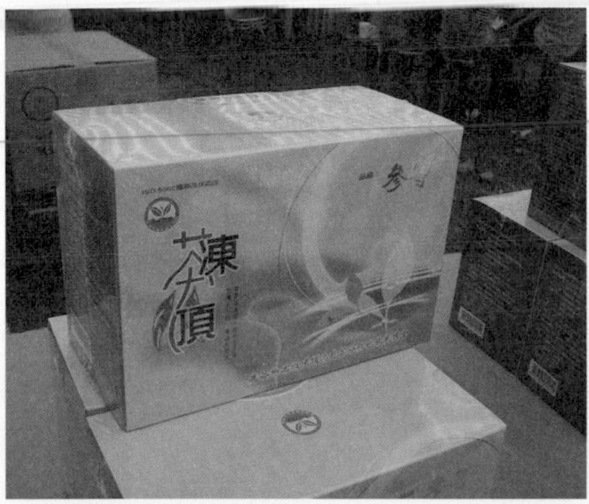
凍頂

凍頂

凍頂
貳等

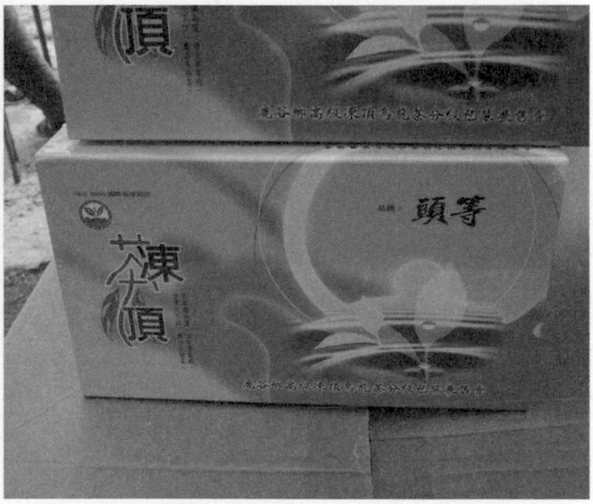
凍頂
頭等

烏龍茶

台灣烏龍茶

凍頂

杉林溪高山茶
金牌大賞

烏龍茶

高山茶

杉林溪
貳等獎

杉林溪烏龍茶(新品種)
品級：頭等
售價：3,500元

杉林溪烏龍茶(新品種)
品級：頭等三
售價：4,500元

杉林溪烏龍茶(新品種)
品級：頭等二
售價：5,500元

杉林溪烏龍茶(新品種)
品級：特等
售價：9,000元

杉林溪烏龍茶
品級：頭等一
售價：8,500 元

杉林溪烏龍茶
品級：頭等三
售價：6,500 元

杉林溪烏龍茶（新品種）
品級：特等
售價：9,000 元

杉林溪烏龍茶（新品種）
品級：頭等二
售價：5,500 元

杉林溪烏龍茶
品級：參等
售價：2,300 元

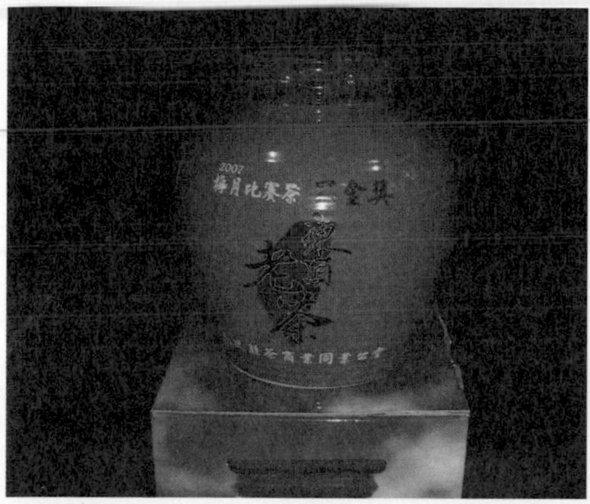
2007
梅月比賽茶

2007
梅月比賽茶

2007
梅月比賽茶

2007
梅月比賽茶

台灣
文山包種茶
優良獎
Bao-Chung Tea

台灣
文山包種茶
優良獎
Bao-Chung Tea

Bao-Chung Tea
from Pinglin, Wenshan

山包種茶
Bao-Chung Tea
from Pinglin, Wenshan

文山包種茶
頭等獎
Bao-Chung Tea
from Pinglin, Wenshan

優良獎
Bao-Chung Tea
優良茶
重量：一台斤(600g)
售價/盒：1500元

文山
Bao-Chung Tea
參等獎
重量：一台斤(600g)
售價/盒：2000元

文山包種茶
Bao-Chung Tea
貳等獎
重量：一台斤(600g)
售價/盒：3000元

文山包種茶
頭等獎
Bao-Chung Tea
from Pinglin, Wenshan

文山包種茶

文山包種茶

參等
春茶
鐵觀音

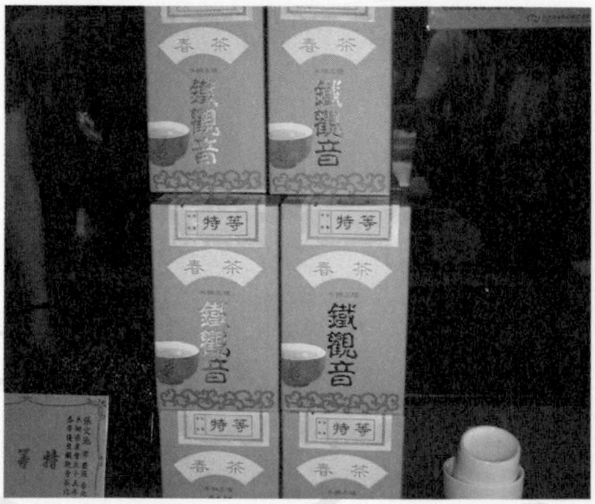
春茶
鐵觀音
特等

優良
春茶
鐵觀音

頭等
春茶
鐵觀音

貳等
春茶
鐵觀音

杉林溪高山茶
金牌大賞

杉林溪高山茶
金牌大賞

杉林溪高山茶
金牌大賞

杉林溪高山茶
金牌大賞

特等獎
南投縣信義鄉玉山高海拔優良茶競賽展售會

TAIWAN OOLONG TEA
台灣 烏龍茶
頭等獎

台灣 烏龍茶
頭等獎
Product of Taiwan

台灣 烏龍茶
頭等獎
Product of Taiwan

台灣 烏龍茶
竹山鎮茶業運銷合作社台灣烏龍茶展售會
Product of Taiwan

台灣 烏龍茶
Product of Taiwan

烏龍茶
參等獎
竹山鎮茶業運銷合作社台灣烏龍茶展售會
Product of Taiwan

TAIWAN OOLONG TEA
烏龍茶
Product of Taiwan
封 960038
烏龍茶
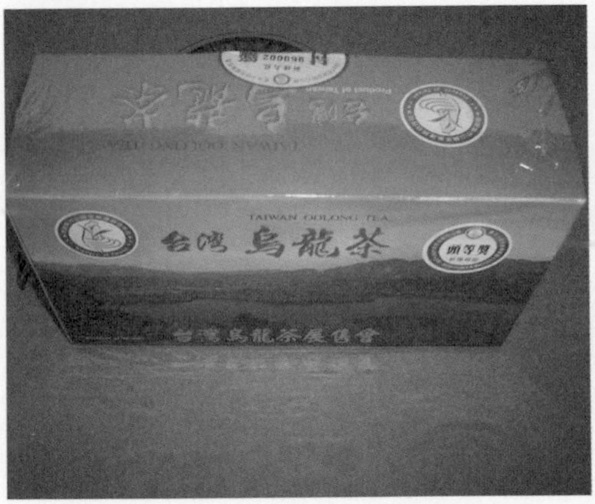
TAIWAN OOLONG TEA
烏龍茶
台灣烏龍茶展售會

烏龍茶
竹山鎮茶業運銷合作社台灣烏龍茶展售會
Product of Taiwan

烏龍茶
特等獎
Product of Taiwan
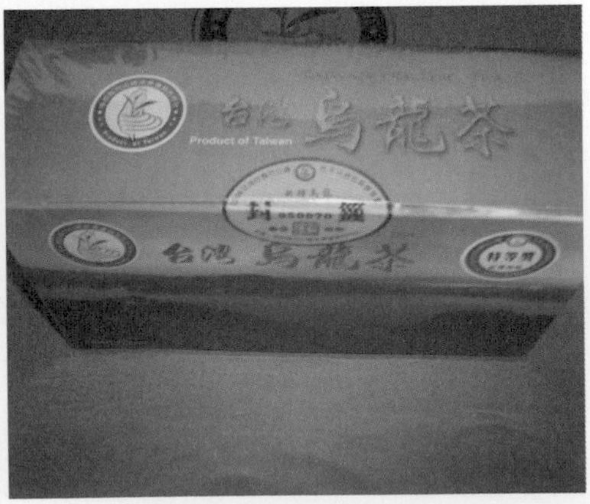
烏龍茶
Product of Taiwan
烏龍茶
特等獎

松級
杉柏長青茶

阿里山
烏龍茶
特等獎

960403
杉林溪
新品種烏龍茶
特等獎

960403
杉林溪
特等獎

TAIWAN
南投縣信義鄉玉山高海拔優良茶競賽展售會

頭等
tea

DONGDING OOLONG TEA
2007年春季高級凍頂烏龍茶展售會

南投縣名間鄉農會
松柏長青茶比賽展售會

南投縣名間鄉農會
松柏長青茶比賽展售會

松級
松級

二〇〇七年石碇鄉優良文山椪風茶比賽會
優良獎
文山椪風茶
(石碇美人茶)

文山椪風茶
(石碇美人茶)
150g
文山椪風茶
(石碇美人茶)
150g

頭等獎
文山椪風茶
二〇〇七年石碇鄉優良文山椪風茶比賽會
(石碇美人茶)

文山椪風茶
(石碇美人茶)
150g

優良獎
石碇
文山包種茶
包種茶

貳等獎
石碇
文山包種茶
包種茶

手採精製
日月潭紅茶
冠軍
賀陳旦
96/6/27

手採精製
日月潭紅茶
冠軍

優良獎

參等獎

貳等獎
參等獎
優良獎

貳等獎
參等獎
優良獎

貳等獎
頭等獎

新竹縣九十六年度
特等獎
新竹縣政府

2007
十大經典名茶選拔

名間天食
南投縣名間鄉農會
松柏長青茶比賽展售會

松級
名間天食
松柏長青茶
Song
Bor
Charng
Ching
Tea

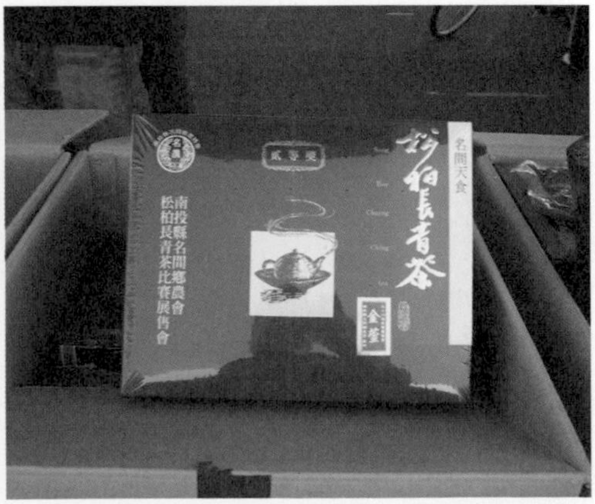
貳等獎
名間天食
松柏長青茶
南投縣名間鄉農會
松柏長青茶比賽展售會
金萱

名聞天食
松柏長青茶
南投縣名間鄉農會
松柏長青茶比賽展售會

名聞天食
南投縣名間鄉農會
松柏長青茶比賽展售會
中華民國九十六年

日月潭紅茶

日月潭紅茶

阿里山鄉高山茶

阿里山鄉高山茶
好山好水原鄉味

凍頂烏龍茶

特等獎
凍頂烏龍茶

凍頂烏龍茶

凍頂烏龍茶

凍頂烏龍茶

金牌獎
Taiwan
花東經典名茶

Taiwan
花東經典名茶
Taiwan
花東經典名茶

Hualian-Taitung Classical Tea
Taiwan
花東經典名茶

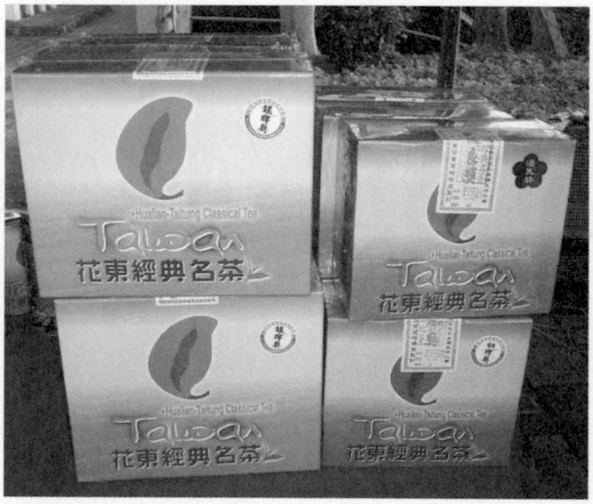
Hualian-Taitung Classical Tea
Taiwan
花東經典名茶

日月潭紅茶
Sun Moon Lake Black Tea
季軍

山茶

凍頂
DONGDING OOLONG TEA
2007年春季高級凍頂烏龍茶展售會

優良獎
極風茶
風茶

新品種組
青山茶

南港
茗茶

特等獎
宜蘭茶
烏龍茶
台灣

參等獎
烏龍茶
台灣
宜蘭茶

貳等獎
台灣
宜蘭茶
烏龍茶

頭等壹獎
台灣
宜蘭茶
烏龍茶

頭等獎
台灣
宜蘭茶
烏龍茶

優良獎
台灣
宜蘭茶
烏龍茶

特等獎
台灣
宜蘭茶
新品種

參等獎
台灣
宜蘭茶
新品種

貳等獎
台灣
宜蘭茶
新品種

頭等壹獎
台灣
宜蘭茶
新品種

頭等獎
台灣
宜蘭茶
新品種

優良獎
台灣
宜蘭茶
新品種

特等獎
茶

二等獎
茶

三等獎
茶

頭等獎
茶

優等獎
茶

特等獎
茶
頭等獎
茶
三等獎
茶
二等獎
茶
優等獎
茶

凍頂老茶組
No 969194
南投縣茶商業同業公會 監封

No 969155
南投縣茶商業同業公會 監封

凍頂
老茶
南投縣茶商業同業公會

高山茶
參等獎
阿里山
2007 6 5

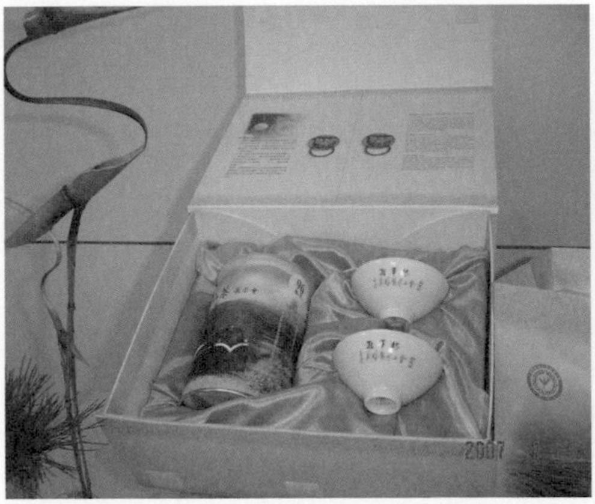
2007

特等獎
高山茶
阿里山
2007

特等獎
高山茶
阿里山
2007

凍頂
DONGDING OOLONG TEA
2007年春季高級凍頂烏龍茶展售會

凍頂
特等獎
南投茶商
2007年春季比賽茶

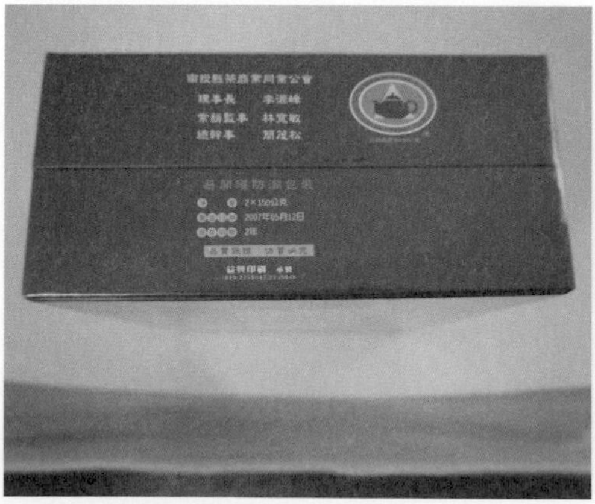

凍頂
金萱茶
特等獎

2007年春季比賽茶展售會
南投縣茶商業同業公會 監封
№ 962093

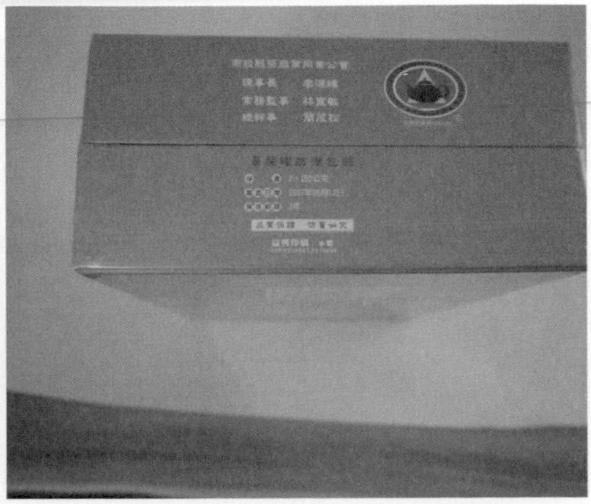

凍頂烏龍茶
特等獎
南投茶商
2007年春季比賽茶

凍頂烏龍茶
特等獎
南投茶商
2007年春季比賽茶

2007年春季比賽茶展售會
南投縣茶商業同業公會 監封
№ 961850

◎民國96年比賽茶包裝（白露）

◎民國96年比賽茶包裝（冬季）

KEEP GOING TAIWAN PEACE
農特產
文山包種茶

梨山茶

杉林溪

02772
DONG-DING OOLONG TEA

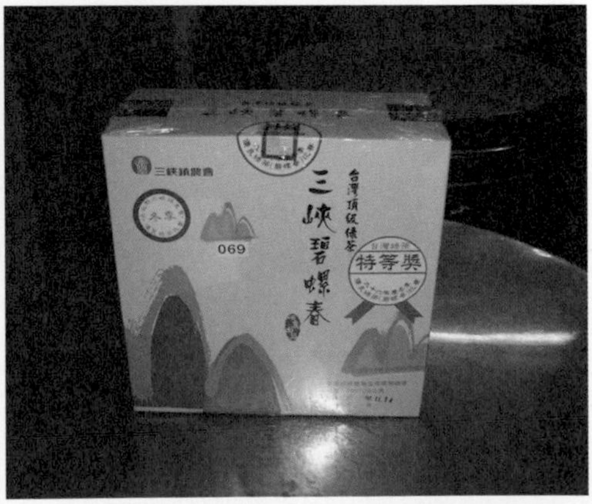
三峽鎮農會
台灣頂級綠茶
三峽碧螺春
069
特等獎

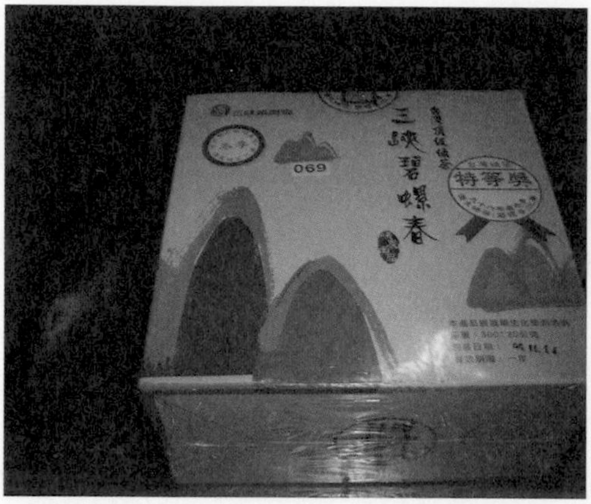
三峽碧螺春
特等獎
069

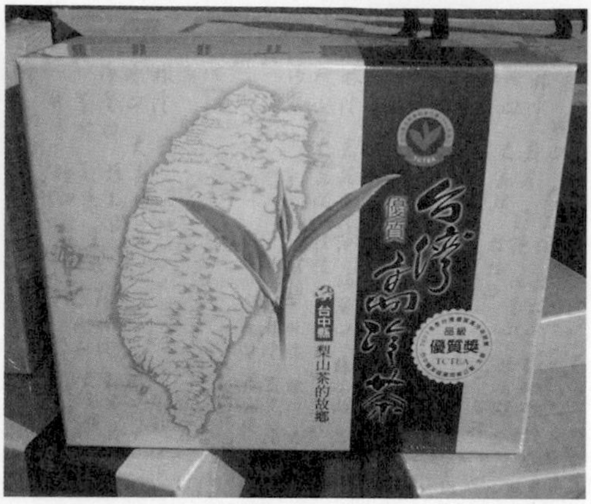
優質
台灣高山茶
台中縣
梨山茶的故鄉
品級
優質獎
TCTEA

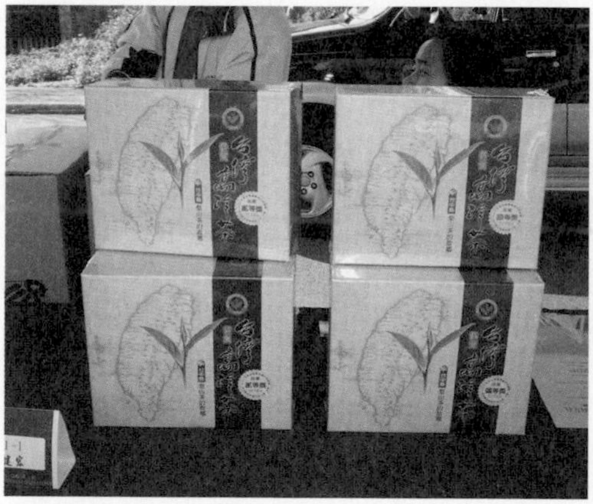

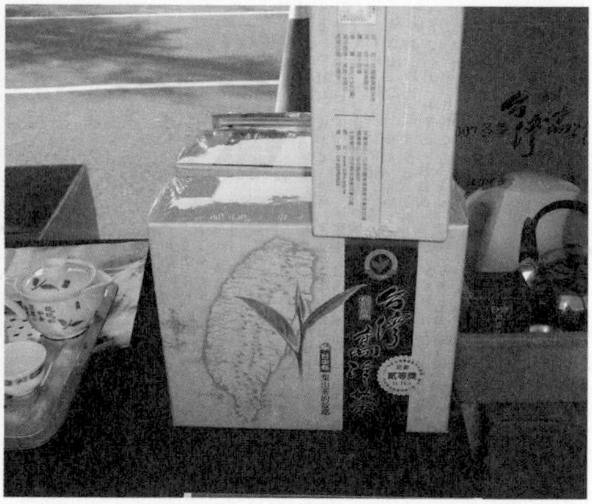

優質
台灣高山茶
台中縣
梨山茶的故鄉

品級
凍頂
DONGDING OOLONG TEA

Dongding
Oolong Tea
凍頂

海山名茶
三峽包種茶
特等獎

2006.12.31
鶴岡紅茶

特等獎
頭等獎
凍頂組

凍頂
DONGDING OOLONG TEA

凍頂
tea

◎民國97年比賽茶包裝（春季）

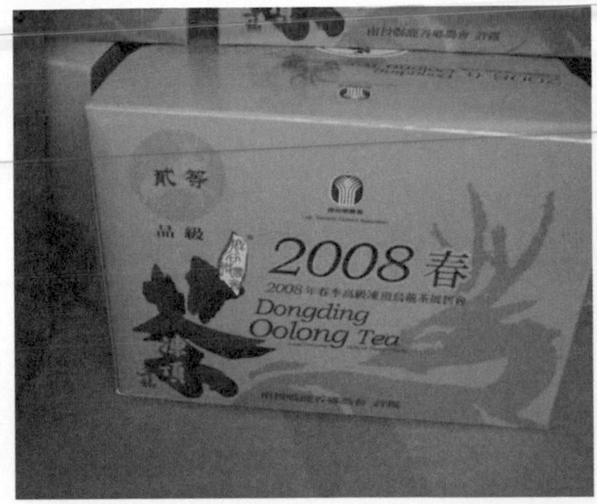
貳等
品級
2008春
Dongding
Oolong Tea

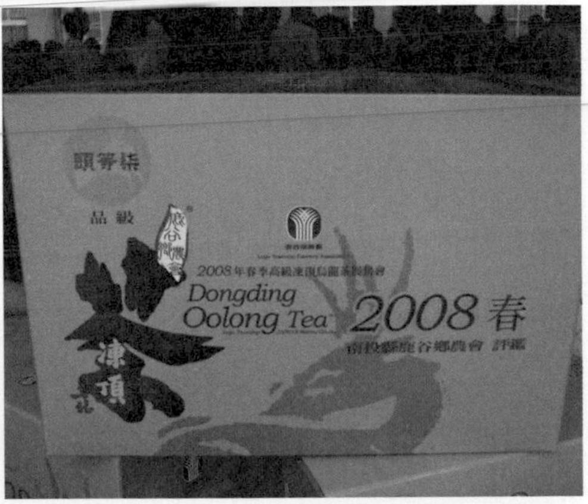
品級
Dongding
Oolong Tea
2008春
南投縣鹿谷鄉農會 評鑑

優良獎
台灣·嘉義
阿里山
高山茶

頭等伍
凍頂

品級
2008春
Dongding
Oolong Tea
九十七春茶展售會包裝樣本

凍頂

參等

頭等
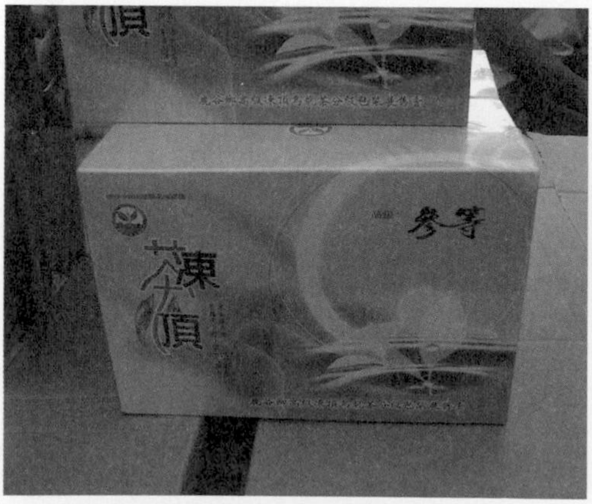
參等
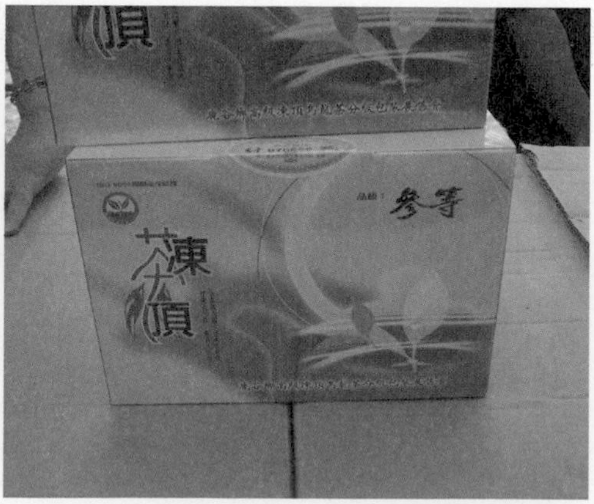
參等

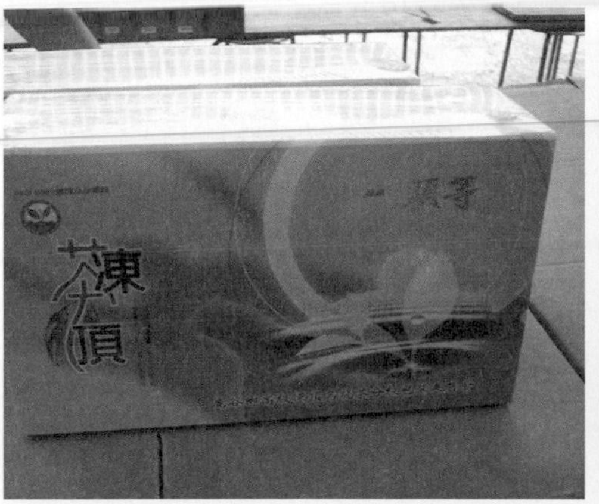

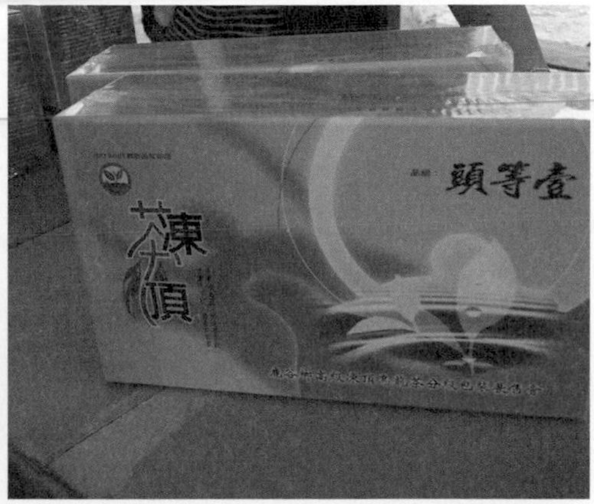
頭等壹

金牌獎
Hualian Taitung Classical Tea
Taiwan
花東經典名茶

金牌獎
Hualian Taitung Classical Tea
Taiwan
花東經典名茶

Hualian-Taitung Classical Tea
Taiwan
花東經典名茶
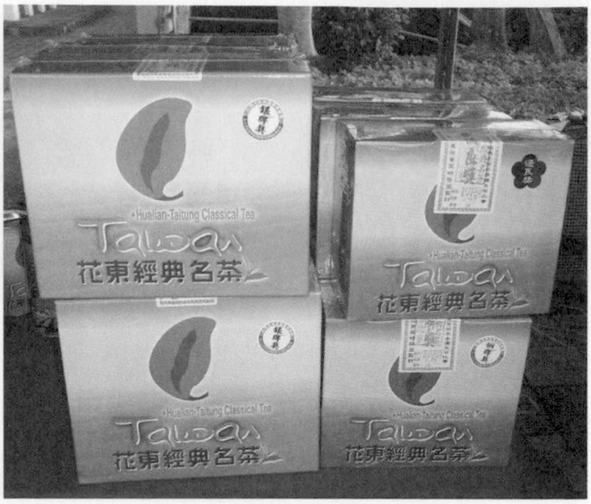
Hualian-Taitung Classical Tea
Taiwan
花東經典名茶

頭等獎
太和清心茗茶

2008春
Dongding
Oolong Tea

03953
品級
2008春
2008年春季高級凍頂烏龍茶展售會
Dongding
Oolong Tea

特等獎
三峽碧螺春

杉林溪
特等獎

杉林溪
特等獎

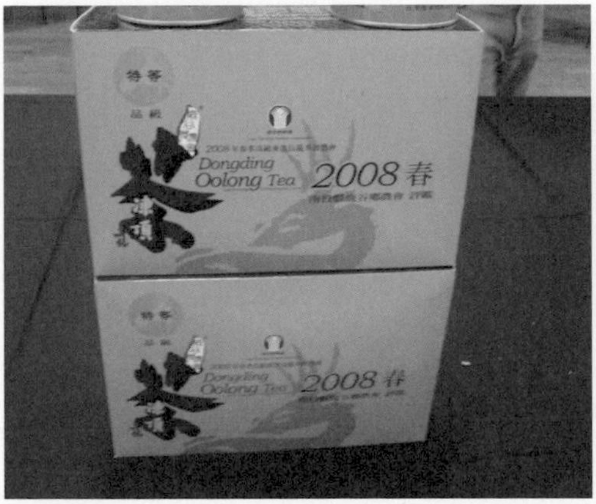
特等
Dongding
Oolong Tea
2008春

凍頂烏龍茶

凍頂

特等
春茶
鐵觀音

特等獎
特等獎

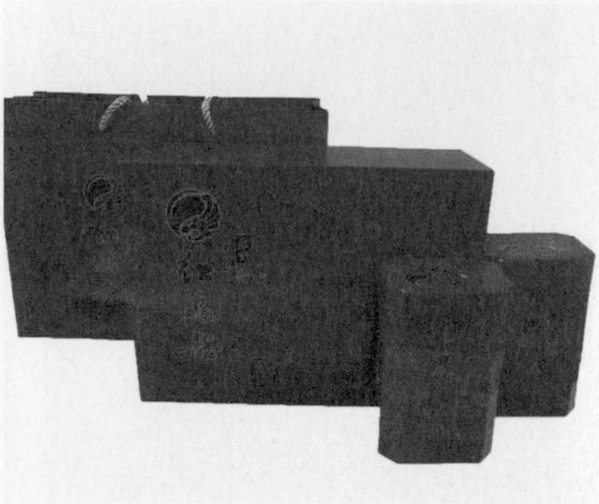

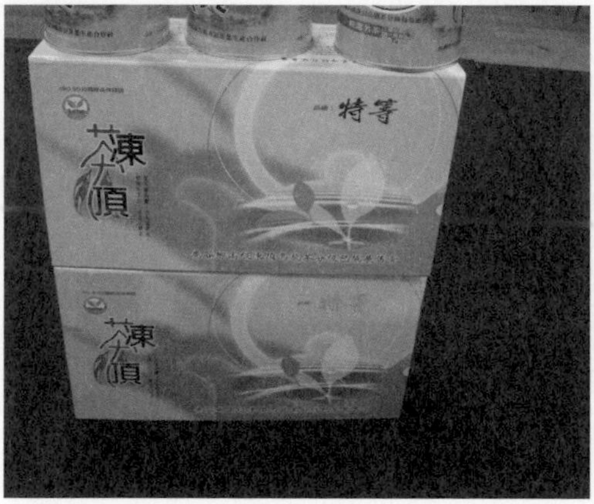
特等

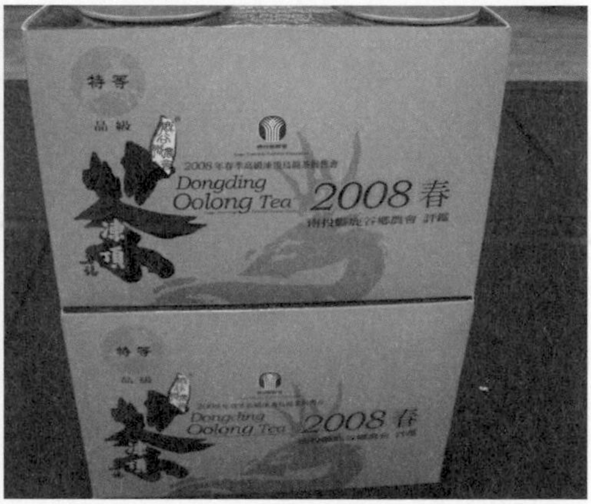
特等
品級
Dongding
Oolong Tea
2008春

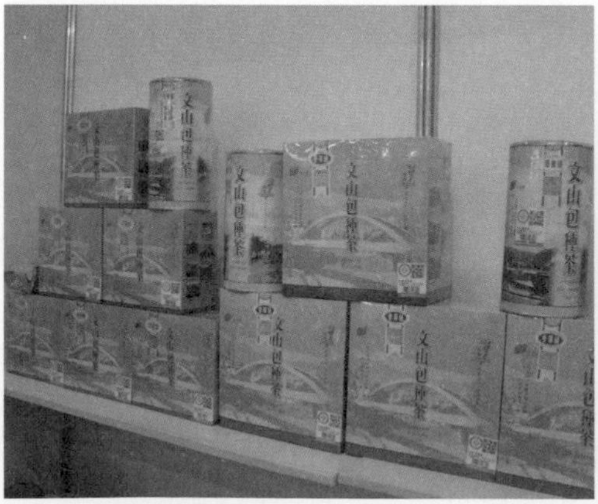
文山包種茶

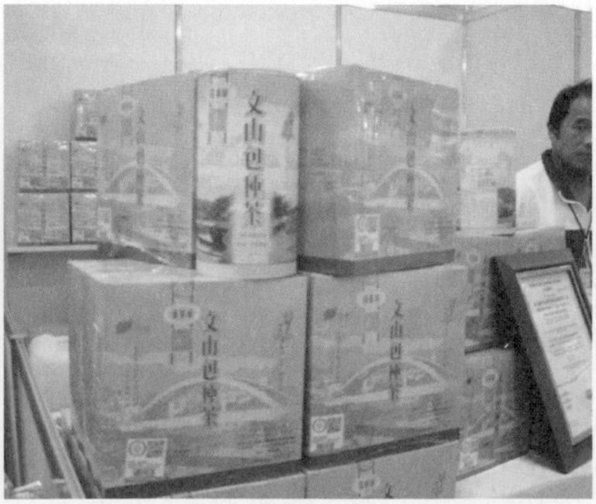
文山包種茶

台灣大阿里山茶區
梅山高海拔精緻茶金牌大賞

頭等獎
清心茗茶

品級
2008春
2008年春季高級凍頂烏龍茶展售會
Dongding
Oolong Tea

優良獎
Taitung Classical Tea
台東經典名茶

優良獎
經典名茶

台東經典名茶簡介
Taitung Classical Tea

臺東縣紅烏龍分級評鑑比賽
封底標籤
鹿野地區農會 監封 評審單位：茶業改良場台東分場

臺東縣104年紅烏龍分級評鑑比賽
製造日期：2015. 04. 20 保存期限：二年
金牌獎
明碼：
編號：
鹿野地區農會 監封

Classical Tea
Hualian-Taitung Classic
Taiwan
花東經典名茶

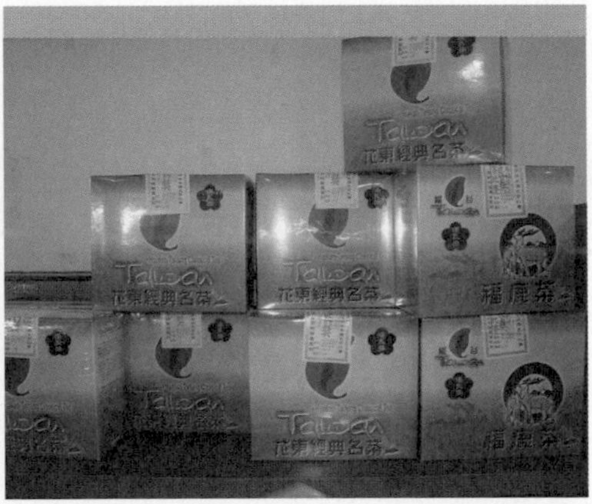
Taiwan
花東經典名茶
福鹿茶

Taitung Classical Tea
Taiwan
台東經典名茶

Taiwan
花東經典名茶

台東經典名茶優良茶分級評鑑
貳等獎
台東縣鹿野地區農會監封

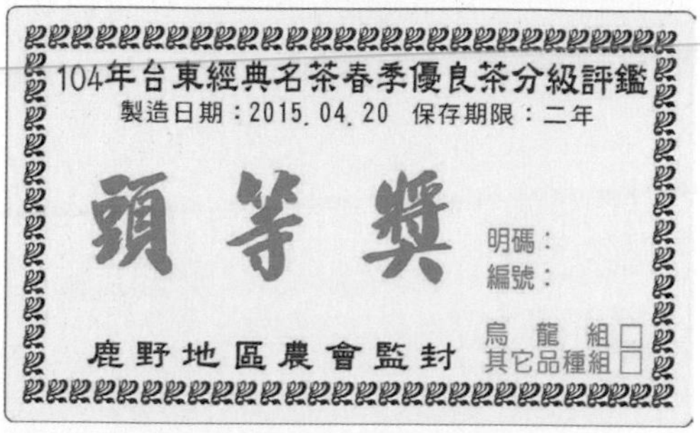
104年台東經典名茶春季優良茶分級評鑑
製造日期：2015.04.20 保存期限：二年
頭等獎
明碼：
編號：
鹿野地區農會監封
烏龍組
其它品種組

優良獎
阿里山

台東經典名茶優良茶分級評鑑
封
標籤
鹿野地區農會 監封
評審單位：茶業改良場台東分場

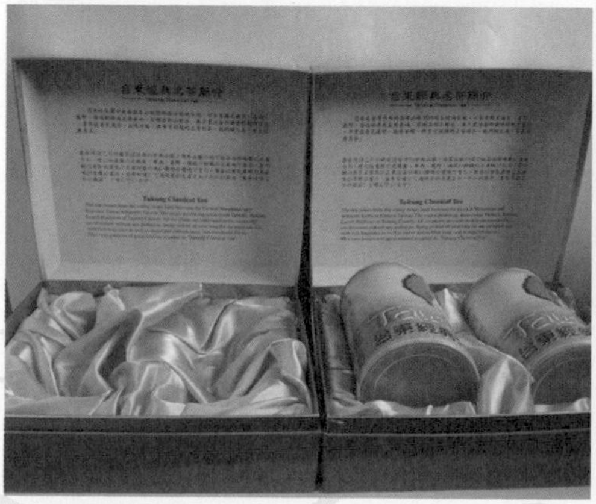

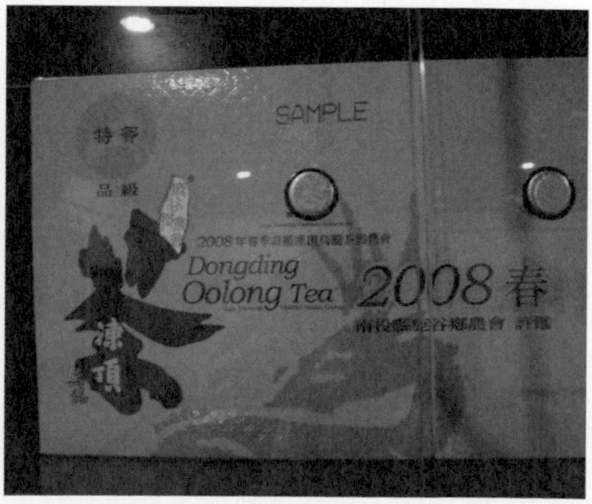
SAMPLE
特等
品級
Dongding
Oolong Tea
2008春

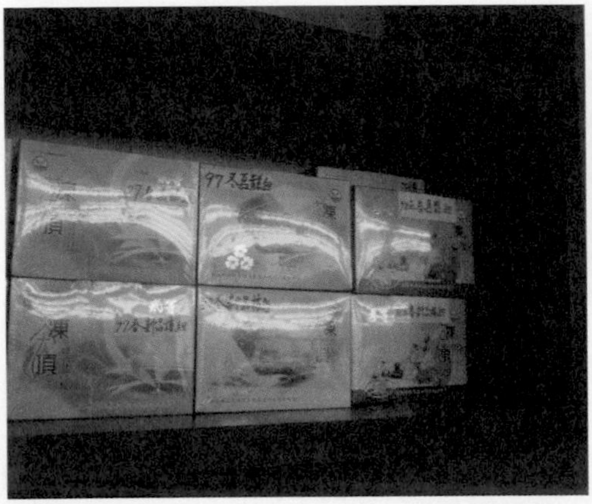

參等獎
阿里山
高山茶

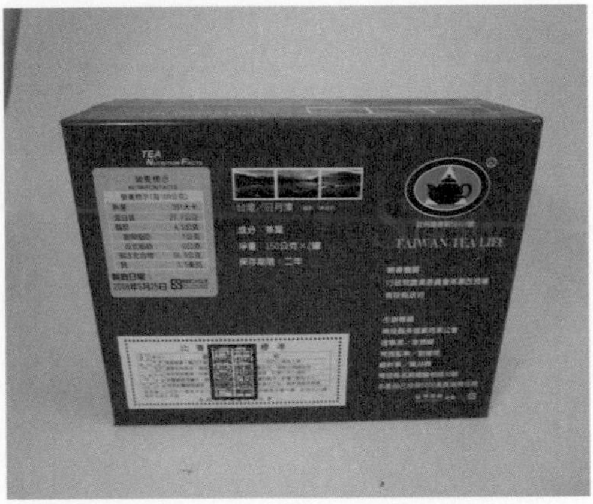
TAIWAN TEA LIFE

梨山茶
梨山茶

2008 年春季比賽茶
凍頂 烏龍茶
台灣 Taiwan
特等獎

2008 年春季比賽茶
凍頂 烏龍茶
台灣 Taiwan
特等獎

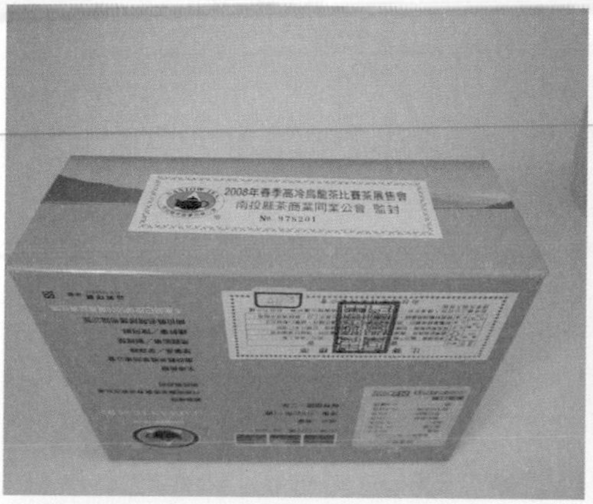
2008年春季高冷烏龍茶比賽茶展售會
南投縣茶商業同業公會 監封

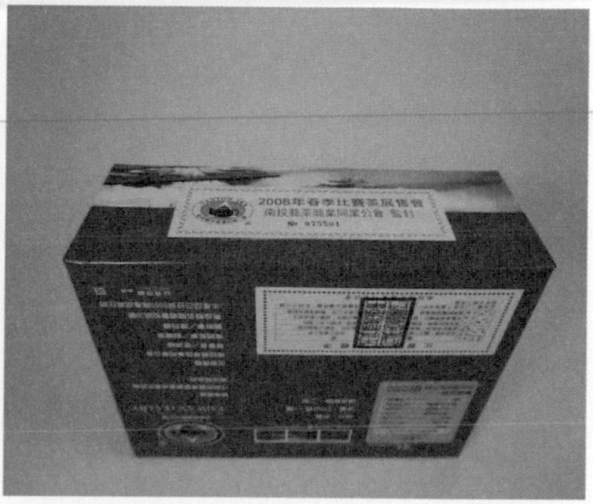
2008年春季比賽茶展售會
南投縣茶商業同業公會 監封

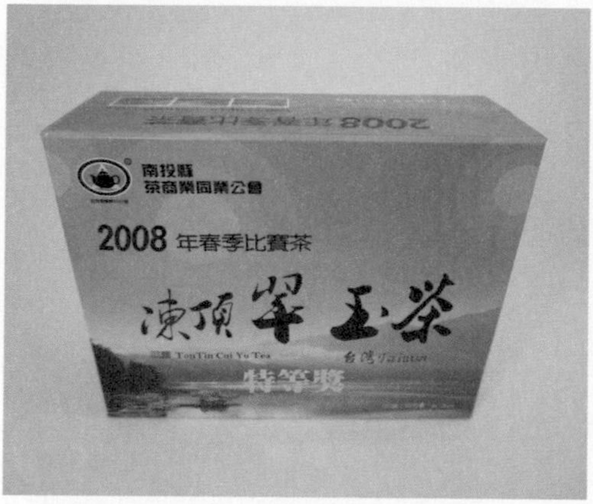
南投縣
茶商業同業公會
2008 年春季比賽茶
凍頂翠玉茶
TouTin Cui Yu Tea
台灣 Taiwan
特等獎

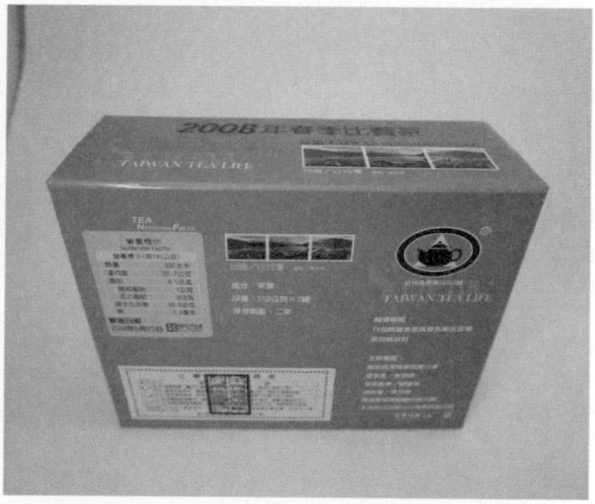
2008年春季比賽茶
TAIWAN TEA LIFE

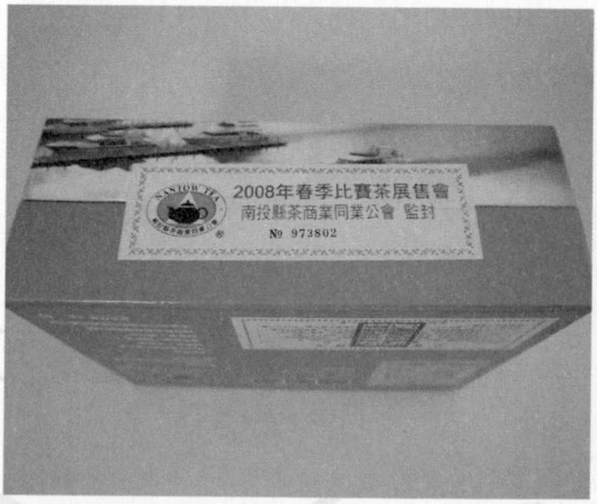
2008年春季比賽茶展售會
南投縣茶商業同業公會 監封
№ 973802

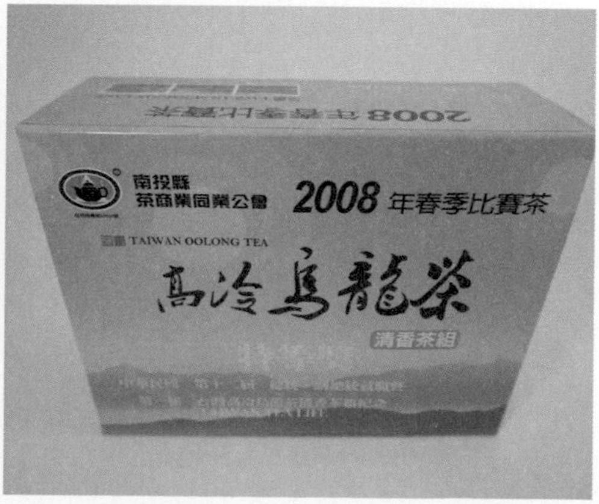
南投縣
茶商業同業公會
2008 年春季比賽茶
TAIWAN OOLONG TEA
高冷烏龍茶
清香茶組

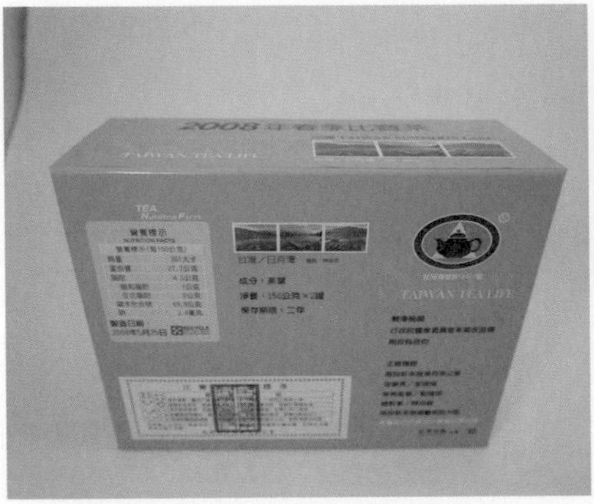
2008年春季比賽茶
TAIWAN TEA LIFE

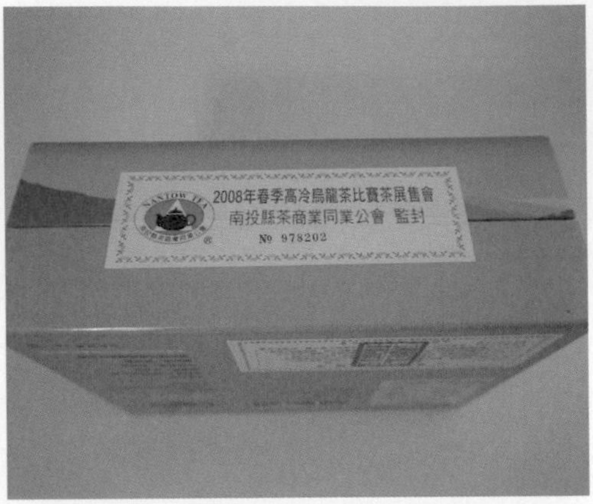
2008年春季高冷烏龍茶比賽茶展售會
南投縣茶商業同業公會 監封
№ 978202

南投縣
茶商業同業公會
2008 年春季比賽茶
TAIWAN OOLONG TEA
高冷烏龍茶
清香茶組

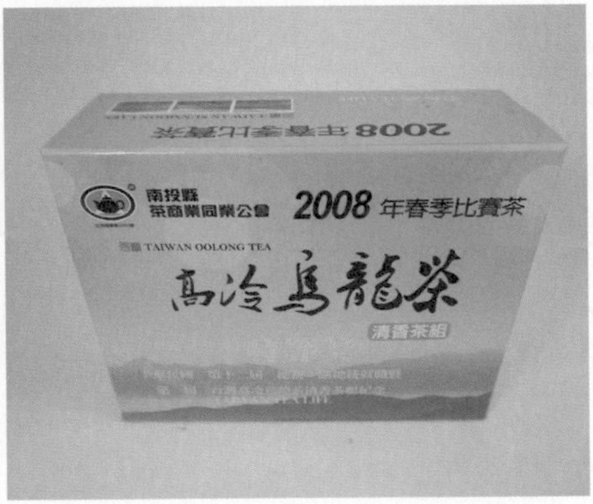
南投縣
茶商業同業公會
2008 年春季比賽茶
TAIWAN OOLONG TEA
高冷烏龍茶
清香茶組

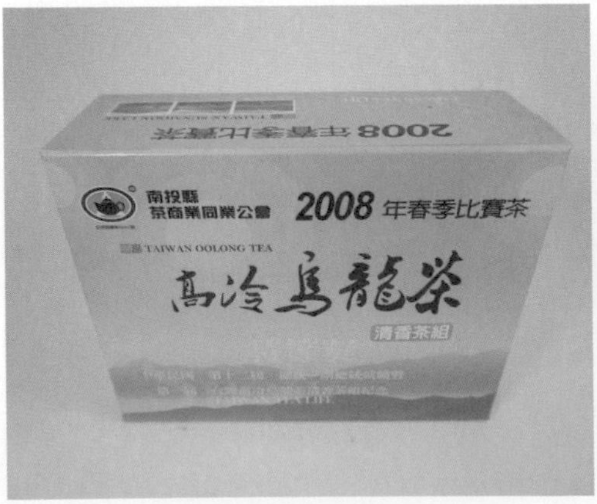
南投縣
茶商業同業公會
2008 年春季比賽茶
TAIWAN OOLONG TEA
高冷烏龍茶
清香茶組

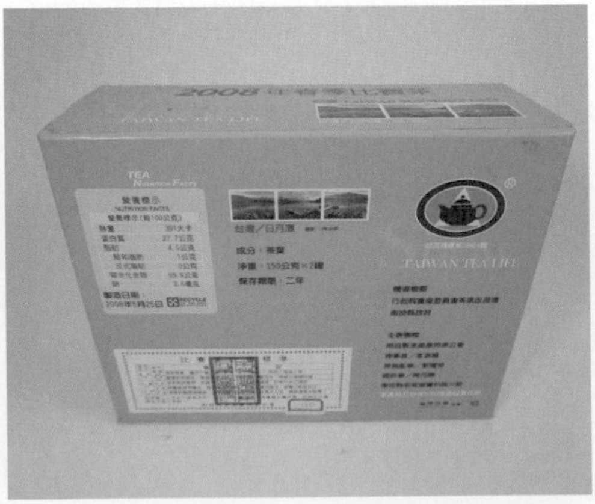
2008 年春季比賽茶
TAIWAN TEA LIFE

◎民國97年比賽茶包裝（白露）

◎民國97年比賽茶包裝（冬季）

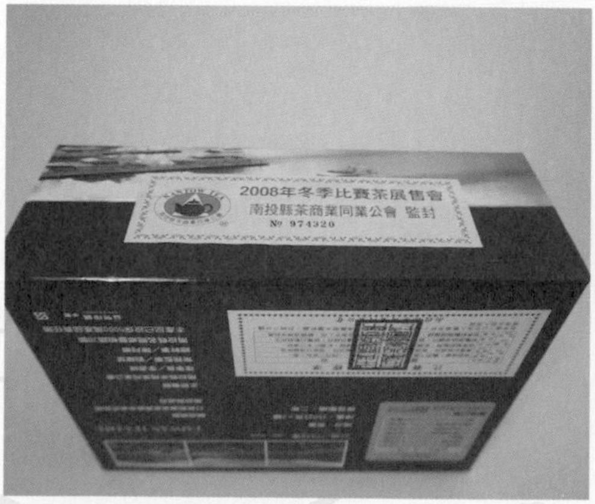

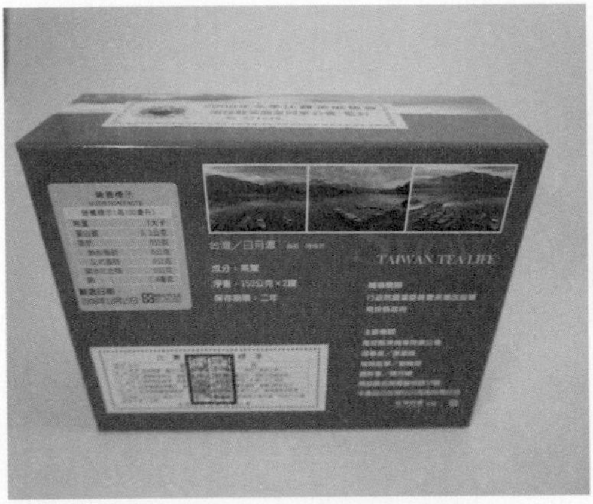
TAIWAN TEA LIFE

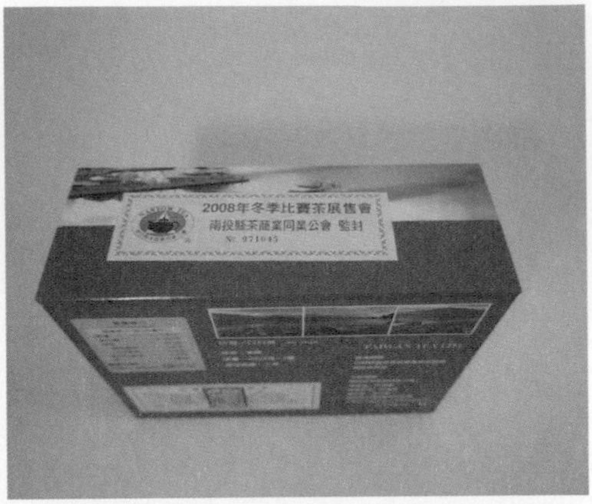
2008年冬季比賽茶展售會
南投縣茶商業同業公會 監封
TAIWAN TEA LIFE

南投縣
茶商業同業公會
2008 年冬季比賽茶
凍頂 烏龍茶
特等獎

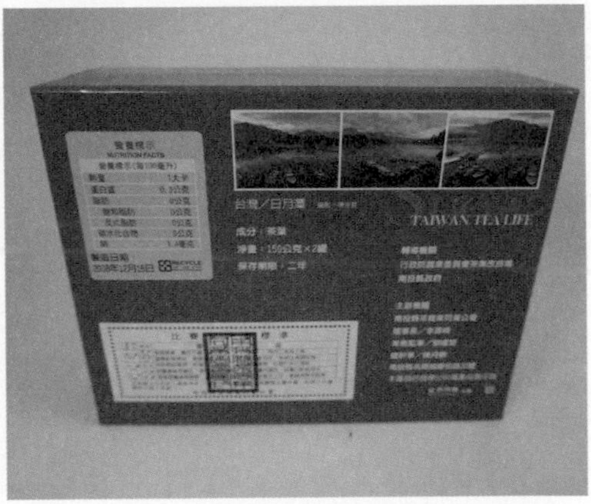
TAIWAN TEA LIFE

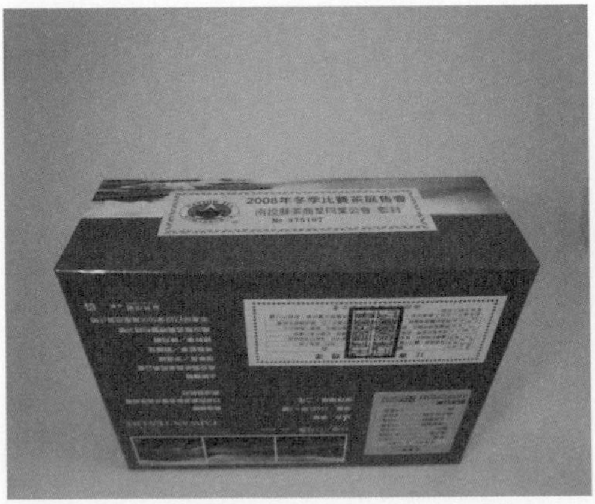
2008年冬季比賽茶展售會

南投縣
茶商業同業公會
2008 年冬季比賽茶
凍頂翠玉茶
特等獎

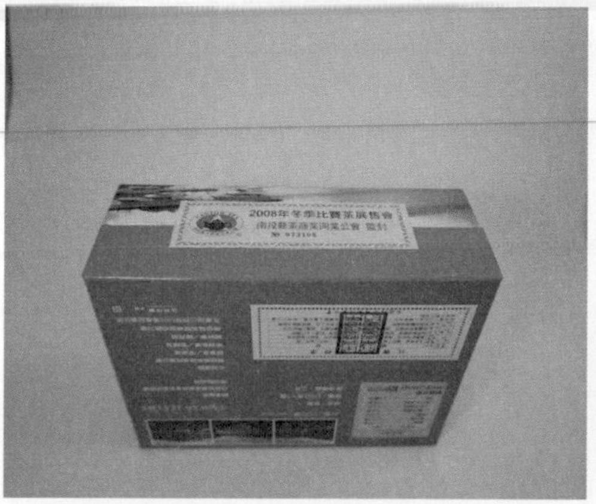
2008年冬季比賽茶展售會
南投縣茶商業同業公會 監封

營養標示
台灣／日月潭
TAIWAN TEA LIFE
成分：茶葉
淨重：150公克×2罐
保存期限：二年
製造日期：
2008年12月15日

南投縣
茶商業同業公會
2008 年冬季比賽茶
高冷烏龍茶
TAIWAN OOLONG TEA
清香茶組
特等獎
TAIWAN TEA LIFE

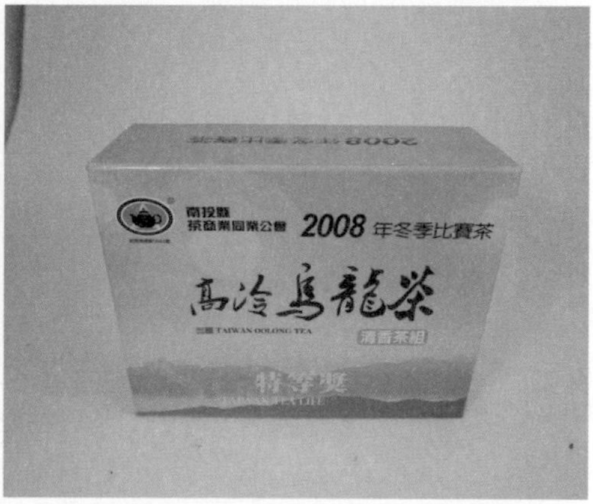
南投縣
茶商業同業公會
2008 年冬季比賽茶
高冷烏龍茶
TAIWAN OOLONG TEA
清香茶組
特等獎

營養標示
台灣／日月潭
TAIWAN TEA LIFE
成分：茶葉
淨重：150公克×2罐
保存期限：二年

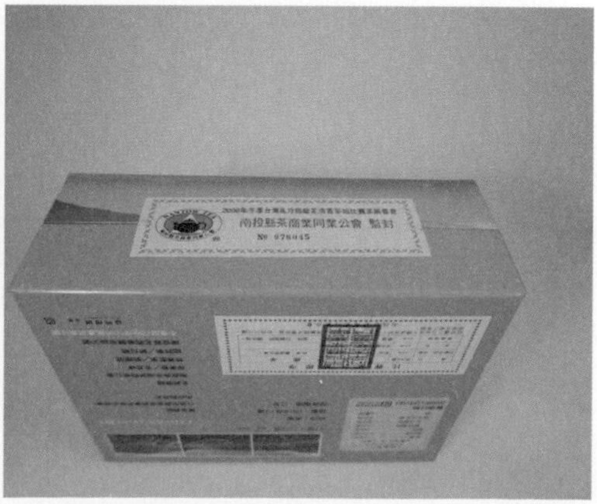
南投縣茶商業同業公會 監封

南投縣
茶商業同業公會
2008年冬季比賽茶
凍頂翠玉茶
TonTin Cui Yu Tea
頭等獎

TAIWAN TEA LIFE

2008年冬季比賽茶展售會
南投縣茶商業同業公會 監封
№ 973500

三峽碧螺春
三峽綠茶
龍井茶
優良獎
優良
700
紅珊瑚
600元
紅寶石
800

太和
清心茗茶
利展豐製茶
貳等烏龍茶
300g/1500元

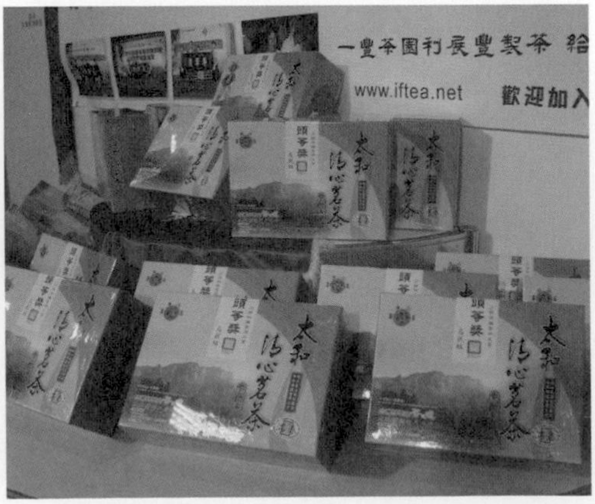
www.iftea.net
歡迎加入
頭等獎
太和
清心茗茶

參等
品級
2008冬季高級凍頂烏龍茶展售會
302936
凍頂

02609
參等
品級
2008冬
Dongding
Oolong Tea
凍頂

Dongding
Oolong Tea
02983
品級
凍頂
DONGDING OOLONG TEA

品級
九十七年冬季傳統
凍頂烏龍茶展售會
優良獎
鹿谷鄉永隆鳳凰社區
凍頂茶推廣委員會
永隆鳳凰社區

97年冬季優良茶比賽展售會
№0013
級品
優良獎
主審
張瑞成
烏龍茶
阿里山
青心烏龍組

南投縣
茶商業同業公會
凍頂烏龍茶
TonTin Oolong Tea
優良獎
TAIWAN TEA LIFE

日月潭風光
TAIWAN SUN

2008年冬季比賽茶
2008年冬季比賽茶展售會
凍頂烏龍茶

台灣／日月潭
成分：茶葉
淨重：300公克×2罐
保存期限：二年
TEA
NUTRITION FACTS
營養標示
NUTRITION FACTS
營養標示（每100毫升）
熱量 1大卡
蛋白質 0.3公克
脂肪 0公克
飽和脂肪 0公克
反式脂肪 0公克
碳水化合物 0公克
鈉 1.4毫克
製造日期：
2008年12月15日
RECYCLE

2008冬
凍頂

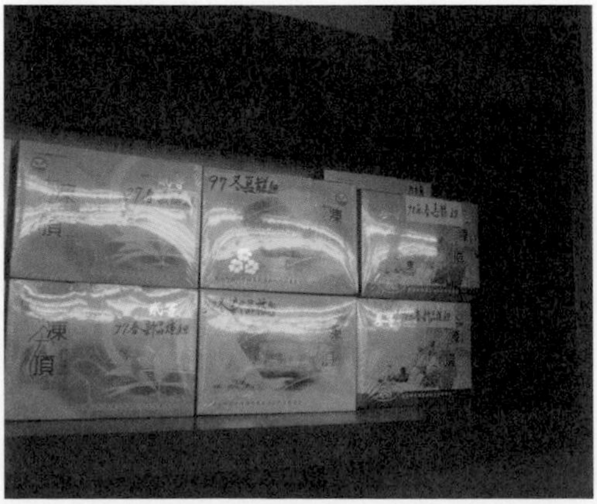

◎民國76年比賽茶包裝（冬片）

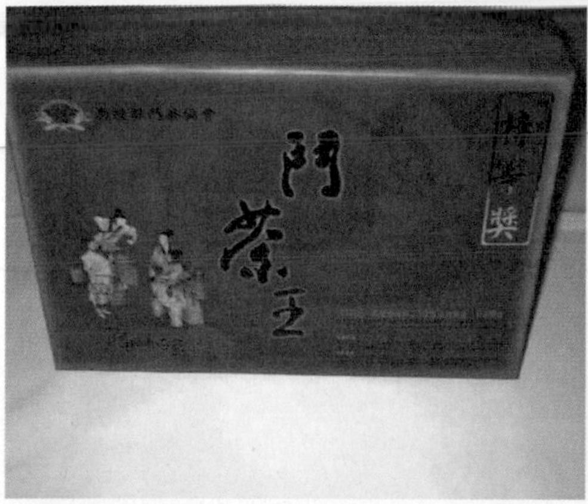

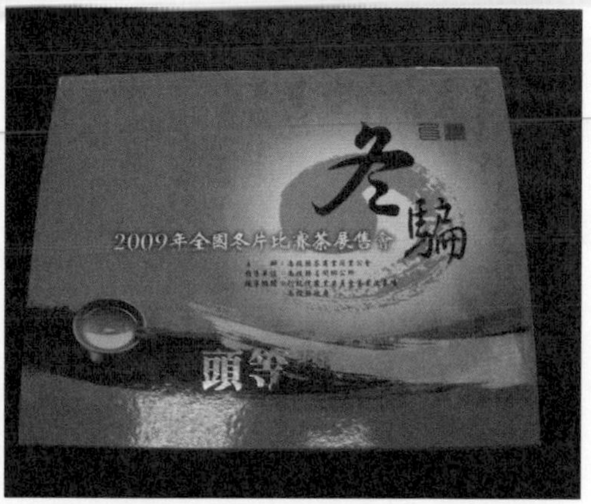

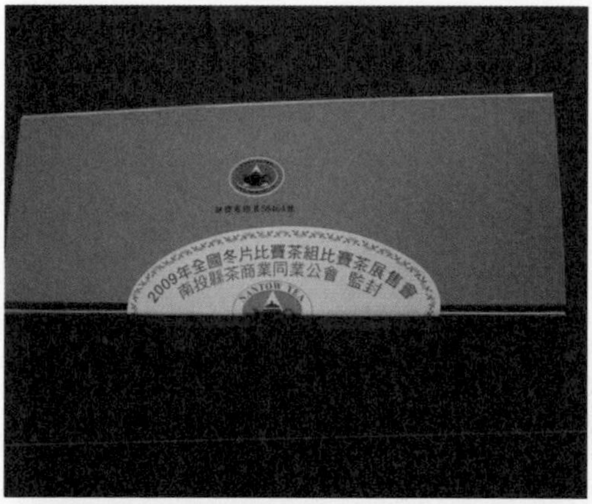

◎民國98年比賽茶包裝（春季）

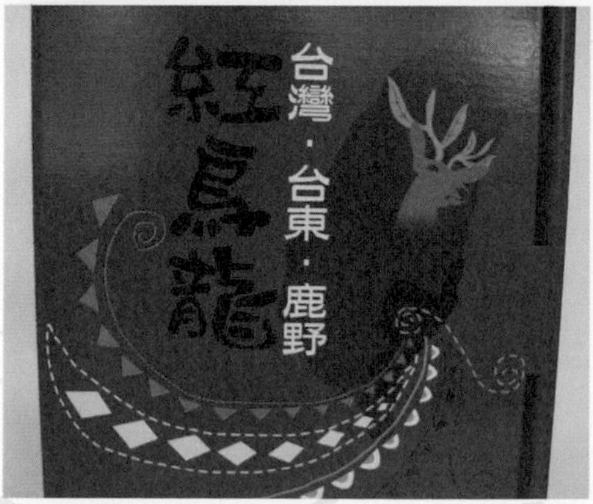

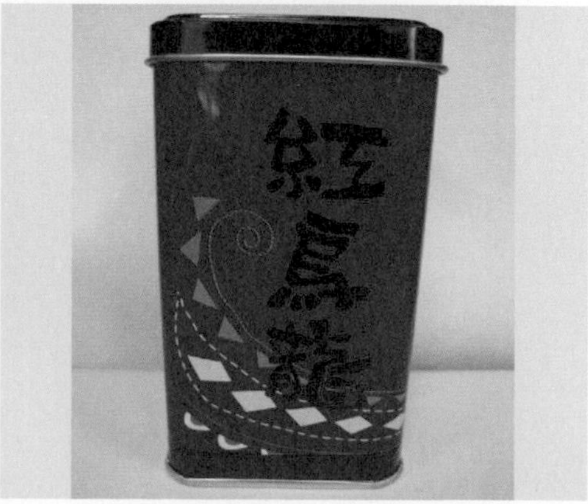

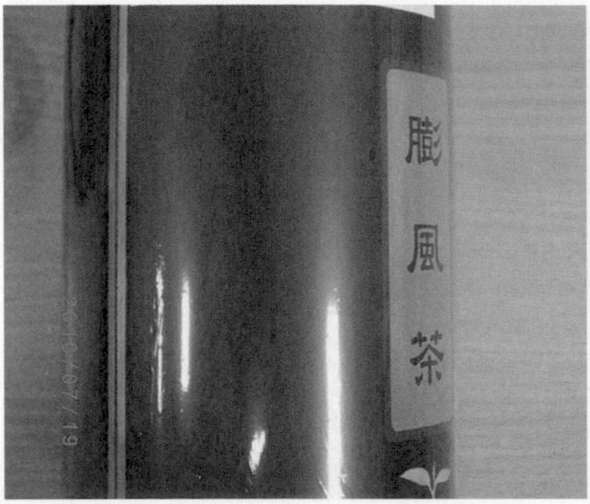
膨風茶

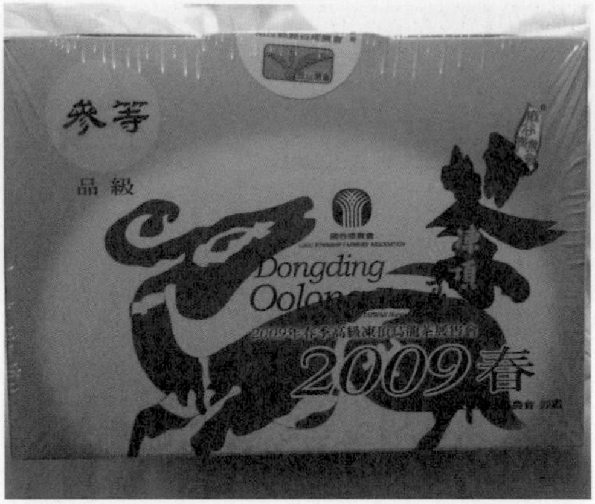
參等
品級
Dongding
2009春

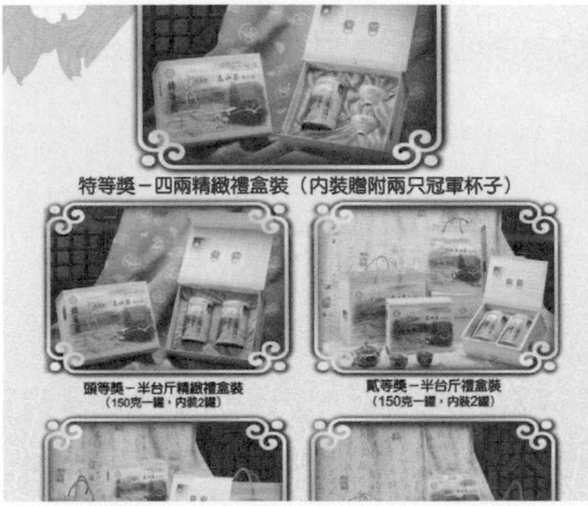
特等獎－四兩精緻禮盒裝（內裝贈附兩只冠軍杯子）
頭等獎－半台斤精緻禮盒裝
（150克一罐，內裝2罐）
貳等獎－半台斤禮盒裝
（150克一罐，內裝2罐）

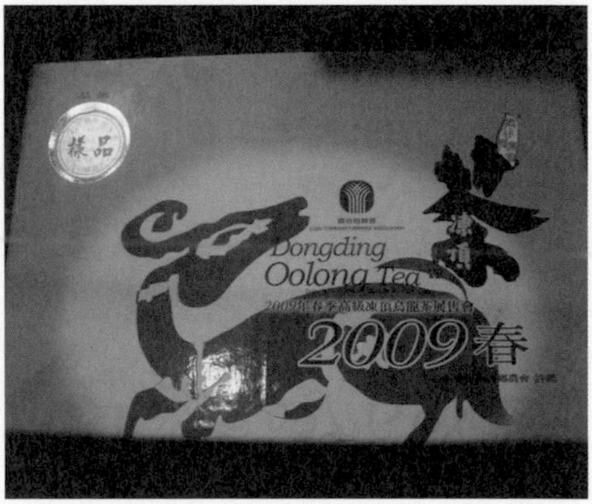
樣品
Dongding
Oolong Tea
2009春

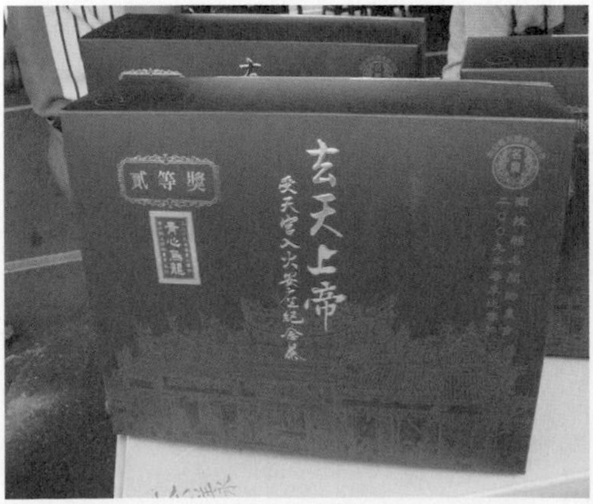
貳等獎
青心烏龍
玄天上帝
受天宮入火安座紀念茶

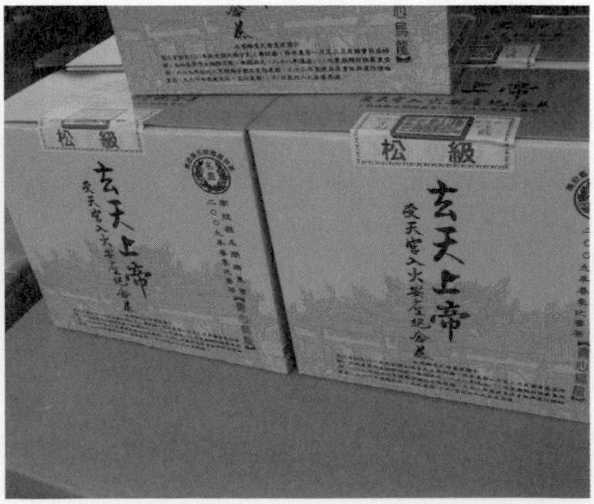
松級
玄天上帝
受天宮入火安座紀念茶

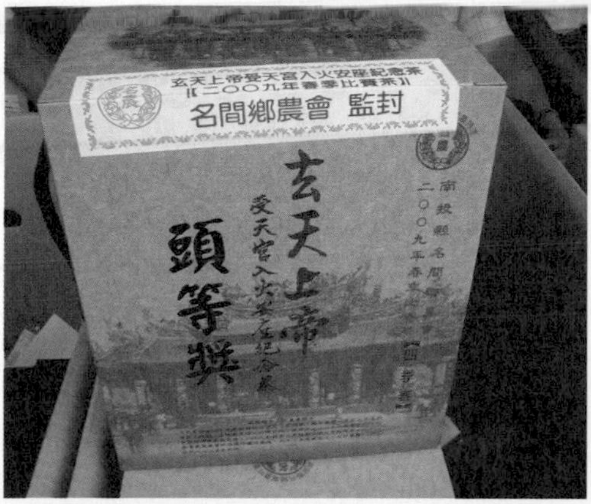
玄天上帝受天宮入火安座紀念茶
《二〇〇九年春季比賽茶》
名間鄉農會 監封
玄天上帝
受天宮入火安座紀念茶
頭等獎

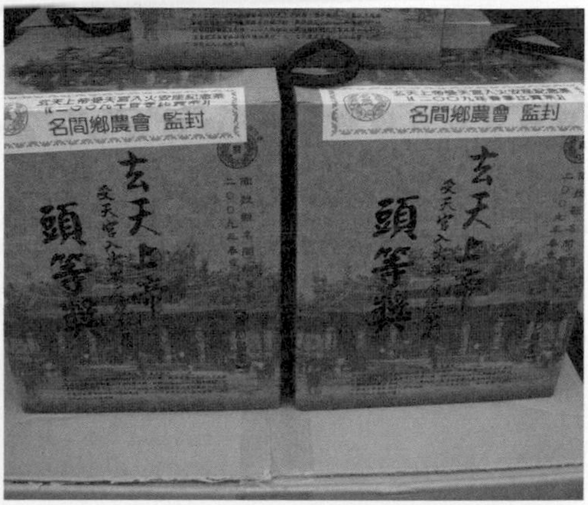
名間鄉農會 監封
名間鄉農會 監封
玄天上帝
頭等獎
玄天上帝
頭等獎

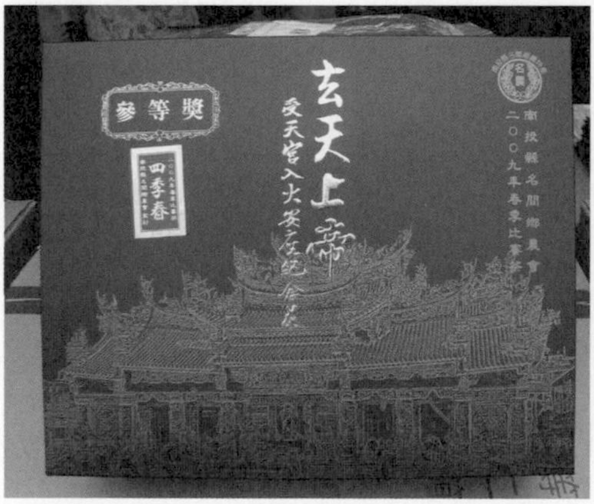
參等獎
四季春
玄天上帝
受天宮入火安座紀念茶
南投縣名間鄉農會
二〇〇九年春季比賽茶

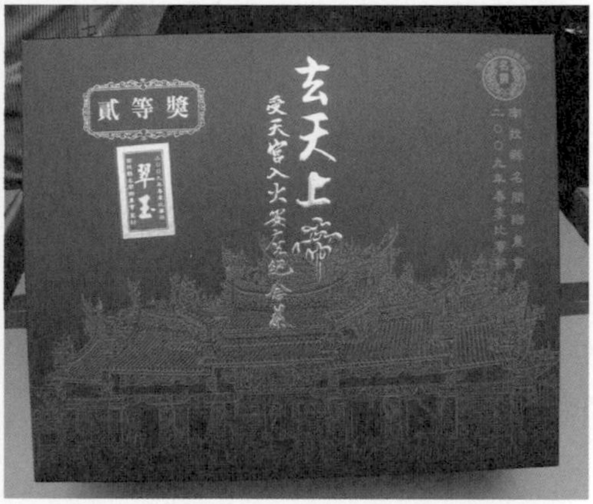
貳等獎
翠玉
玄天上帝
受天宮入火安座紀念茶
南投縣名間鄉農會
二〇〇九年春季比賽茶

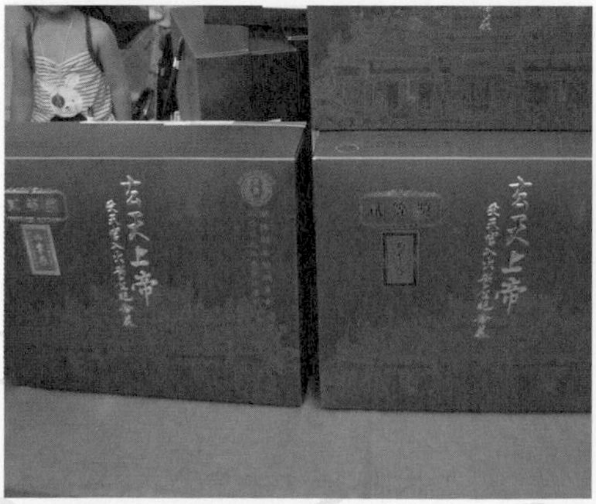
玄天上帝
玄天上帝

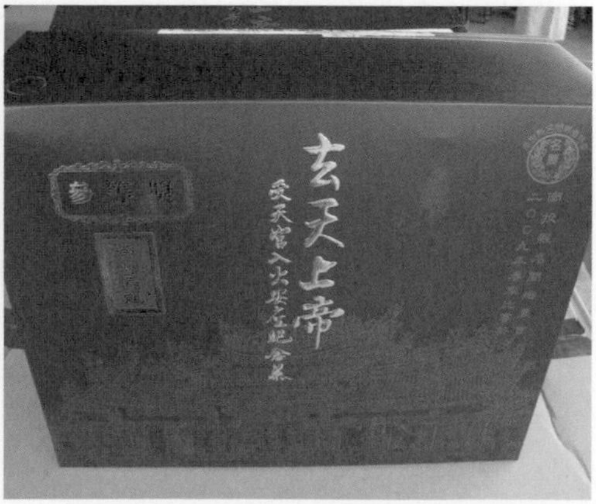
參等獎
玄天上帝
受天宮入火安座紀念茶

松級
玄天上帝

名間鄉農會 監封
名間鄉農會 監封
玄天上帝
頭等獎
玄天上帝
頭等獎

玄天上帝
玄天上帝
名間鄉農會 監封

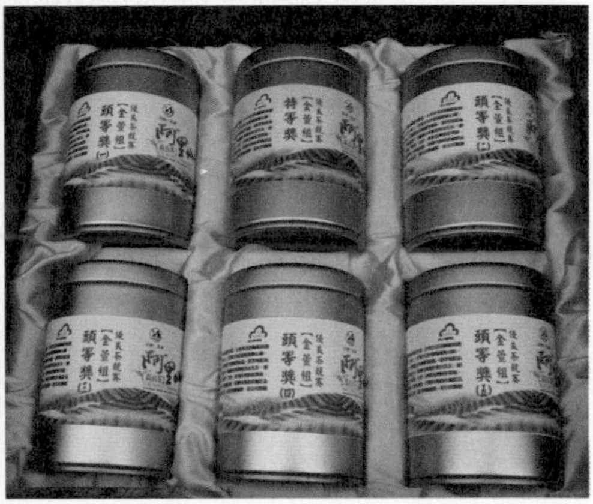
頭等獎
特等獎
頭等獎
頭等獎
頭等獎
頭等獎

頭等獎
特等獎
頭等獎
頭等獎
頭等獎
頭等獎

南投縣
茶商業同業公會
凍頂 金萱茶
2009年春季比賽茶
Ton Tin Jin Xuan Tea

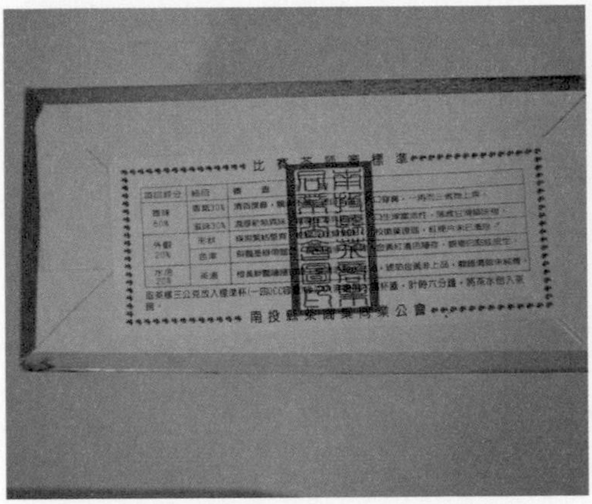

南投縣
茶商業同業公會
凍頂烏龍茶
2009年春季比賽茶
Ton Tin Oolong Tea
TAIWAN TEA LIFE

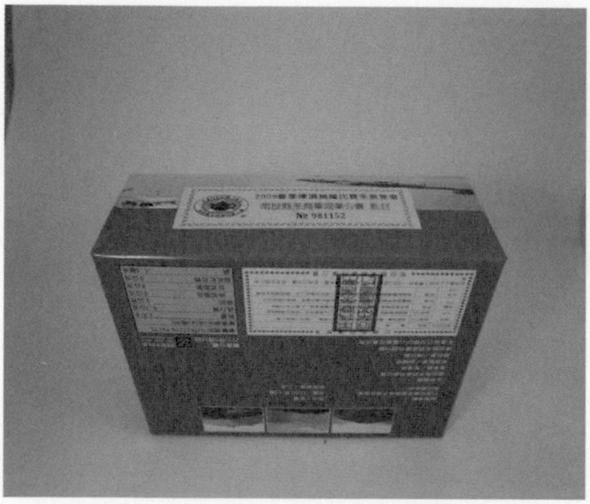

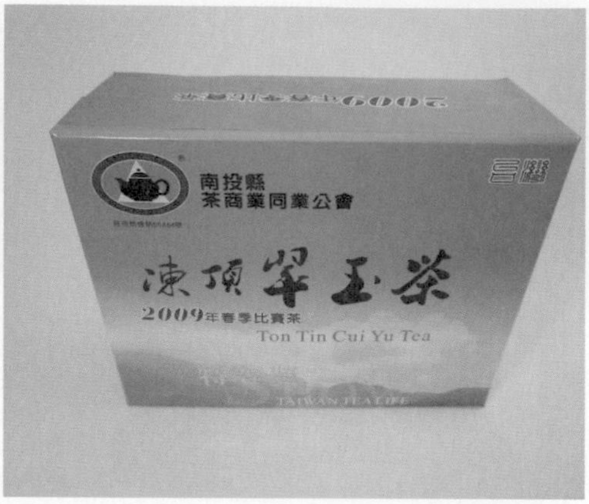
南投縣
茶商業同業公會
凍頂翠玉茶
2009年春季比賽茶
Ton Tin Cui Yu Tea
TAIWAN TEA LIFE

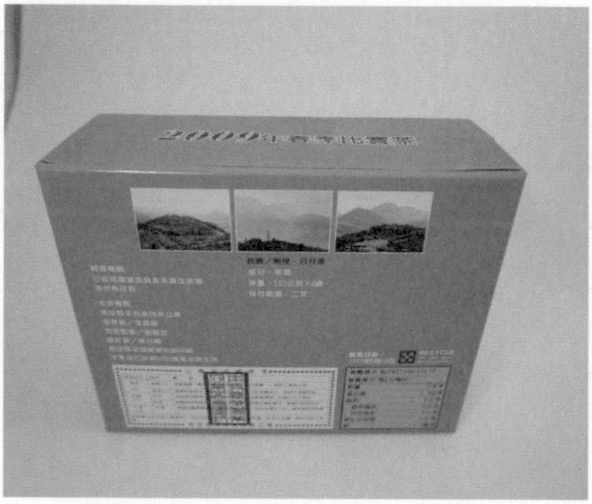
2009年春季比賽茶

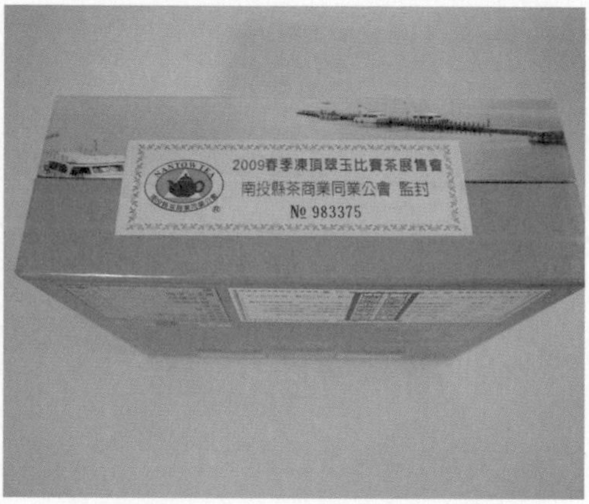
2009春季凍頂翠玉比賽茶展售會
南投縣茶商業同業公會 監封
№ 983375

南投縣
茶商業同業公會
凍頂烏龍茶
2009年春季比賽茶
Ton Tin Oolong Tea
TAIWAN TEA LIFE

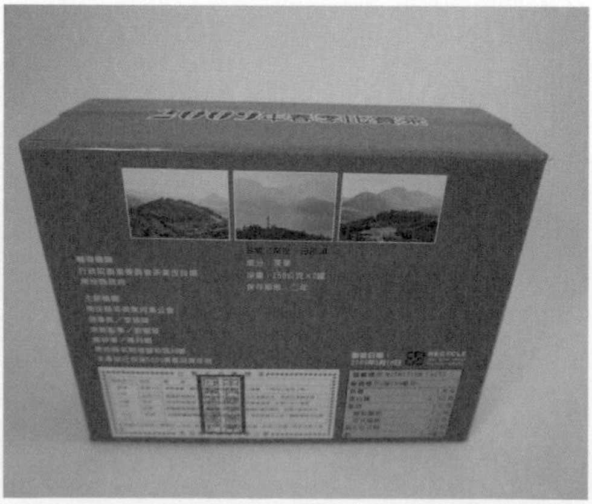

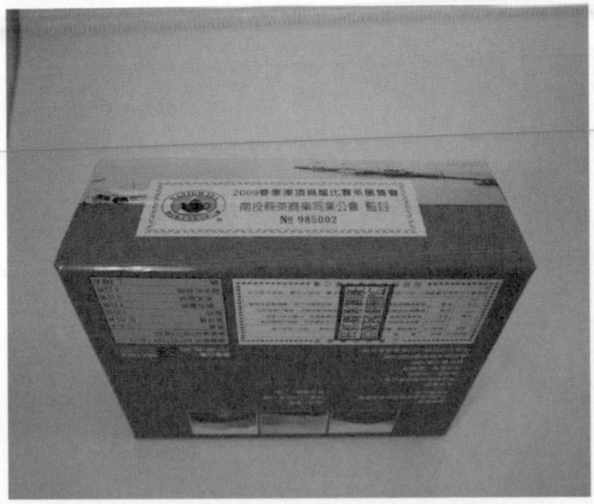

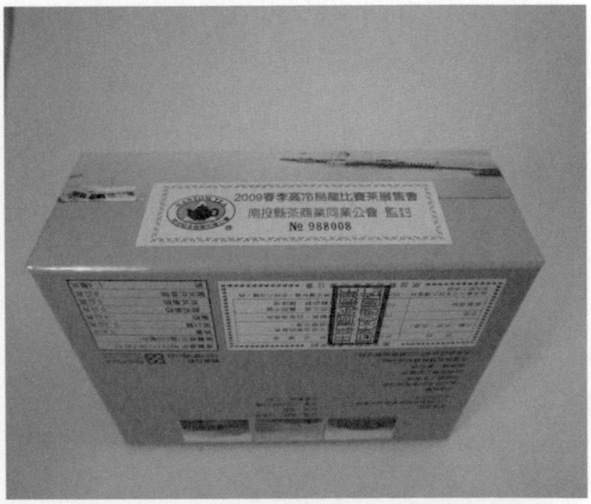

◎民國99年比賽茶包裝（春季）

MLT-00180-1A

紅烏龍
台灣・台東・鹿野

紅烏龍
台灣・台東・鹿野
紅烏龍
台灣・台東・鹿野

紅烏龍
台灣・台東・鹿野

品級
烏龍
春
2010

品級
烏龍
春
2010

杉林溪
特等
烏龍茶

春
茶
2010
凍頂烏龍茶
特等獎
阿里山高山茶

阿里山
合歡山
高冷茶
烏龍組
青山茶

特等獎
合歡山
高冷茶

烏龍組
青山茶
投
市農
封

特等獎
1512
台灣・嘉義
阿里山
高山茶
Alishan High Mountains Tea
封
特等獎

特等獎
阿里山
高山茶

特等獎
南投縣信義鄉玉山高海拔優良茶競賽展售會
特等獎

南投縣信義鄉玉山高海拔優良茶競賽展售會
特等獎
阿里山
阿里山高山茶

名間天食
特等
品級
烏龍春茶
2010
DONGDING OOLONG TEA
特等獎
高級 凍頂烏龍茶

2010
DONGDING OOLONG TEA
特等獎
高級 凍頂烏龍茶

名間天食
南投縣名間鄉農會
松柏長青茶比賽展售會

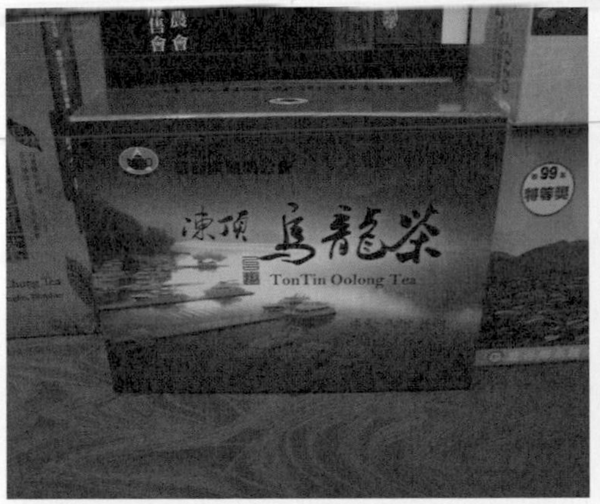
凍頂
烏龍茶
TonTin Oolong Tea
特等獎

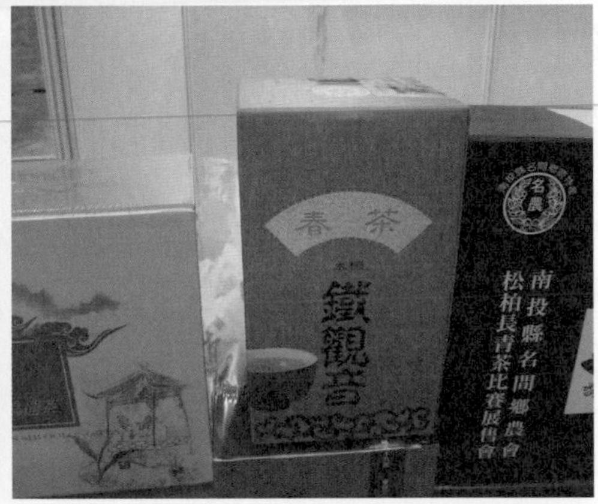
春茶
鐵觀音
南投縣名間鄉農會
松柏長青茶比賽展售會

文山包種茶
特等獎
Bao-Chung Tea
Hualien-Taitung Classical Tea
經典名茶

竹山鎮農會
杉林溪
清香
特等

特等
Hualien-Taitung Classical Tea
花東經典名茶
文山包種茶

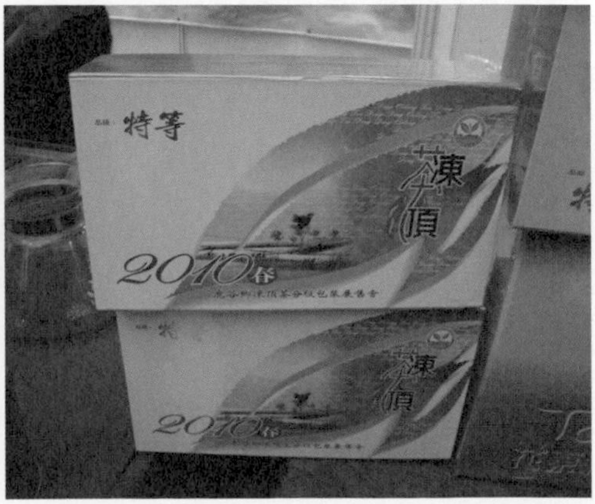
特等
凍頂
2010春

凍頂茶業發展協會
BEST TEA CLUB
凍頂茶業發展協會

阿里山
特等獎
烏龍組

南投縣名間鄉農會
松柏長青茶比賽展售會
春
2010
烏龍茶

竹山鎮農會
杉林溪
清香
特等
凍頂

手採精製
日月潭紅茶

南投縣
茶商業同業公會
凍頂 金萱茶
TonTin Jin Xuan
特等獎

2010年春季比賽茶展售會
南投縣茶商業同業公會 監封

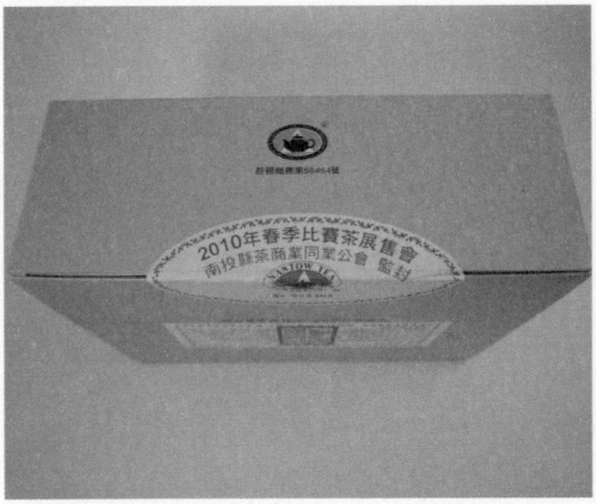
2010年春季比賽茶展售會
南投縣茶商業同業公會 監封

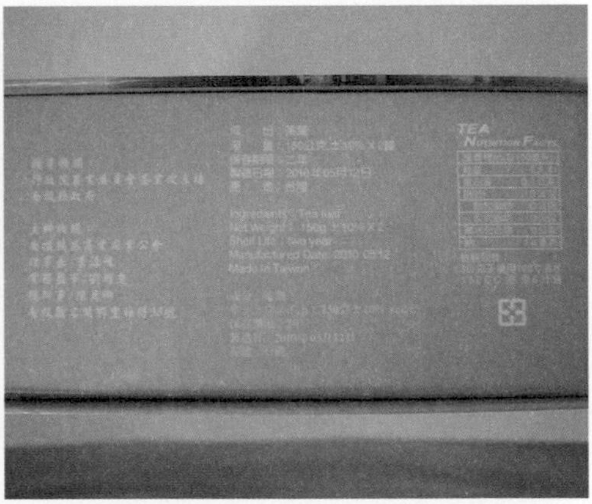
TEA

南投縣
茶商業同業公會
凍頂 四季春
TonTin Four Seasons
特等獎

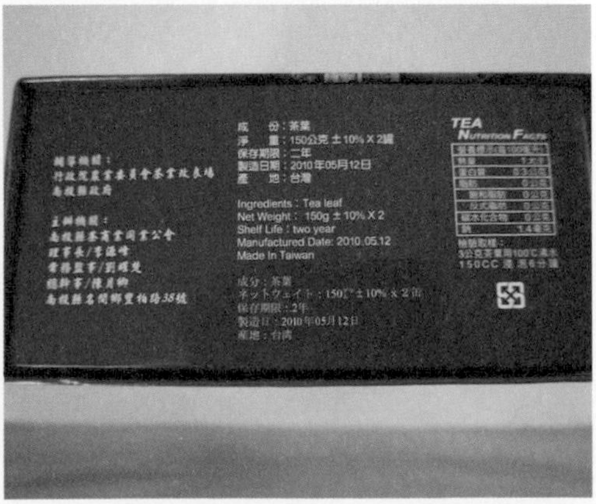
成 份：茶葉
淨 重：150公克±10%X2罐
保存期限：二年
製造日期：2010年05月12日
產 地：台灣
Ingredients : Tea leaf
Net Weight : 150g ± 10% X 2
Shelf Life : two year
Manufactured Date: 2010.05.12
Made In Taiwan
TEA
Nutrition Facts

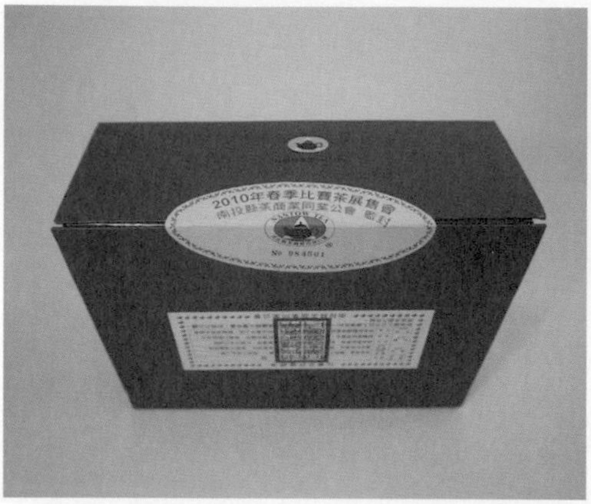
2010年春季比賽茶展售會
南投縣茶商業同業公會 監封

南投縣
茶商業同業公會
凍頂 翠玉茶
TonTin Cui Yu Tea
頭等獎

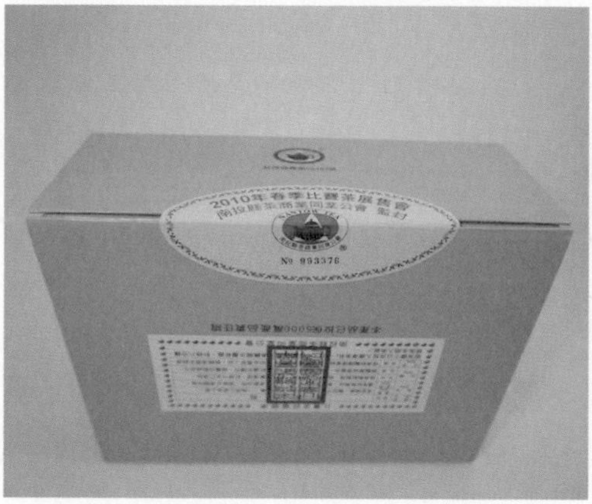
2010年春季比賽茶展售會
南投縣茶商業同業公會 監封

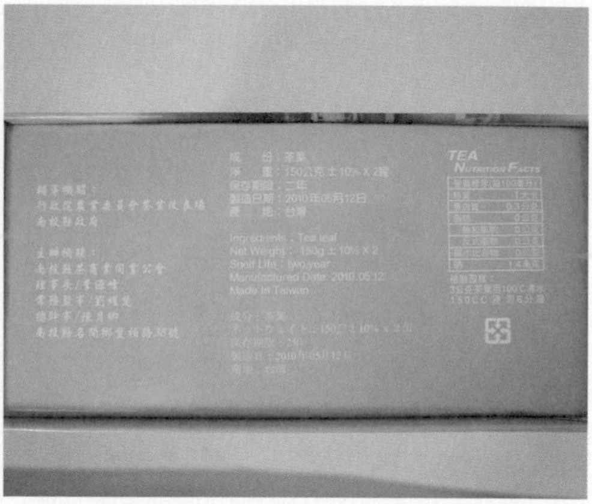
TEA
NUTRITION FACTS

2010年春季比賽茶展售會
南投縣茶商業同業公會 監封

凍頂 烏龍茶
TonTin Oolong Tea
頭等獎

◎民國99年比賽茶包裝（白露）

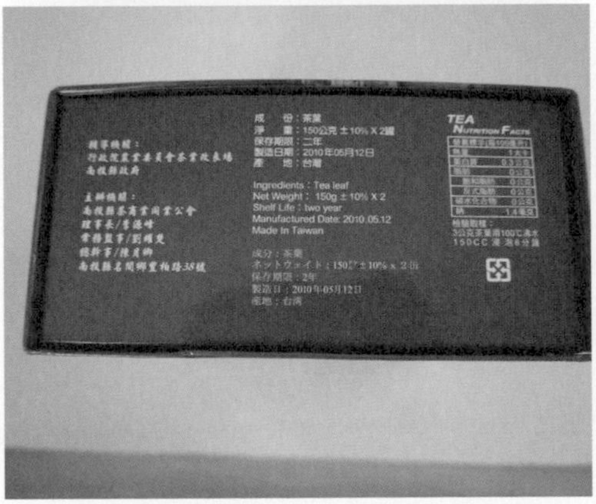

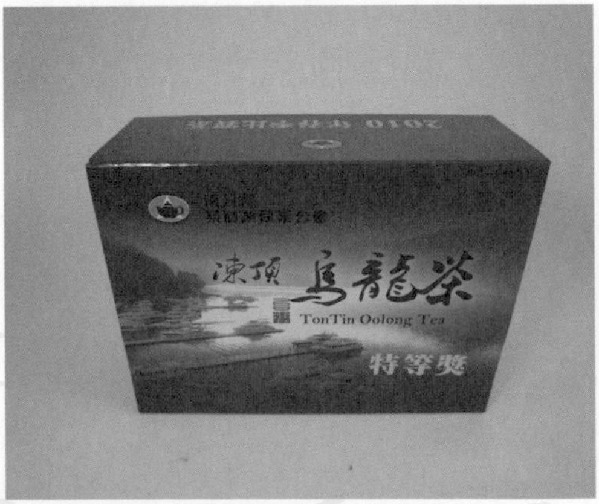

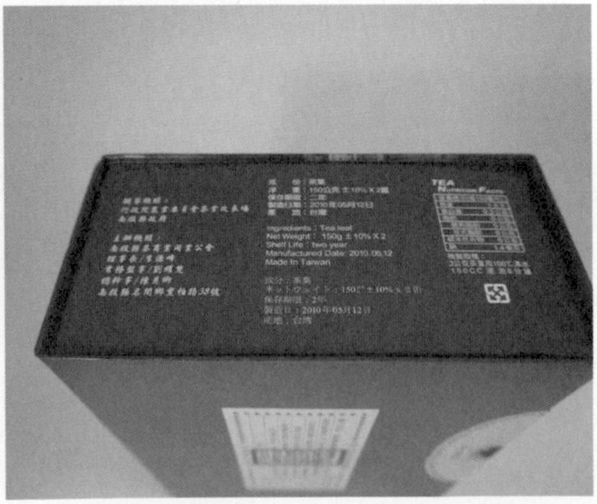

MLT-00180-1A

◎民國99年比賽茶包裝（冬季）

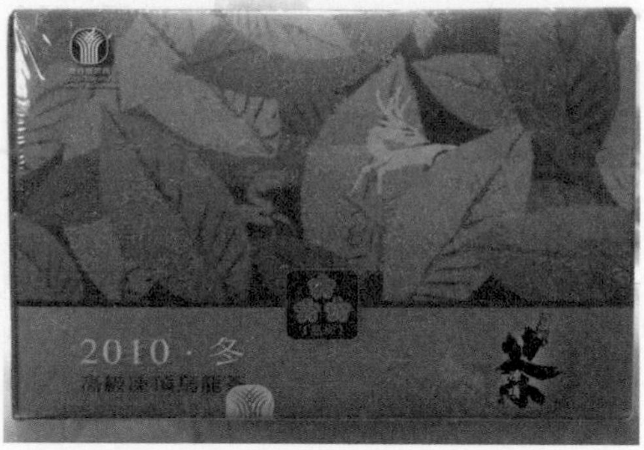

手採精製
日月潭紅茶

南投縣
茶商業同業公會
凍頂
翠玉茶
TonTin Cui Yu Tea
特等獎

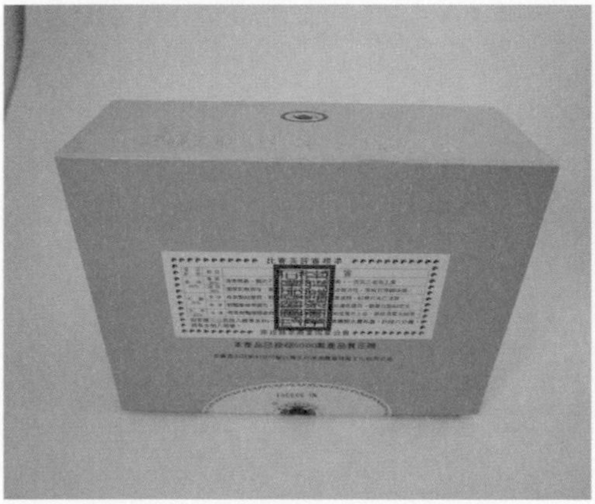

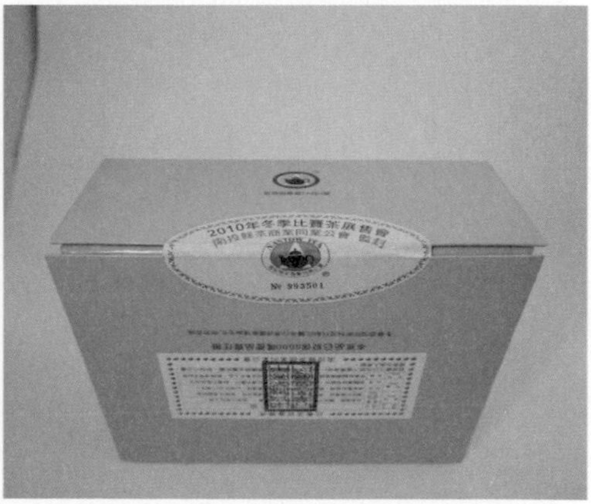
2010年冬季比賽茶展售會
南投縣茶商業同業公會 監封

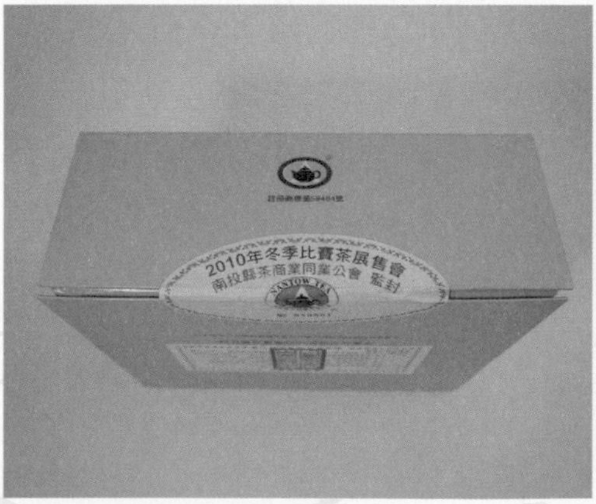
2010年冬季比賽茶展售會
南投縣茶商業同業公會 監封
NANTOW TEA

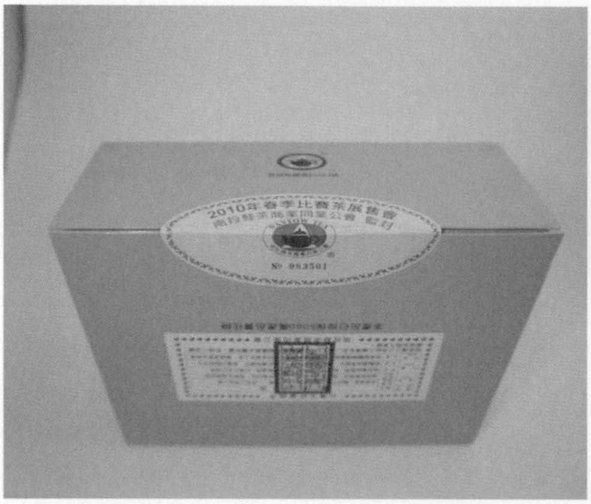

阿里山
烏龍茶
青心
特等獎
品級
阿里山茶葉生產合作社聯辦

阿里山
高山茶
優良獎

凍頂 烏龍茶
TonTin Oolong Tea
特等獎

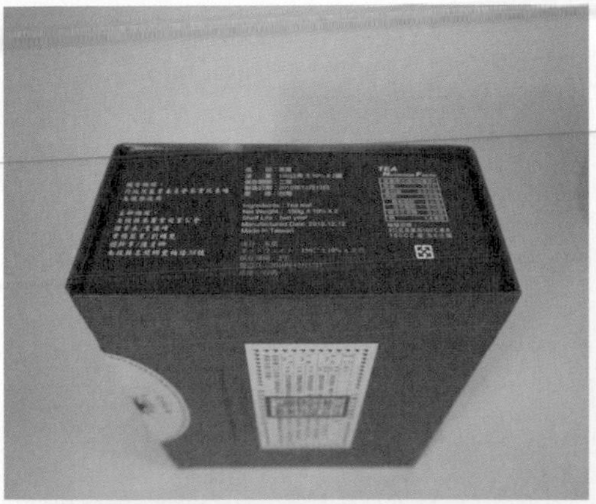

民國99年比賽茶包裝（冬片）

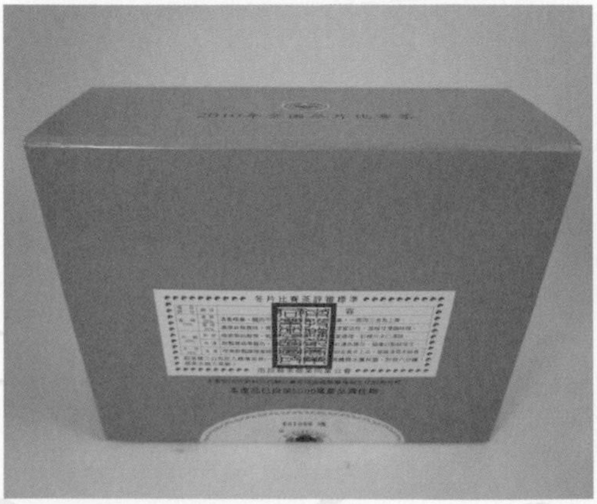

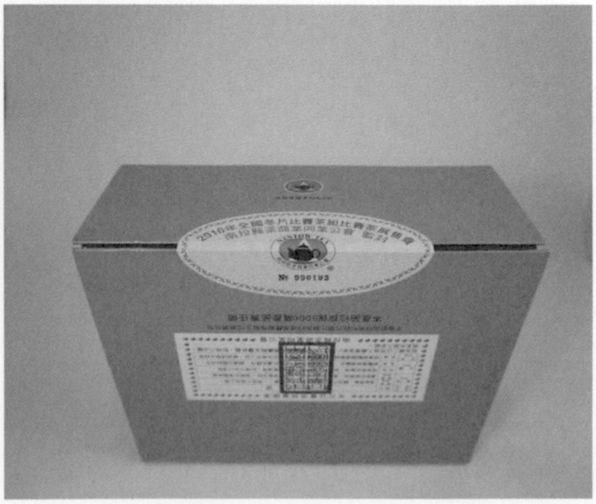

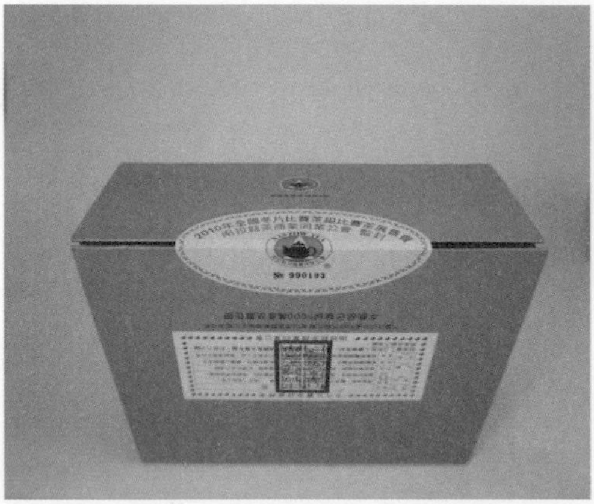

銀質獎
銀質獎
銀質獎

銅質獎
銀質獎
金質獎

臺灣茶世界香
銀質獎
銀質獎
銀質獎

◎民國100年比賽茶包裝（春季）

台灣
文山包種茶
坪林
參等獎
Bao-Chung Tea
from Pinglin, Wenshan

台灣
文山包種茶
坪林
貳等獎
Bao-Chung Tea
from Pinglin, Wenshan

台灣
文山包種茶
坪林
頭等獎
Bao-Chung Tea
from Pinglin, Wenshan

台灣
文山包種茶
坪林
頭等獎
Bao-Chung Tea
from Pinglin, Wenshan

封 條
參等獎
高級 凍頂烏龍茶
鹿谷鄉永隆、鳳凰社區 凍頂烏龍茶展售會

封 條
優良獎
高級 凍頂烏龍茶
鹿谷鄉永隆、鳳凰社區 凍頂烏龍茶展售會

優良獎
新竹縣政府
東方美人茶

頭等獎
東方美人茶

頭等獎
阿里山
Alishan High Mountain Tea
高山茶

參等獎
阿里山
Alishan High Mountain Tea
高山茶

參等獎
阿里山
Alishan High Mountain Tea
高山茶

貳等獎
阿里山
Alishan High Mountain Tea
高山茶

貳等獎
阿里山
Alishan High Mountain Tea
高山茶

特等獎
特等獎
特等：十萬

頭等獎

頭等獎

頭等獎
(五)

頭等獎

阿里山
高山茶
阿里山
高山茶

頭等
鐵觀
頭等
鐵觀音
春茶
鐵觀音
鐵觀音
鐵觀音

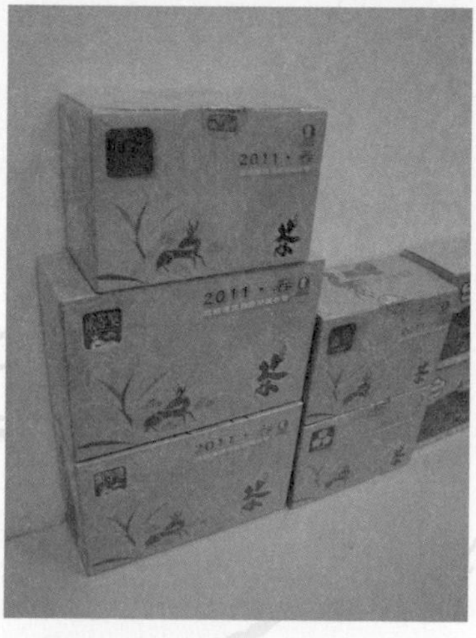
2011・春
茶
2011・春
茶
茶

封 條
高級 凍頂烏龍茶
封 條
凍頂烏龍茶

凍頂
烏龍茶
TonTin Oolong Tea
頭等獎

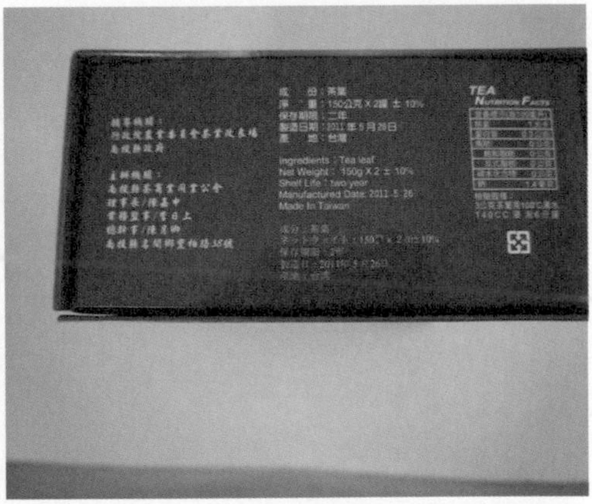
TEA
Nutrition Facts
Ingredients : Tea leaf
Net Weight : 150g X 2 ± 10%
Shelf Life : two year
Manufactured Date: 2011-5-26
Made In Taiwan

參等獎
阿里山
Alishan High Mountain Tea
高山茶

參等獎
阿里山
Alishan High Mountain Tea
高山茶

阿里山
高山茶
頭等獎

頭等獎
(烏龍組)
阿里山

阿里山
Alishan High Mountain Tea
高山茶
品級：頭等獎

特等獎
烏龍組
台灣阿里山
太和清心茗茶

阿里山
【高山茶】
Alishan High Mountains Tea
頭等獎
烏龍組

台灣・嘉義
阿里山
【高山茶】
Alishan High Mountains Tea
頭等(二)
烏龍組

特等獎
烏龍組
台灣阿里山
太和清心茗茶

梨園

阿里山
Alishan High Mountains Tea
高山茶
品級：頭等獎

頭等獎
(烏龍組)
阿里山

頭等(二)
阿里山
高山茶

阿里山
高山茶
頭等獎

參等獎
龍香

銀牌獎

2011・春
茶

2010・冬
茶

竹山鎮農會
杉林溪
清香

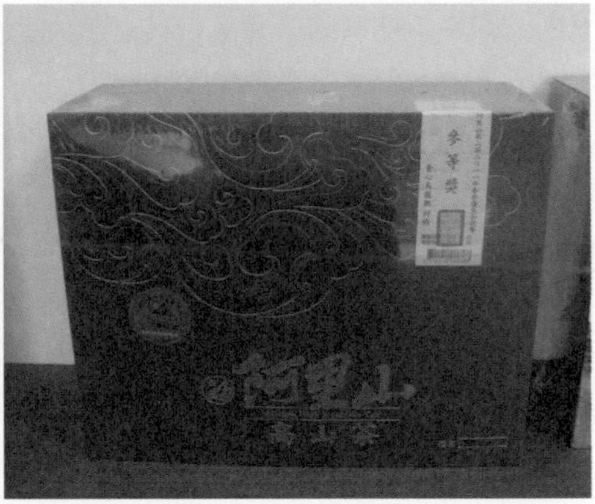
阿里山

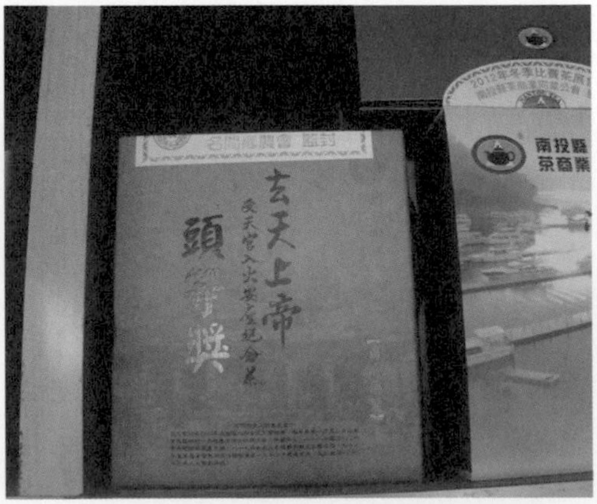
玄天上帝
頭等獎

◎民國100年比賽茶包裝（白露）

◎民國100年比賽茶包裝（冬季）

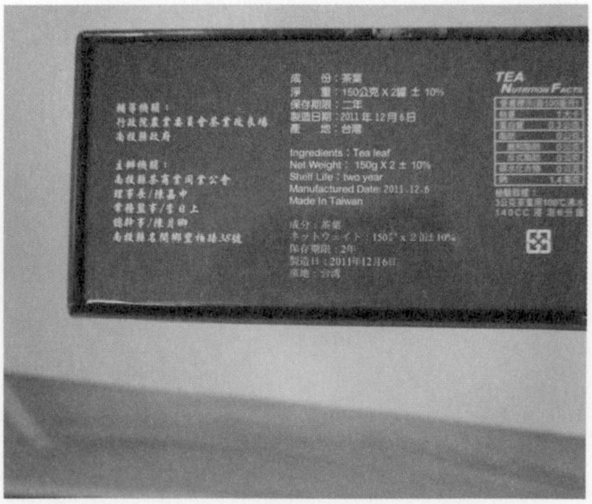

台灣老茶王
金牌獎
封
籤
台灣省茶商業同業公會聯合會 監封

台灣老茶王
銀牌獎
No.000185

台灣
優質獎

TAIWAN
封
籤
台灣省茶商業同業公會聯合會 監封 No.000185

茶
茶

◎民國101年比賽茶包裝（春季）

頭等獎半斤禮盒

高山茶
特等獎

特等獎
2012

2012
台灣
Nantou

文山包種茶
Bao-Chung Tea

茶
2012

茶
2012
烏龍茶

凍頂 烏龍茶
TonTin Oolong Tea

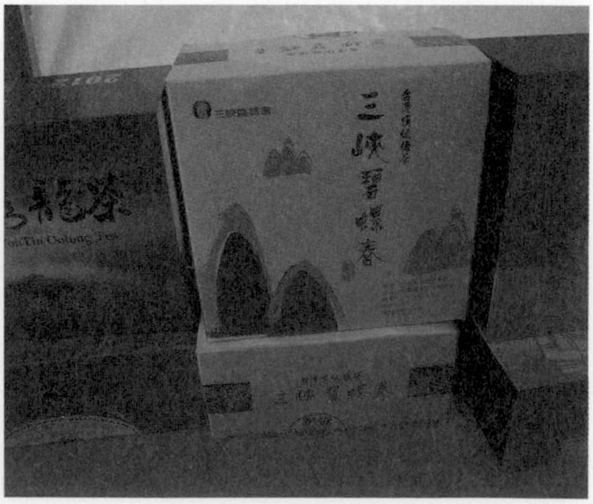
TonTin Oolong Tea
三峽碧螺春

合歡山
高冷茶

2012春

東方美人茶

出口

特等獎
阿里山
高山茶

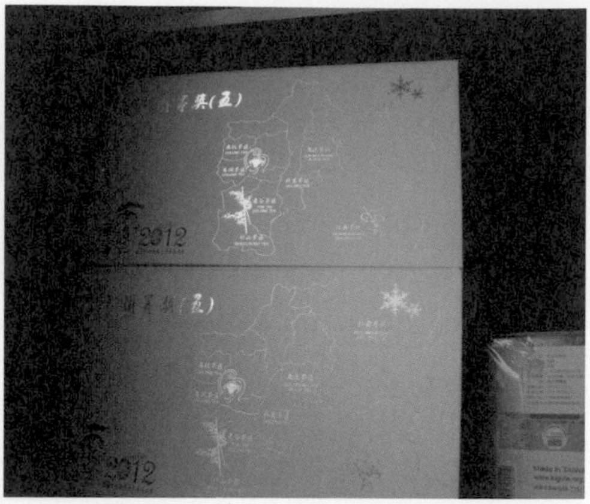
2012
2012

金萱
特等獎
臺灣好茶

2011 · 春
茶

2012
東方美人茶
Oriental Beauty Tea
of Taiwan

凍頂 烏龍茶
TonTin Oolong Tea
特等獎

2012年春季比賽茶展售會
№ 1015126

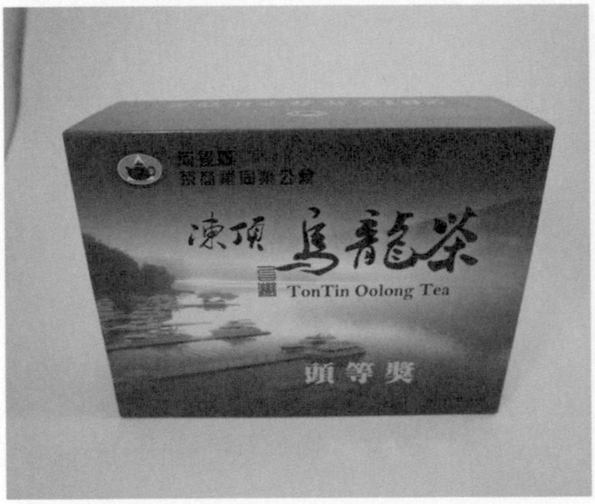
凍頂 烏龍茶
TonTin Oolong Tea
頭等獎

2012年春季比賽茶展售會
№ 1015275

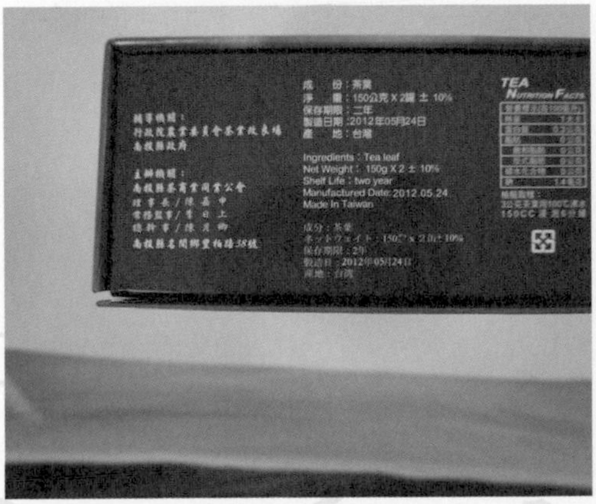
成 份：茶葉
淨 重：150公克×2罐 ± 10%
保存期限：二年
製造日期：2012年05月24日
產 地：台灣
Ingredients : Tea leaf
Net Weight : 150g X 2 ± 10%
Shelf Life : two year
Manufactured Date: 2012.05.24
Made In Taiwan
TEA

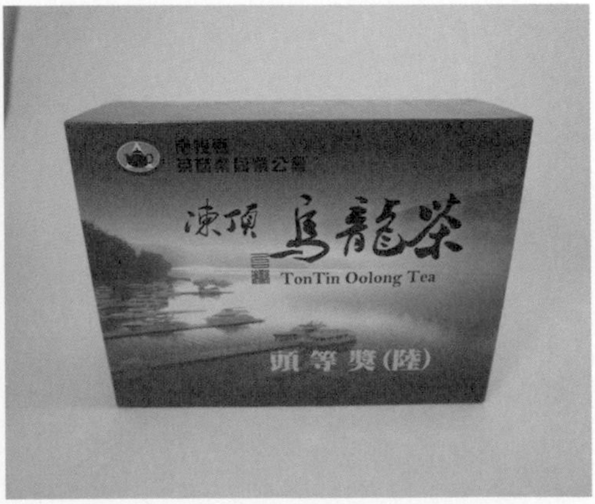
凍頂 烏龍茶
TonTin Oolong Tea
頭等獎(陸)

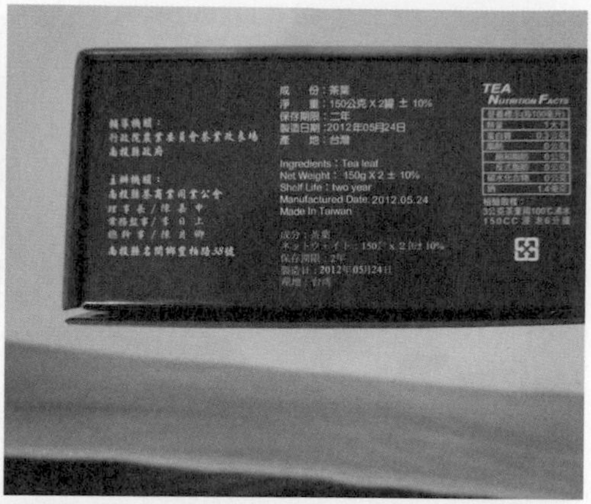

◎民國101年比賽茶包裝（白露）

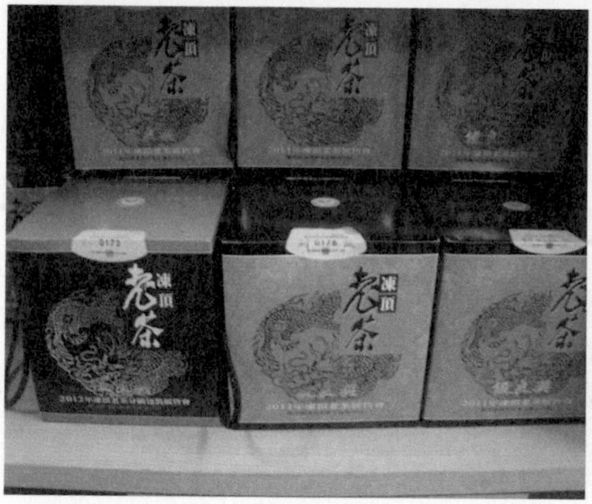

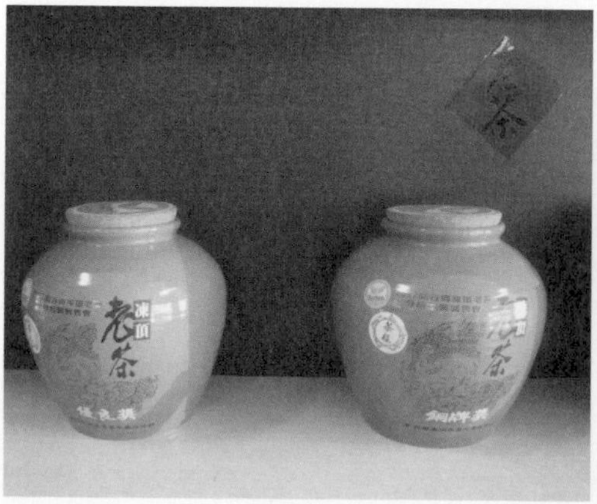

◎民國101年比賽茶包裝（冬季）

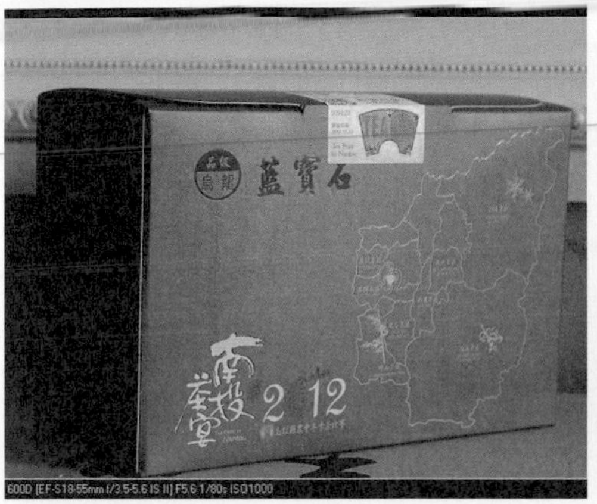

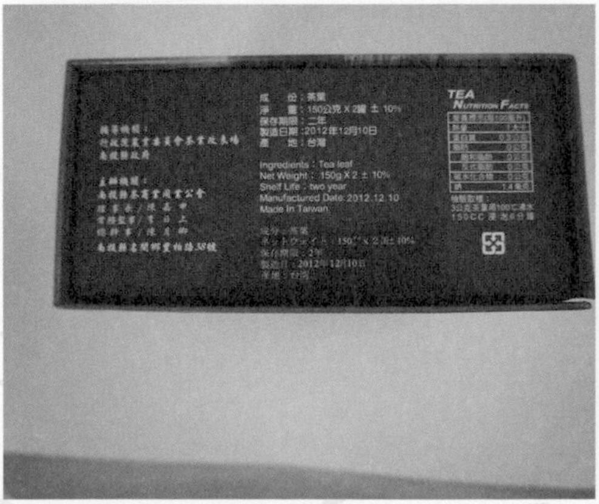

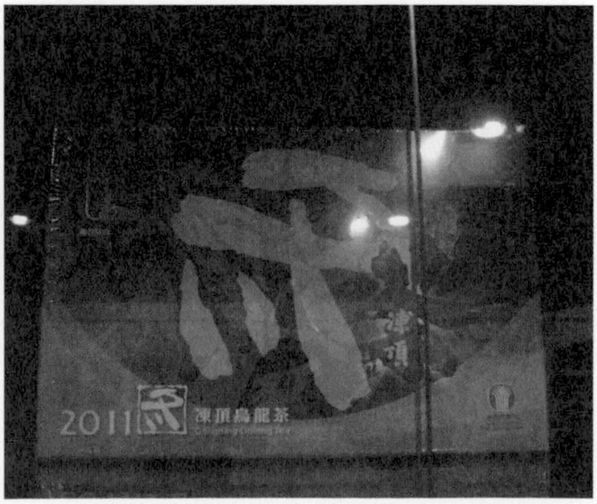

2012年・冬季

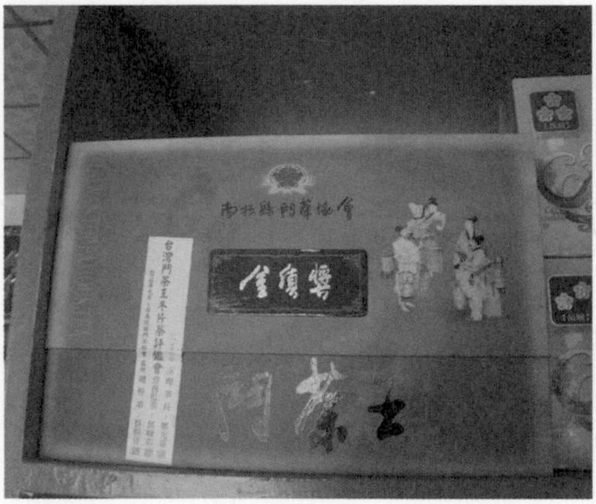
金質獎

烏龍組
青山茶

台灣
2012
金質獎
臺中市・梨山茶的故鄉

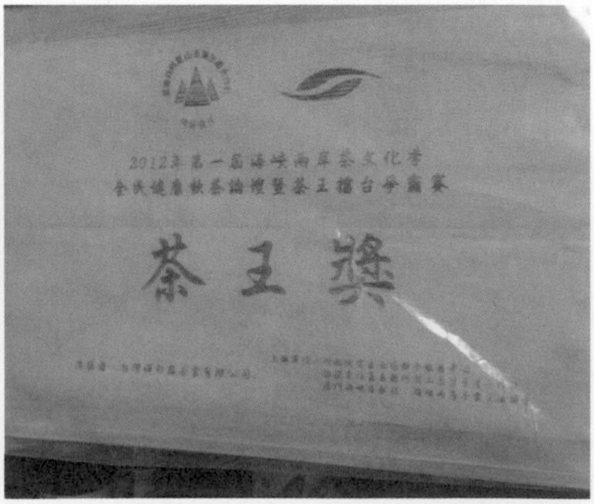
茶王獎

◎民國102年比賽茶包裝（春季）

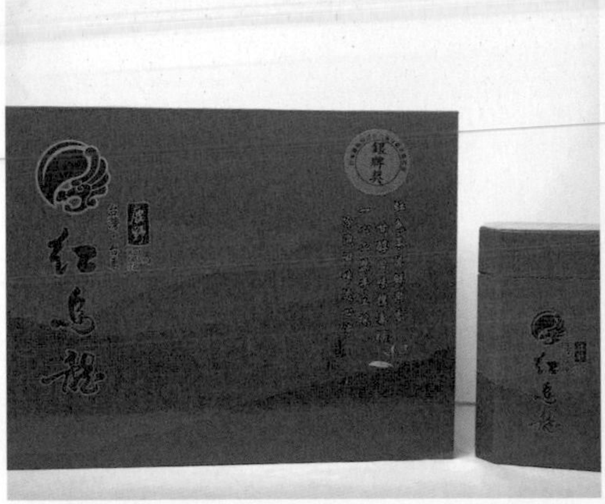

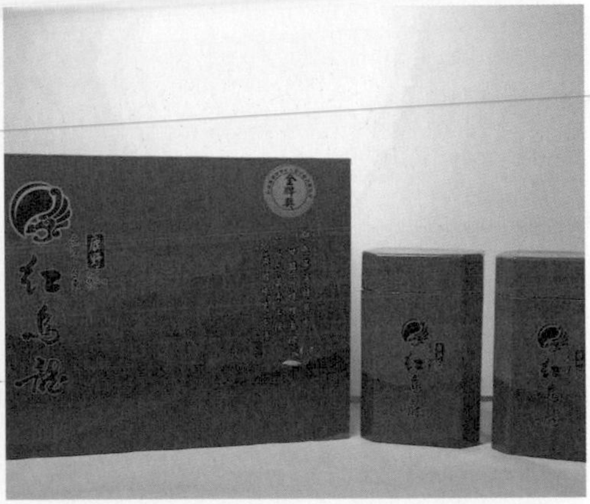

貳等獎
102春新品種
102冬新品種
2013

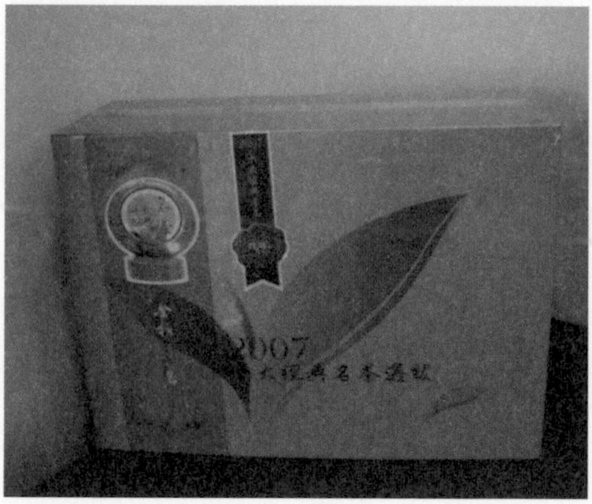
2007

品茗
特等獎
高山茶王

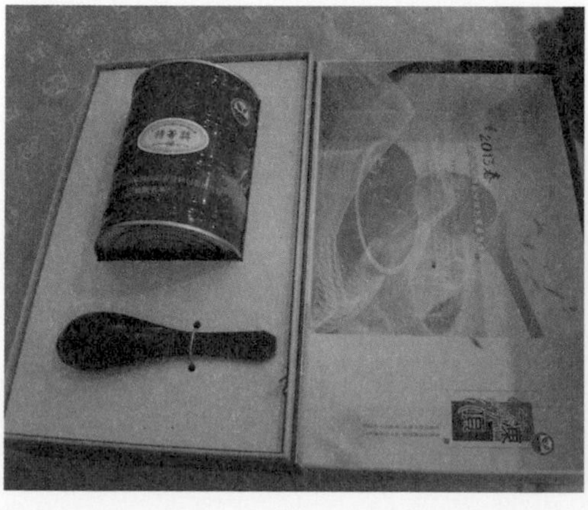

文山包種茶
Wenshan
Ban-Chung Tea

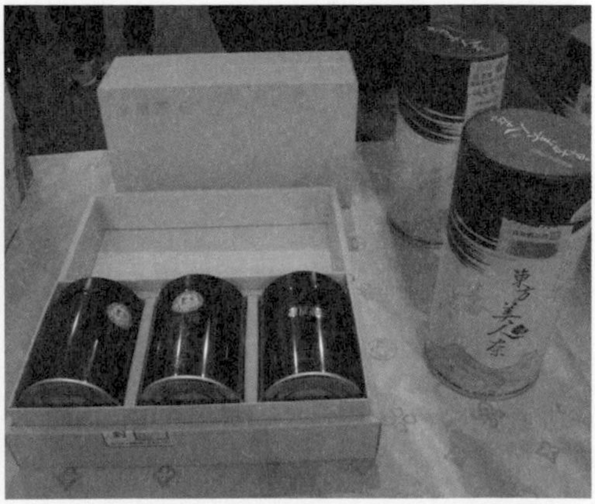
東方美人茶

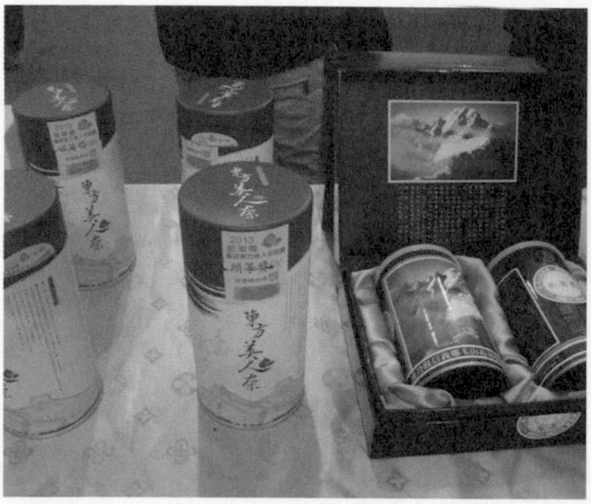
東方美人茶
東方美人茶

高山茶王

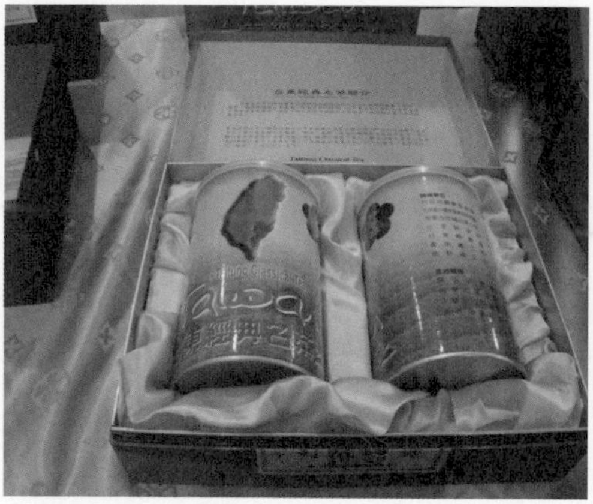

2013年
凍頂烏龍茶

阿里山
高山茶
特等獎

品級
特等獎

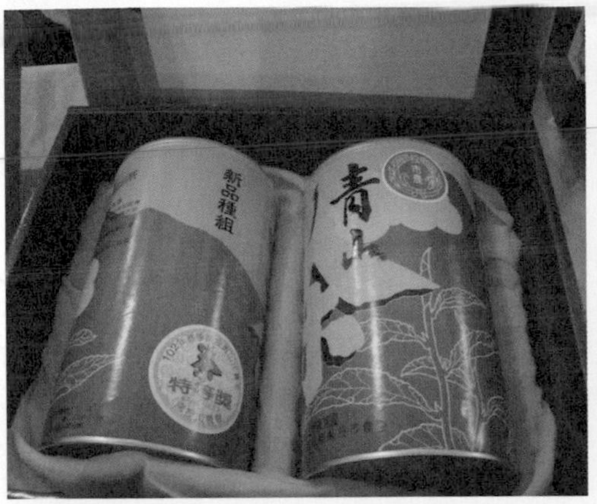

阿里山
高山茶

阿里山
高山茶
阿里山
高山茶

竹山鎮農會
杉林溪
新品種 烏龍茶
SHAN LIN SHI OOLONG TEA
特等

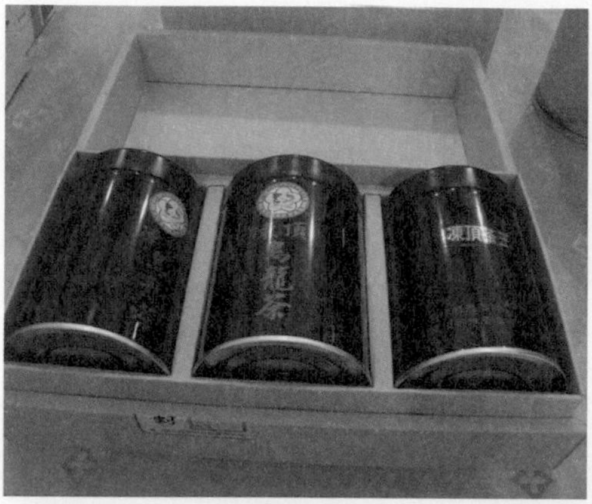

◎民國102年比賽茶包裝（白露）

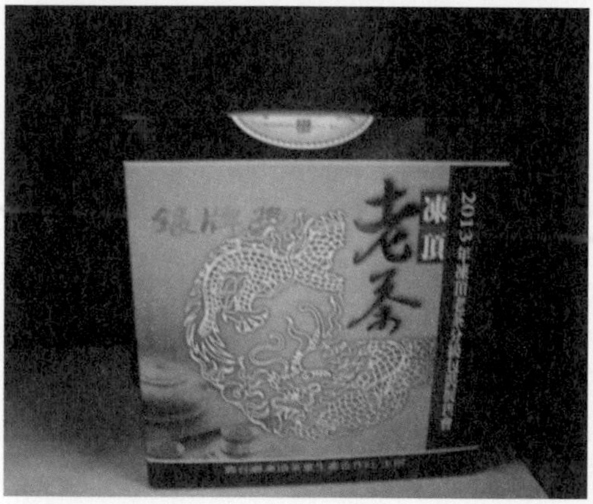

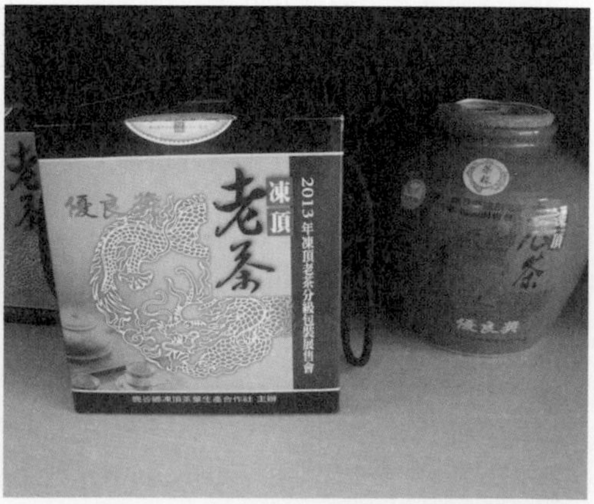

◎民國102年比賽茶包裝（冬季）

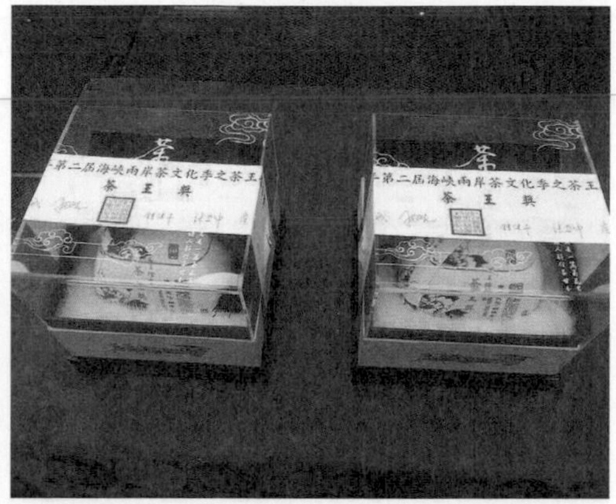

◎民國102年比賽茶包裝（冬片）

◎民國103年比賽茶包裝（春季）

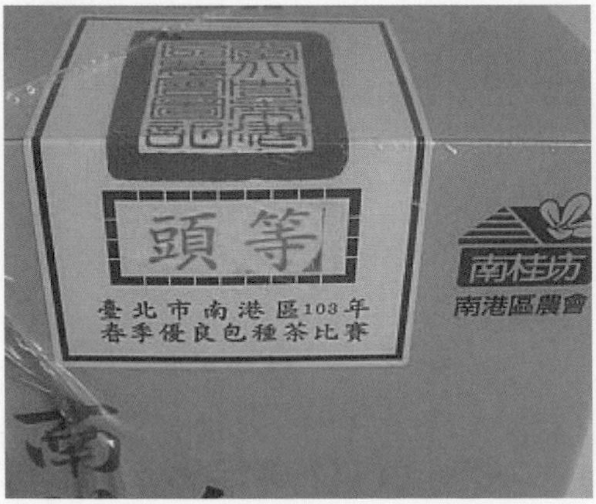

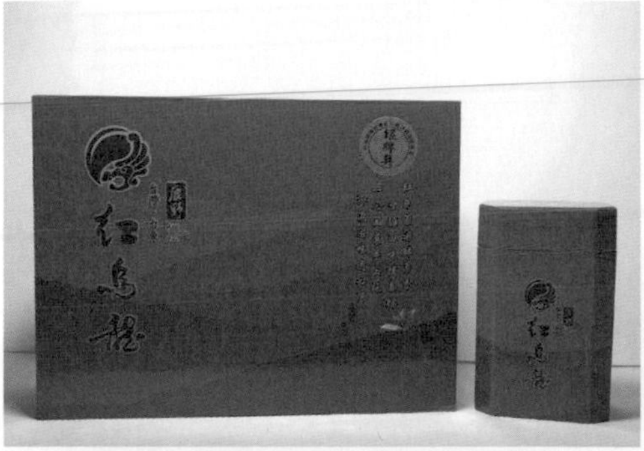
紅烏龍

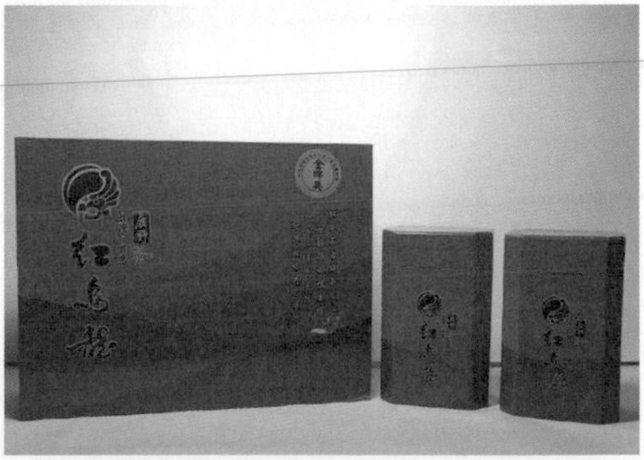
紅烏龍

茶王獎
4年第三屆海峽兩岸茶文化季之茶王擂台
茶王獎

兩岸
茶王獎
第三屆海峽兩岸茶文化季之茶王

銅獎
第三屆海峽兩岸茶文化季之茶王

參賽獎
優良獎
阿里山高山茶

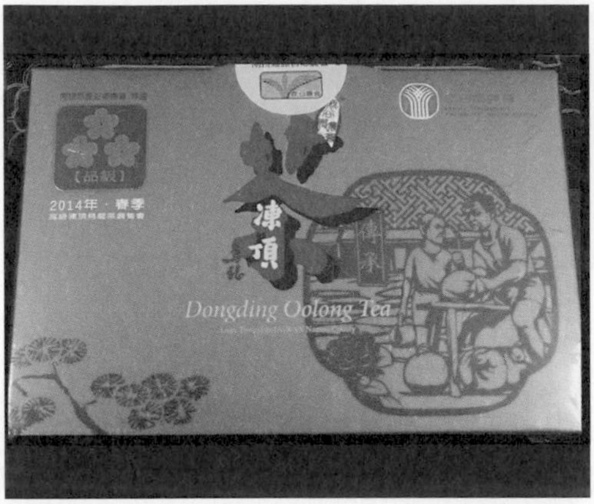
2014年・春季
凍頂
Dongding Oolong Tea

阿里山
高山茶
優等獎

銅獎

烏龍茶
青心

凍頂

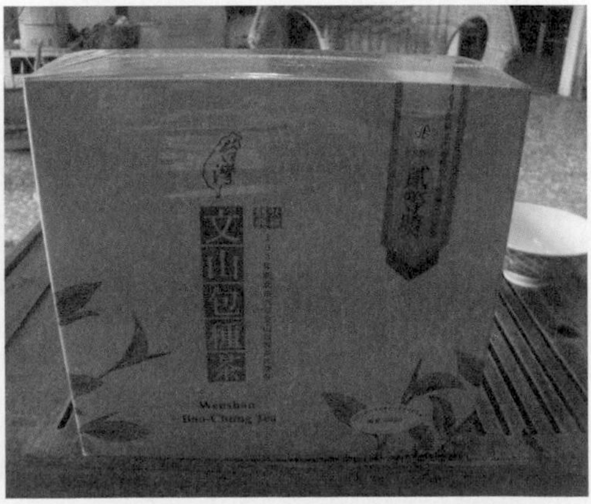
文山包種茶
Wenshan
Bao-Chung Tea

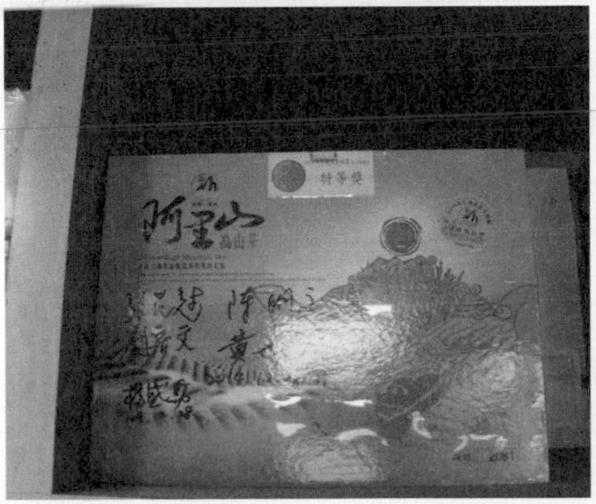
特等獎
阿里山
高山茶

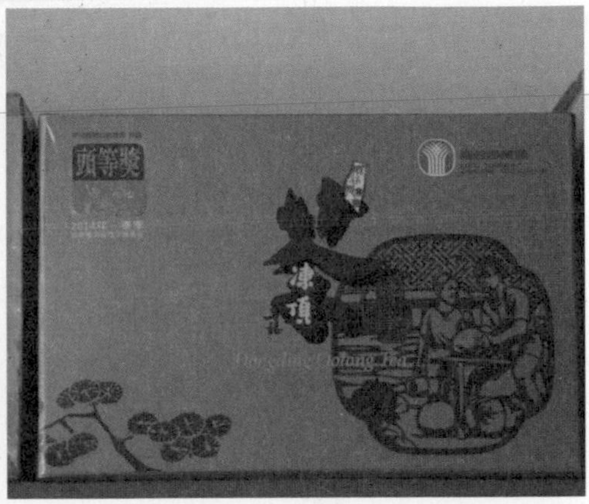
頭等獎
凍頂
Dongding Oolong Tea

第二屆
臺灣特等茶王競賽
FTTCA
烏龍茶

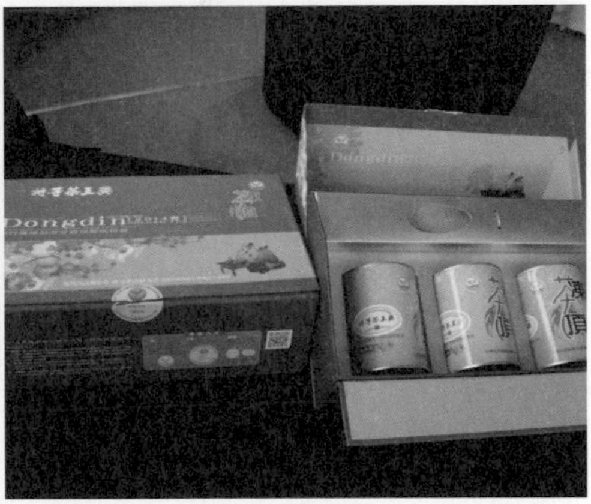

特獎
鐵觀音
特獎
頭等
特獎

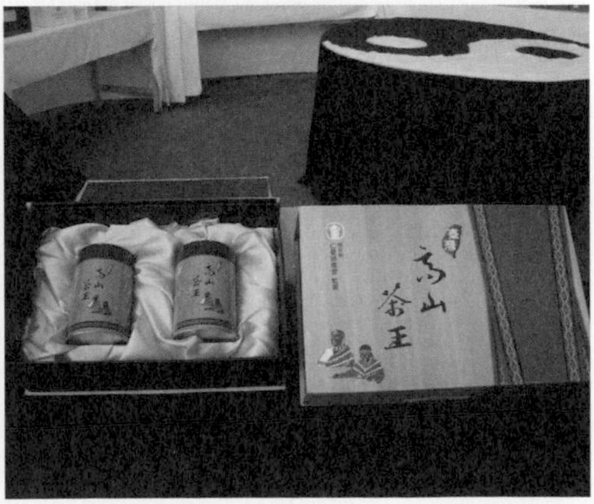
高山
茶王

凍頂 翠玉茶

凍頂 四季春
Tou Tin Four Season

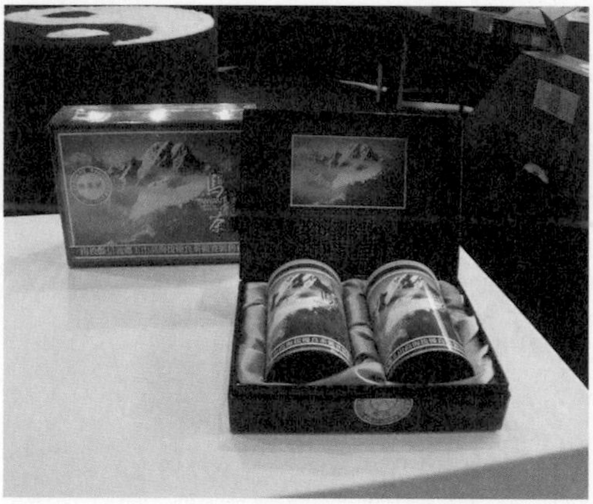

三峽碧螺春
頭等獎
192

Taiwan
台東經典名茶

銀
質
獎

◎民國103年比賽茶包裝（白露）

凍頂
老茶
優良獎
2014年凍頂老茶分級包裝展售會

凍頂
老茶
金牌獎

凍頂
老茶
銀牌獎

凍頂
老茶
2014年凍頂老茶分級包裝展售會

2014年
封 0129 籤
凍頂
老茶

凍頂
老茶
銅牌獎

◎民國103年比賽茶包裝（冬季）

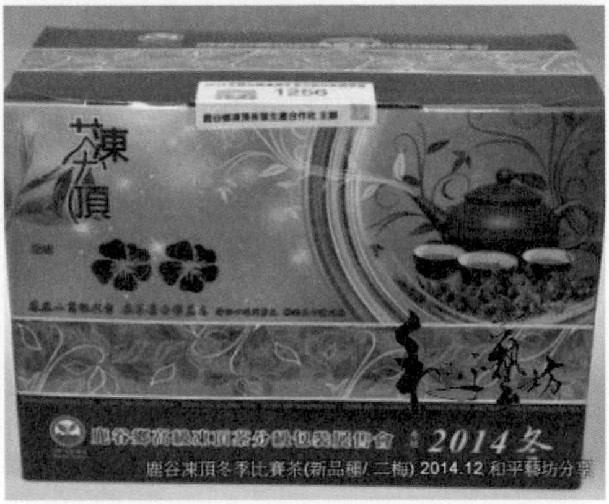

銅獎
第三屆海峽兩岸茶文化季之茶王

阿里山
烏龍茶
青心
品級
特等獎
阿里山茶葉生產合作社

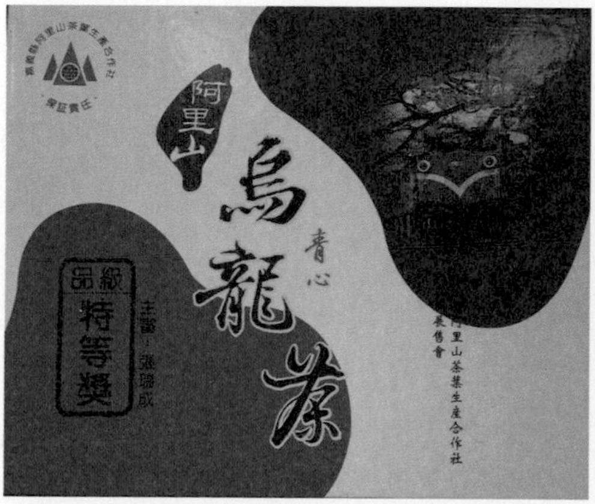
阿里山
烏龍茶
青心
品級
特等獎
阿里山茶葉生產合作社

2014
苗栗縣
冬季特級東方美人茶競賽
輔導單位：農委會農糧署
主管機關：苗栗縣政府
主辦單位：頭份鎮公所、農
協辦機關：台灣省政府
貳梅

頭等獎

烏龍茶
青心

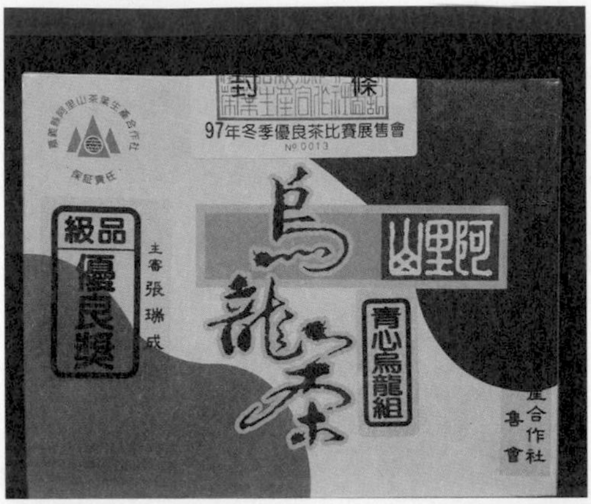

◎民國103年比賽茶包裝（冬片）

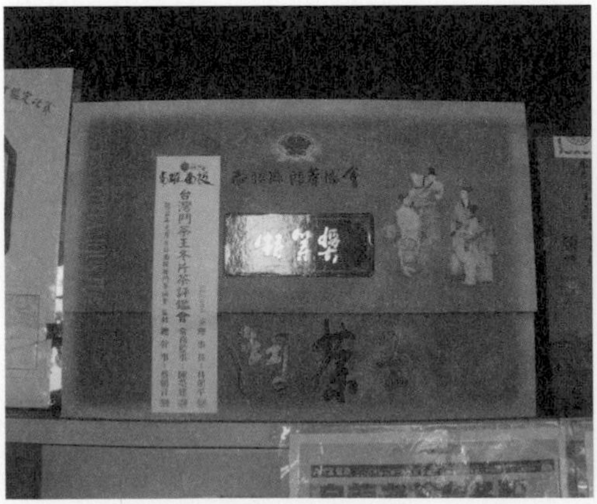

◎民國104年比賽茶包裝（春季）

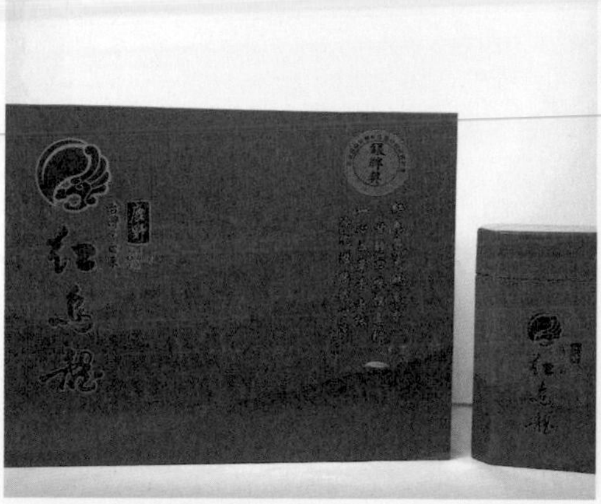

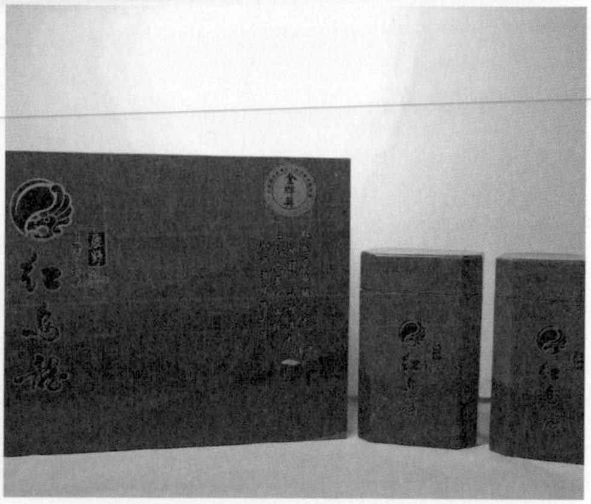

特等獎
2015 春季
凍頂
烏龍茶
SPRING

特等獎
阿里山
高海拔優良茶比賽
阿里山高山茶
Taiwan Alishan High Mountain Tea
好山好水原鄉味

南投縣長

新品種組
青山茶
貳獎

台中市 2015春季
清香型烏龍茶評鑑
梨山茶的故鄉
金質獎

貳等
鐵觀音
Muzha

一摸二看三翻轉 辨識真偽
2看:黑色且清晰之4碼流水號
0000

杉林溪

南投縣
茶商業同業公會
凍頂 烏龍茶
TonTin Oolong Tea
優良獎

品級
凍頂烏龍茶
TAIWAN LUGU
2015 春季
高級凍頂烏龍茶展售會
茶
SPRING

臺灣
高山茶王
2015
台灣高山茶王優良茶比賽
榮獲
優良獎

阿里山
高山茶
優等獎

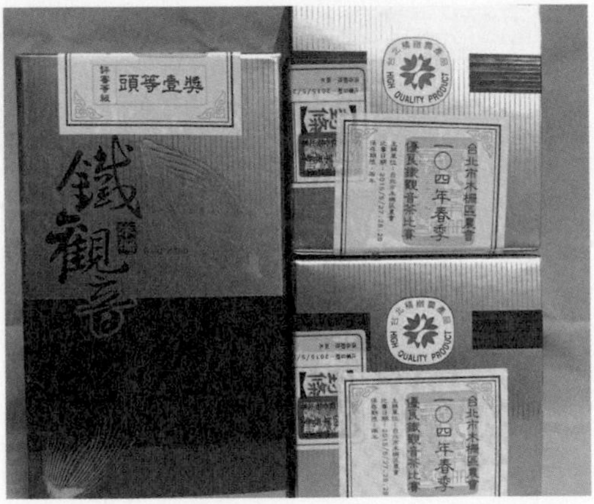
頭等壹獎
鐵觀音
台北市木柵區農會
一〇四年春季
優良鐵觀音茶比賽
HIGH QUALITY PRODUCT

一〇四年新北市春季文山包種茶比賽
特等獎
特等

凍頂烏龍茶

阿里山高山茶2015春季優良茶競賽
青心烏龍組 有效期限:2017.05.30
特等獎
青心烏龍組
1510748
臺灣阿里山高山茶

特等獎
凍頂烏龍茶
2015 春季
高級凍頂烏龍茶展售會
SPRING

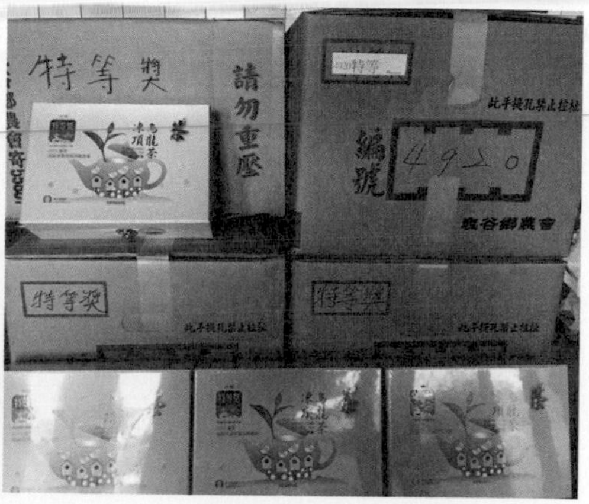
特等獎
請勿重壓
編號
4920
鹿谷鄉農會
特等獎

山茶葉生產合作社
頭等獎
排名伍
凍頂烏龍茶
SPRING

TaiwanTea
台灣嚴選

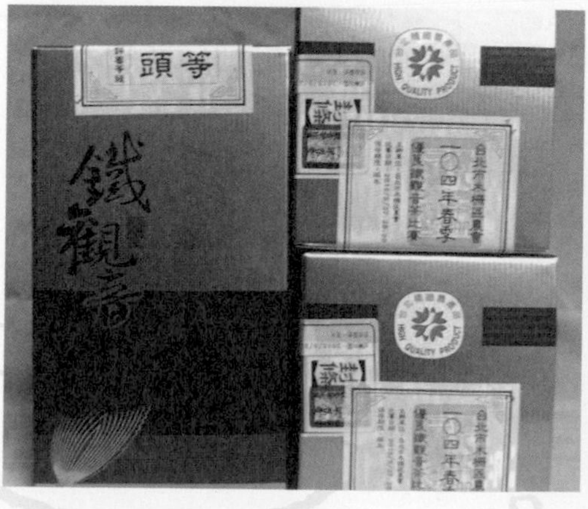
頭等
鐵觀音
HIGH QUALITY PRODUCT
一〇四年春季

阿里山
高山茶

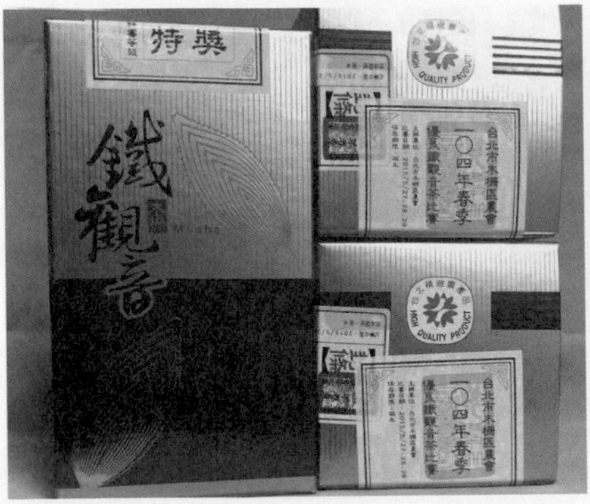
特獎
鐵觀音
HIGH QUALITY PRODUCT
台北市木柵區農會
一〇四年春季
優良鐵觀音茶比賽

特等獎
阿里山
高海拔優良茶比賽
阿里山高山茶
好山好水原味

特等獎
阿里山
高山茶

台灣
文山包種茶
Wenshan
Bao-Chung Tea
特等獎
編號 0522

特等獎
阿里山
高海拔優良茶比賽
阿里山高山茶
好山好水原味
特等獎
高山茶

南投縣長

凍頂
烏龍茶
SPRING

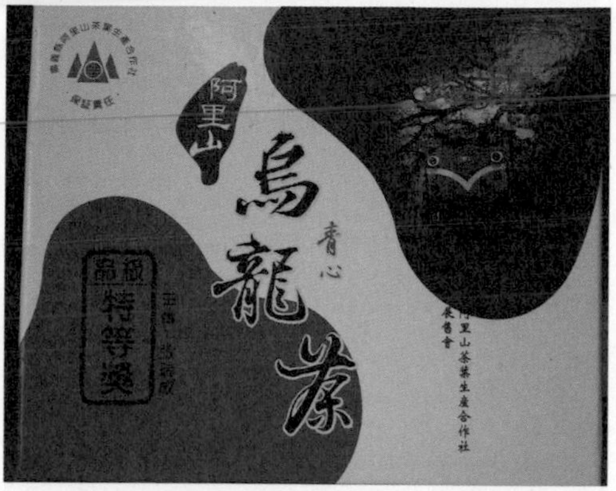
阿里山
烏龍茶
青心
特等獎
阿里山茶葉生產合作社
展售會

優 良
臺北市南港區104年
春季優良包種茶比賽
南港區農會

凍頂
功夫茶

凍頂
特等貳獎
鹿谷鄉高級凍頂茶分級包裝展售會
2014冬
1934

凍頂
特等茶王獎
鹿谷鄉高級凍頂茶分級包裝展售會
2014冬
0162

Dongdin
2014冬
凍頂

頭等獎
阿里山
高山茶

優良獎
阿里山
高山茶

頭等(二)
阿里山
茶
北峰
台灣阿里山 茶之道
Alishan High Mountains Tea Taiwan

頭等獎
(烏龍組)
阿里山
茶
北峰
台灣阿里山 茶之道
Alishan High Mountains Tea Taiwan

凍頂
2015春
凍頂
2015春

優級獎
優級獎

杉林溪
新品種烏龍茶

凍頂
頭等獎
DONG DIN OOLONG TEA
2015春

凍頂茶
特等獎
Taiwan Dongding Tea

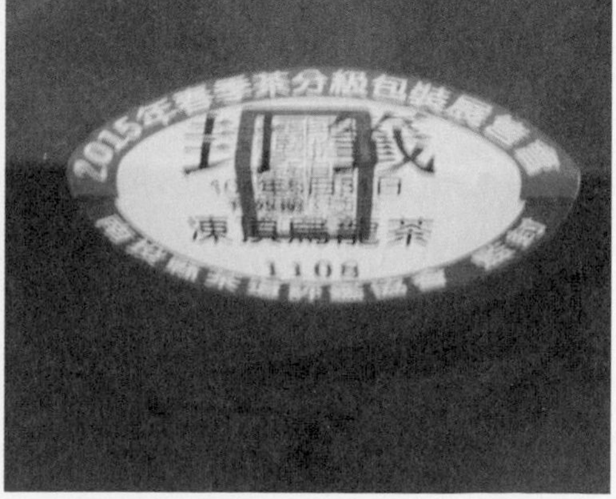
2015年春季茶分級包裝展售會
凍頂烏龍茶
1108

附件

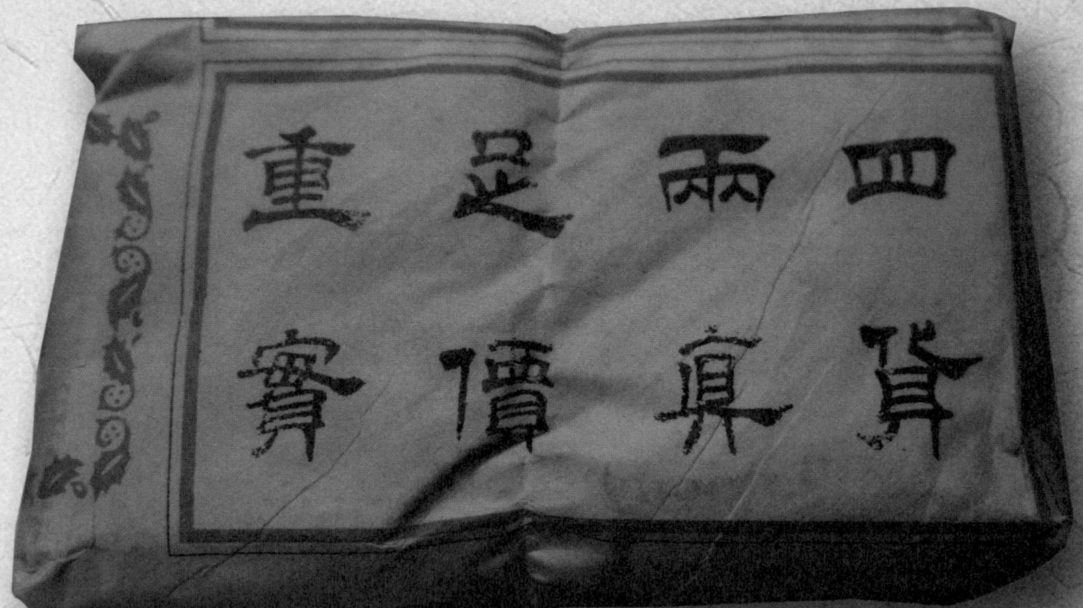

參考資料

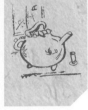

1. 維基百科。
2. 陳國任所著〈陳年老茶〉一文。
3. 《台灣茶廣告百年》一書。
4. 藏茶樓陳志贊〈柚柑茶〉一文。
5. 〈沒食子酸透過鈣離子及CalpainI活化路徑誘發肝星狀細胞死亡〉論文。
6. http://www.epochtimes.com/b5/15/3/11/n4385246.htm#sthash.gxQ8arLR.dpuf。
7. http://www.baike.com/wiki/%E9%99%88%E5%B9%B4%E8%80%81%E8%8C%B6。
8. 前行政院農委會茶改場分場長張清寬2011.01.13所著〈台灣老茶新發現—媲美靈芝功效〉
9. http://big5.xinhuanet.com/gate/big5/cy2014.home.news.cn/blog/a/0101000000000C69D36FD3D9.html。
10. http://www.hudongba.mobi/article/g1rn。
11. 〈瞭解身體喝對茶〉一文。
12. 葉士敏〈談台灣老茶〉一文。
13. 楊美珠〈台灣陳年老茶樣態簡介〉一文。
14. 陳盈潔所著〈烘焙與陳放對製茶的影響〉。
15. 《台灣茶百科全書》。
16. 《台灣評茶師教材手冊》。

南投縣凍頂茶葉生產合作社歷年烏龍種組展售會樣數

季組別	春茶（烏龍種組）		白露茶（烏龍種組）		冬茶（烏龍種組）	
年度	樣數	特等獎	樣數	特等獎	樣數	特等獎
73	630	林維寬				
74	1,066	林銀騰				
75	1,220	游福賜			1,520	劉詹守
76	1,215	陳貞霞	240	陳華淵	1,620	廖義雄
77	571	劉紹寬	390	劉振興	760	廖義雄
78	523	卓靜芬	310	劉振興	951	劉碧滿
79	491	何啟祥	267	劉森雄	704	陳志清
80	436	卓靜芬	313	邱如平	619	錢芳聯
81	812	陳重助	388	廖煻華	686	茆聰富
82	360	黃蒼典	590	廖麗香	856	茆聰富
83	915	林昭雍	560	廖煻華	709	簡正治
84	530	黃蒼典	523	謝明鴻	605	陳概鶴
85	688	黃瑞興	404	陳概鶴	634	林清良
86	410	盧素緩	198	林清良	547	劉建忠

年度	春茶（烏龍種組）樣數	春茶（烏龍種組）特等茶王獎	白露茶（烏龍種組）樣數	白露茶（烏龍種組）特等茶王獎	冬茶（烏龍種組）樣數	冬茶（烏龍種組）特等茶王獎
87	389	鄧式榮	214	詹德安	740	林鶴年
88	386	謝明鴻	176	林昭雍	282	林吉常
89	401	簡鳳珠	135	林文卿	542	柯炤郎
90	446	張志呈	104	劉再卿	531	張于櫜
91	388	謝作佑	85	陳宏安	589	林茂卿
92	670	魏妤倩	104	錢世乾	814	錢世坤
93	701	林見上	171	張耿彥	810	茆聰富
94	688	劉弘偉	113	錢世坤	924	魏金屯
95	751	林柏彥	144	涂阿桃	1,151	林清河
96	781	林健榮	77	劉錫都	1,349	陳俊傑
97	1,029	林錫宏	98	陳永鳳	1,612	魏春露
98	1,051	柯大州	88	錢芳照	1,584	林俊鴻
99	1,385	林偉信	119	錢承鴻	2,302	林偉信
100	2,435	林錫宏	48	謝文智	2,009	林吉常
101	2,585	林妙瑜			3,885	林慧珍
102	2,474	林鶴年			2,876	特等茶王獎 錢瑩甄
103	2,530	謝明鴻				

歷年新品種組展售會樣數

季組別	春茶（新品種組）		白露茶（新品種組）		冬茶（新品種組）	
年度	樣數	特等獎	樣數	特等獎	樣數	特等獎
73						
74						
75						
76					263	林如厥
77						
78					248	林如松
79	358	劉建忠	50		488	柯曾幸
80	565	林鴻吉	127		694	陳鳳美
81	823	張宗田	167	錢芳照	944	徐文章
82	578	劉振興	284	林茂源	1,058	吳秋香
83	501	林有仁	193	莊協展	915	謝明鴻
84	411	廖煻華	206	林錫錩	863	邱有信
85	630	錢慧怡	158	林清良	830	劉憲聰
86	839	柯宗呈	86		629	林 滿
87	802	陳俊傑	99	林清良	842	林清良

年度	春茶（新品種組）樣數	春茶（新品種組）特等茶王獎	白露茶（新品種組）樣數	白露茶（新品種組）特等茶王獎	冬茶（新品種組）樣數	冬茶（新品種組）特等茶王獎
88	531	林文卿	85	謝明鴻	580	簡正治
89	556	林錫宏	69	錢芳照	1,071	張一環
90	723	靳雅芳	126	馮浩軒	581	李旻倩
91	689	林錦輝	118	林錦輝	896	林昭雍
92	951	黃允豐	101	吳清讚	912	魏金屯
93	728	劉秀萍	154	錢芳聯	1,117	蘇宥銓
94	729	張益三	84	張恪堅	1,308	林吉常
95	986	李英捷	133	林文欽	1,324	林昭雍
96	1,257	黃耀昌	73	張宏杰	933	柯大州
97	918	劉錫都	91	吳素嬌	1,230	邱旻瑜
98	1,196	林維寬	78	錢芳聯	1,585	葉秀英
99	1,148	林演科	124	張漢臣	2,845	石秀英
100	2,493	王嘉助	56	錢芳照	2,376	張緄贊
101	2,567	陳武治			3,441	錢湘芸
102	3,024	徐明鎧			3,052	特等茶王獎 林耿興
季組別	春茶（新品種組）		白露茶（新品種組）		冬茶（新品種組）	
年度	樣數	特等茶王獎	樣數	特等茶王獎	樣數	特等茶王獎
103	2,700	葉廷豪				

鹿谷鄉農會歷年凍頂烏龍茶展售會樣數與特等獎得主

年季	特等獎	年季	特等獎
65春	陳世鎧	66春	康青雲
67春	蘇宗舟、劉勝本、陳灯廷	68春	陳金堆、陳惠讀
69春	康誌合	70春	陳代統
71春	何堃敦		
72春	陳恩村	72冬	張茂君
73春	林傳旺	73冬	黃連義
74春	林銀騰	74冬	林國成
75春	林銀騰	75冬	蘇文博
76春	陳俊哲	76冬	陳俊南
77春	劉引鎮	77冬	邱政彥
78春	林豐瑞	78冬	李慶德
79春	陳壽林	79冬	張魏若霞
80春	陳劉雪	80冬	劉振興
81春	劉重義	81冬	林載辦
82春	林翁壬癸	82冬	林昭雍

83春	林蒼佑	83冬	張登洲
84春	林壬辰	84冬	葉壯桓
85春	廖坤宜	85冬	柯廖好
86春	何啟祥	86冬	劉憲聰
87春	游永坤	87冬	黃張麗花
88春	林哲民	88冬	劉闖
89春	黃大永	89冬	林志評
90春	蘇有朱	90冬	許玄影
91春	許冰	91冬	林載辦
92春	林添源	92冬	盧清炎
93春	張包麗淑	93冬	劉憲聰
94春	林當山	94冬	張朝?
95春	林志純	95冬	林可格
96春	陳翠花	96冬	林橙桂
97春	魏璋錕	97冬	葉秋約
98春	林清良	98冬	劉雅惠
99春	陳文通	99冬	鍾欣益
100春	劉啟仲	100冬	陳文連
101春	林漢君	101冬	張志鶴
102春	林等權	102冬	黃金能
103春	陳重圖	103冬	張朝南

歷年茶賽評審結果紀錄統計表

年度	頭等	比率	貳等	比率	参等	比率	三梅	比率	二梅	比率	淘汰	比率	合計
78春	66	1.99	176	5.32	308	9.30	1212	36.61	1168	35.28	381	11.51	3311
78冬	70	1.78	179	4.55	349	8.88	1102	28.04	1197	30.46	1033	26.28	3930
79春	61	1.92	153	4.82	294	9.25	1041	32.77	1093	34.40	535	16.84	3177
79冬	75	1.91	216	5.49	361	9.18	1173	29.82	1075	27.33	1034	26.28	3934
80冬	86	2.12	211	5.21	372	9.19	843	20.83	1351	33.37	1185	29.27	4048
81春	78	2.36	179	5.42	315	9.53	750	22.70	1267	38.35	715	21.64	3304
81冬	81	1.94	204	4.89	388	9.29	914	21.89	1379	33.02	1210	28.98	4176
82春	68	2.22	166	5.43	300	9.81	836	27.35	1040	34.02	647	21.16	3057
82冬	82	1.82	214	4.76	410	9.12	903	20.08	1549	34.45	1339	29.78	4497
83春	53	1.86	137	4.82	321	11.29	634	22.29	1002	35.23	697	24.51	2844
83冬	115	3.00	204	5.33	302	7.89	959	25.04	1376	35.93	874	22.82	3830
84春	66	2.19	182	6.03	251	8.32	967	32.04	1007	33.37	545	18.06	3018
84冬	78	1.81	205	4.75	319	7.39	797	18.47	1360	31.52	1556	36.06	4315
85春	68	2.00	163	4.80	278	8.18	857	25.23	1305	38.42	726	21.37	3397
85冬	94	2.27	203	4.90	308	7.43	844	20.35	1283	30.94	1415	34.12	4147
86春	120	3.02	216	5.44	363	9.14	944	23.77	1487	37.44	842	21.20	3972
86冬	85	1.97	242	5.61	337	7.81	879	20.36	1188	27.52	1586	36.74	4317
87春	80	2.04	215	5.47	320	8.14	890	22.65	1393	35.45	1032	26.26	3930
87冬	81	1.84	236	5.35	348	7.89	826	18.72	1251	28.35	1670	37.85	4412
88春	87	1.98	270	6.14	343	7.81	1031	23.46	1481	33.71	1182	26.90	4394
88冬	89	1.98	225	5.00	389	8.65	975	21.68	1313	29.19	1507	33.50	4498
89春	90	2.09	211	4.89	393	9.11	973	22.54	1575	36.49	1074	24.88	4316
89冬	91	1.93	261	5.55	428	9.09	945	20.08	1325	28.16	1656	35.19	4706
90春	90	2.04	215	4.88	402	9.12	947	21.48	1532	34.75	1223	27.74	4409
90冬	96	2.00	244	5.08	423	8.80	921	19.17	1284	26.72	1837	38.23	4805
91春	87	2.01	222	5.12	387	8.93	970	22.39	1519	35.06	1147	26.48	4332

年度	頭等	比率	貳等	比率	參等	比率	三梅	比率	二梅	比率	淘汰	比率	合計
91冬	97	2.01	231	4.78	420	8.69	940	19.45	1258	26.03	1886	39.03	4832
92春	91	2.01	242	5.34	390	8.61	900	19.88	1384	30.57	1521	33.59	4528
92冬	99	2.00	240	4.85	417	8.42	930	18.78	1336	26.98	1929	38.96	4951
93春	100	2.09	244	5.1	420	8.77	997	20.82	1482	30.95	1545	32.27	4788
93冬	101	2.02	258	5.17	428	8.58	892	17.88	1328	26.61	1983	39.74	4990
94春	97	2.01	234	4.85	414	8.59	1029	21.34	1492	30.95	1555	32.25	4821
94冬	100	2.02	222	4.48	419	8.46	956	19.31	1289	26.04	1965	39.69	4951
95春	97	2.01	240	4.98	408	8.46	1056	21.90	1473	30.55	1548	32.10	4822
95冬	111	2.18	266	5.22	426	8.36	974	19.13	1339	26.3	1974	38.78	5090
96春	107	2.19	260	5.32	400	8.18	1015	20.76	1458	29.82	1649	33.73	4889
96冬	109	2.10	252	4.86	430	8.29	1006	19.39	1339	25.8	2053	39.56	5189
97春	85	1.83	232	4399	392	8.43	1027	22.09	1350	29.03	1554	33.42	4650
97冬	107	2.02	258	4.88	461	8.72	941	17.81	1432	27.10	2085	39.46	5284
98春	106	2.05	249	4.81	431	8.33	908	17.55	1478	28.57	2001	36.68	5173
98冬	111	2.04	268	4.94	490	9.02	935	17.22	1479	27.24	2147	39.54	5430
99春	105	2.11	248	4.98	410	8.23	981	19.7	1491	29.94	1745	35.04	4980
99冬	117	2.12	267	4.83	465	8.42	934	16.91	1546	27.99	2194	39.72	5523
100春	115	2.11	266	4.90	500	9.21	1043	19.22	1727	31.82	1777	32.74	5428
100冬	155	2.09	342	4.62	657	8.86	1340	18.07	1613	21.75	3306	44.59	7413
101春	121	2.11	281	4.90	503	8.78	1318	23.01	1406	24.54	2100	36.66	5729
101冬	127	2.15	284	4.81	481	8.15	1137	19.27	1386	23.49	2485	42.11	5900
102春	123	2.11	288	4.94	525	8.99	1099	18.83	1426	24.44	2374	40.69	5835
102冬	135	2.21	383	6.27	492	8.06	1222	20.01	1446	23.68	2428	39.76	6106
103春	131	2.13	356	6.05	473	8.04	1171	19.91	1386	23.56	2365	40.21	5882
103冬	140	2.25	353	5.61	479	7.61	1335	21.23	1444	22.96	2537	40.34	6288

何謂茶肌素（肌餓素）

什麼是「飢餓素（ghrelin）」？飢餓感主要由中樞神經系統中的下視丘來調控，而飢餓素是人體中最主要傳遞飢餓訊息的荷爾蒙訊號分子，同時也直接管控生長激素分泌，並調控體內代謝、能量平衡、記憶力、心血管與腸胃蠕動功能等重要生理功能。而生長激素分泌量不足被證實與老化生理現象有密不可分的關係。

中興大學生物科技學研究所曾志正教授研究12年，發現茶行老闆一日多次排便，喝茶後有明顯飢餓感，原來是喝的「青心烏龍」當中，含有「茶飢素」，能誘導腦部釋放飢餓訊號。

研究發現，各類茶種當中都有茶飢素成分，青心烏龍能提高食慾五倍，鐵觀音武夷茶、白毫烏龍，則是能提高食慾二倍，茶飢素作用類似人體自然產生的荷爾蒙飢餓素，由腦部下視丘調控，飢餓素會加速腸胃蠕動，但不會增加食量和暴食，和兒茶素相比同樣可以減緩老化，但兒茶素能促進脂肪消耗。

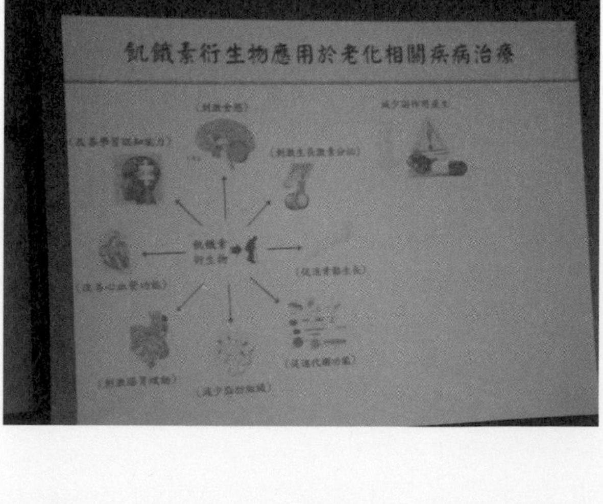

茶商收購台灣農會老比賽茶價格表（僅供參考）

台灣農會比賽老茶收購行情（單位：元）

年限	二朵梅	三朵梅	三等獎	二等獎	頭等獎	特等獎	備註
10年	5000	7000	10000	15000	20000	60000	
11年	5500	7500	11000	17000	35000	70000	
12年	6000	8000	12000	19000	40000	80000	
13年	6500	8500	13000	21000	45000	90000	
14年	7000	9000	14000	23000	50000	100000	
15年	10000	12000	20000	30000	100000	150000	
16年	12000	15000	25000	35000	120000	180000	
17年	14000	17000	28000	40000	140000	210000	
18年	16000	19000	32000	45000	160000	240000	
19年	18000	23000	36000	50000	180000	270000	
20年	30000	35000	50000	100000	250000	350000	
21年	35000	40000	58000	110000	270000	400000	
22年	40000	46000	66000	120000	290000	450000	
23年	45000	52000	74000	140000	310000	500000	
24年	50000	58000	82000	160000	330000	550000	
25年	80000	90000	120000	200000	380000	650000	
26年	100000	120000	150000	240000	420000	700000	
27年	120000	140000	180000	280000	470000	800000	
28年	140000	160000	210000	320000	520000	900000	
29年	160000	200000	240000	360000	570000	1000000	
30年	200000	250000	300000	400000	650000	1200000	

南投縣茶商業同業公會歷年各組特等獎名單

組別＼年度	95 春	95 冬	96 春	96 冬	97 春	97 冬	98 春	98 冬
凍頂烏龍	旺興茶行	陳惠真	陳惠真	瑞興茶行	長順茶廠	德發茶行	旺興茶行	慶元茶行
凍頂金萱	玉芳茶行	茗陶苑	簡嘉瑯	永泰茶廠	中興茶行	三億茶行	旺興茶行	連勝茶廠
凍頂翠玉	郭福山	銓益茶廠	銓益茶廠	陳仁松	郭福山	陳慕涵	陳清在	長亨茶業
凍頂四季春	李春旺	玉芳茶行	三口鼎	銓益茶廠	三口鼎茶廠	景新茶業	德發茶行	山井茶葉
烏龍老茶（冠金）			長亨茶業		廖宜宗		陳國銘	
冬片（茶王）								新峰茶莊
高冷烏龍清香					鄭立偉	景新茶業	旺興茶行	上青茶業

組別＼年度	99 春	99 冬	100 春	100 冬	101 春	101 冬	102 春	102 冬
凍頂烏龍	品香茶業	張宜庭	張震華	李瑞廷	賴士墉	鼎禾茶園	連勝茶廠	林漢標
凍頂金萱	Teahome 茶坊	長順茶廠	玉芳茶行	玉芳茶行	李德聖	品茗峰陳立偉	謝棨安	謝棨安

凍頂翠玉	凍頂四季春	烏龍老茶（冠金）	冬片（茶王）	高冷烏龍清香
鼎禾茶園	連勝茶廠	柯世明		陳茂盛
陳忠文	松軒茶業		長亨茶業	
陳忠文	松軒茶業	陳能發		
陳建宏	松霖食品		中僑農特產	
三億茶行	邱明敦	陳能發		
天發茶莊	銓益製茶廠		天成茶行	
呂添	中僑農特產	陳能發		
謝燊安	賴金生		新泰峰茶業	

年度		組別 凍頂烏龍	凍頂金萱	凍頂翠玉	凍頂四季春	烏龍老茶（冠金）	冬片（茶王）	高冷烏龍清香
103	春	永約茶業	慶元茶行	白乙宏	徐友富	松泰茶行		
	冬	李德聖	三億茶行	茶媽媽	蒙得瓦特		謝榮敦	
104	春	漢林茶苑	Teahome茶坊	慶元茶行	陳仁和	松泰茶行		旺興茶行
	冬							

國家圖書館出版品預行編目資料

品味台灣老茶／林志煌著.
——第一版——臺北市：宇河文化出版；
紅螞蟻圖書發行，2015.10
面　；　公分——(茶風系列；29)
ISBN 978-986-456-008-0（平裝）

1.茶葉 2.茶藝 3.臺灣

481.6　　104018276

茶風系列 29

品味台灣老茶

作　　者／林志煌
發 行 人／賴秀珍
總 編 輯／何南輝
校　　對／鍾佳穎、林志煌
美術構成／Chris' office
出　　版／宇河文化出版有限公司
發　　行／紅螞蟻圖書有限公司
地　　址／台北市內湖區舊宗路二段121巷19號（紅螞蟻資訊大樓）
網　　站／www.e-redant.com
郵撥帳號／1604621-1　紅螞蟻圖書有限公司
電　　話／(02)2795-3656（代表號）
傳　　真／(02)2795-4100
登 記 證／局版北市業字第1446號
法律顧問／許晏賓律師
印 刷 廠／卡樂彩色製版印刷有限公司
出版日期／2015年10月　第一版第一刷
　　　　　2017年 8 月　　第二刷（500本）

定價 420 元　港幣 140 元

ISBN　978-986-456-008-0　　Printed in Taiwan